JN057937

スバラシク実力がつくと評判の

演習 数値解析

キャンパス・ゼミ

マセマ出版社

◆ はじめに ◆

みなさん，こんにちは。マセマの**馬場敬之(けいし)**です。既刊の『**数値解析キャンパス・ゼミ**』は多くの読者の皆様のご支持を頂いて，**数値解析の教育と実習の新たなスタンダードな参考書**として定着してきているようです。そして，マセマには連日のように，この『数値解析キャンパス・ゼミ』で養った実力をより確実なものとするための『**演習書(問題集)**』が欲しいとのご意見が寄せられてきました。このご要望にお応えするため，新たに，この『**演習 数値解析キャンパス・ゼミ**』を上梓することができて，心より嬉しく思っています。

数値解析を単に理解するだけでなく，本当に**BASIC**プログラミングまで含めて，自力で解析できるようになるためには，様々な**問題の演習は欠かせません**。この『**演習 数値解析キャンパス・ゼミ**』は，そのための**最適な演習書**と言えます。

ここで，まず本書の特徴を紹介しておきましょう。

●『数値解析キャンパス・ゼミ』に準拠して全体を**4**章に分け，各章のはじめには，解法のパターンが一目で分かるように，
methods & formulae (要項)を設けている。

●マセマオリジナルの頻出典型の演習問題を，各章毎に**分かりやすく体系立てて配置**している。

●各演習問題には(ヒント)を設けて解法の糸口を示し，また(解答&解説)では，様々な問題を解くためのアルゴリズム(計算手順)と，実際に数値解析を行うための**BASIC**プログラムを定評あるマセマ流の読者の目線に立った**親切で分かりやすい解説**で明快に解き明かしている。

●**2色刷り**の美しい構成で，各プログラムの計算結果もコンピュータ・グラフィックにより，グラフ化して示している。

さらに，本書の具体的な利用法についても紹介しておきましょう。

●まず，各章毎に，(*methods & formulae*)(要項)と演習問題を一度**流し読み**して，学ぶべき内容の全体像を押さえる。

●次に，(*methods & formulae*)(要項)を**精読**して，公式や定理それに計算のアルゴリズムやプログラミングのやり方を頭に入れる。(解答 & 解説)のプログラムはすべて**BASIC**プログラムで書かれており，このプログラ

(具体的には，**BASIC/98 ver.5**(電脳組)を使用しています。)

ムにより，数値解析が間違いなく実行できることを確認できるまで何度でも読み返して練習する。

●そして，自信が付いたら，実際に**BASIC**プログラムをご自身で組んで

(フリーの**BASIC**言語でも構いませんが，グラフの作成まで考えると，本書で使用した**BASIC/98 ver.5**を利用される方がいいかもしれません。)

みて，実行してみる。(グラフ機能がない**BASIC**の場合は，数値として結果のみを打ち出してみてもいいでしょう。)

以上のように，本書で学習すれば，数値解析の実力も間違いなく身に付けることができ，様々な問題も自力で数値解析を使って解けるようになるはずです。与えられた偏微分方程式を差分化して，**BASIC**プログラムで解き，その結果をグラフで表示する，という一連の流れを自力でスムーズに行えるようになるはずです。

また，この『**演習 数値解析キャンパス・ゼミ**』では，『数値解析キャンパス・ゼミ』では扱えなかった，**台形や突起のある不定形な境界条件の2次元波動方程式の問題**も数値解析により解いています。ですから，『数値解析キャンパス・ゼミ』を完璧にマスターできるだけでなく，さらに**ワンランク上の学習**もできます。

この『**演習 数値解析キャンパス・ゼミ**』により，読者の皆さんが数値解析の面白さに開眼し，さらに“**有限要素法**(ゆうげんようそほう)”などの数値解析の応用分野にまで進んでいかれることを願っています。

マセマ代表　馬場 敬之(けいし)

◆ 目次 ◆

講義1 数値解析のプロローグ

講義2 連結タンクと1次元熱伝導方程式

講義3 2次元熱伝導方程式

講義4 1次元・2次元波動方程式

講義 1 Lecture 数値解析のプロローグ methods & formulae

§1. 水の流出問題

タンクの水の流出問題

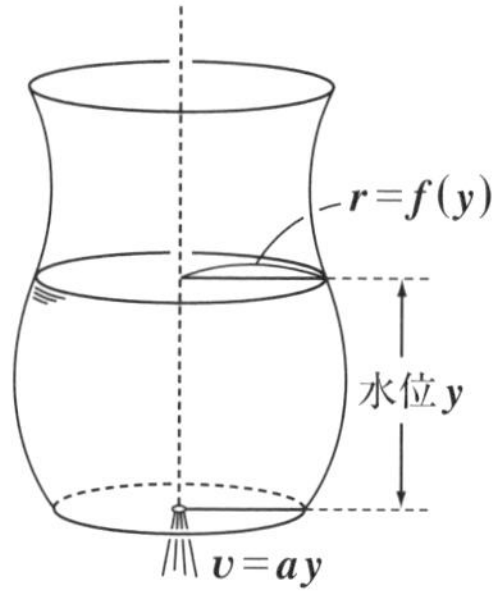

右に示すような，断面が半径 r の円形で，その断面積 $S=\pi r^2\,(\mathrm{m}^2)$ であるタンクに水が貯めてあり，このタンクの底に小さな穴がある。ここから流出速度 $v\,(\mathrm{m}^3/\mathrm{s})$ で水が流出するものとする。ここで，v は，水位 $y\,(\mathrm{m})$ に比例するものとして，$v=ay$ (a：正の定数) であるとする。

このタンクの水の流出問題を解くために，時刻 t における水位を y としたとき，これから微小時間 Δt 秒後の時刻 $t+\Delta t$ における水位 y を次のアルゴリズム（計算の手順）により求める。

(i) まず，時刻 t における水位を y とする。

(ii) 時刻 t から $t+\Delta t$ 秒までのわずかな Δt 秒間は，y を一定として水の流出速度 v を $v=ay$ (a：正の比例定数) により計算する。

(iii) その結果，この Δt 秒間に水位は $\Delta y=\dfrac{v\cdot\Delta t}{S}=\dfrac{ay}{\pi r^2}\Delta t\ (\mathrm{m})$ ($S=\pi r^2$：タンクの断面積) だけ下がる。

(iv) 時刻 $t+\Delta t$ における水位 y を新たに $y-\Delta y$ に置き換えて，(i) に戻る。

ここで，時刻 t と $t+\Delta t$ における水位をそれぞれ $y(t)$，$y(t+\Delta t)$ とおくと，

上のアルゴリズムは，$y(t+\Delta t)=y(t)-\underbrace{\dfrac{a\cdot y(t)}{\pi r^2}\Delta t}_{\Delta y}$ ……① と表すことができる。

①を変形すると，

$\dfrac{y(t+\Delta t)-y(t)}{\Delta t}=-\dfrac{a}{\pi}\cdot\dfrac{y(t)}{r^2}$ となり，ここで，$\Delta t\to 0$ の極限をとると，

（$\Delta t\to 0$ のとき，$\dfrac{dy}{dt}$ となる。）

微分方程式：$\dfrac{dy}{dt}=-k\cdot\dfrac{y}{r^2}$ ……② $\left(k=\dfrac{a}{\pi}(\text{定数})\right)$ が導かれる。

②の微分方程式が解析的に解ける場合，水位 y を t の関数として求めることができる。
しかし，②が解けない場合でも，数値解析を用いて近似解として y を求めることができる。

π を **PI**（＝**3.14159**）として，①を **BASIC** プログラムで表現すると，

Y＝Y−A·Y·DT/PI/R^2 ……③ となる。

（Y：新水位）（Y：旧水位）

③は代入文であり，等式ではない。③の右辺の **Y** は時刻 t における旧水位が保存されているメモリと考え，この旧水位 **Y** を用いて，右辺のように計算した結果を，$t+\Delta t$ における新水位として左辺の **Y** に代入する。つまり，旧水位 **Y** を更新して，新水位 **Y** を求める形になっていることに気を付けよう。

§2. グラフの作成

BASIC/98 で，グラフに利用できる画面上の座標を uv 座標とおくと，これは右図(i)に示すように，$0 \leqq u \leqq 640$，$0 \leqq v \leqq 400$ で表される座標系になる。

この uv 座標平面上に図(ii)に示すような **XY** 座標系（$X_{min} \leqq X \leqq X_{max}$，$Y_{min} \leqq Y \leqq Y_{max}$）を設定する。

図(i)(ii)より，

・**X** と u の変換公式は，

$$u = \frac{640(X - X_{min})}{X_{max} - X_{min}} \quad \cdots\cdots ④$$ となり，

$X = X_{min}$ のとき，$u = 0$ となり，
$X = X_{max}$ のとき，$u = 640$ となる。

・**Y** と v の変換公式は，

$$v = \frac{400(Y_{max} - Y)}{Y_{max} - Y_{min}} \quad \cdots\cdots ⑤$$ となる。

$Y = Y_{min}$ のとき，$v = 400$ となり，
$Y = Y_{max}$ のとき，$v = 0$ となる。

(i) uv 座標平面

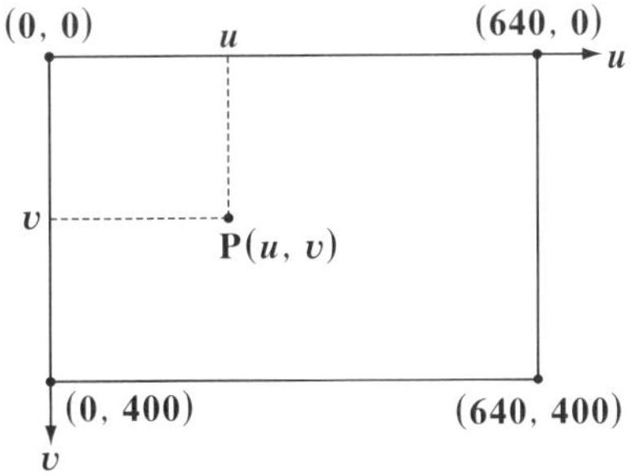

(ii) uv 座標↔XY座標の変換

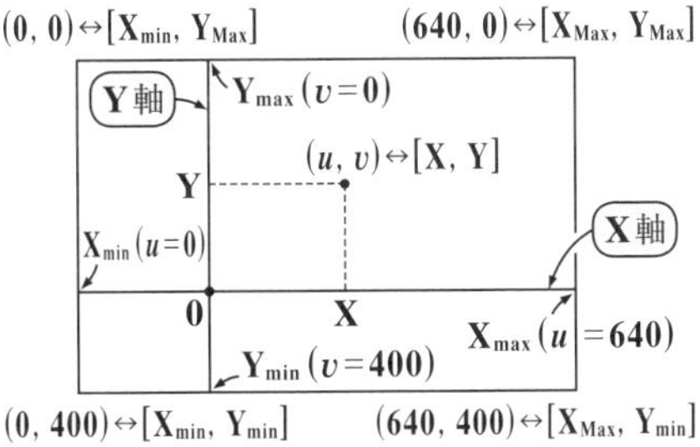

　したがって，BASIC/98 プログラムでは，4 つの定数 X_{max}，X_{min}，Y_{max}，Y_{min}（$X_{min} < 0 < X_{max}$，$Y_{min} < 0 < Y_{max}$）が代入されているとき，

(ⅰ) 変数 X を変数 u に変換する関数 FNU(X) を，

DEF FNU(X)=INT(640*(X-XMIN)/(XMAX-XMIN)) ……④´

- ***define***（定義する）の略
- ***integer***（整数）の略。INT(A) で，A の小数部を切り捨てる。
- $u = \dfrac{640(X - X_{min})}{X_{Max} - X_{min}}$ ……④より
- ただし，u は整数変数なので，右辺に INT を付けて小数部を切り捨てた。

　で定義して利用し，

(ⅱ) 変数 Y を変数 v に変換する関数 FNV(Y) を，

DEF FNV(Y)=INT(400*(YMAX-Y)/(YMAX-YMIN)) ……⑤´

- $v = \dfrac{400(Y_{Max} - Y)}{Y_{Max} - Y_{min}}$ ……⑤より

　で定義して利用する。

④´，⑤´を用いて，uv 座標（画面）上に右図のような x 軸と y 軸を設定できる。後は x 軸と y 軸の目盛り幅 $\varDelta\overline{X}$，$\varDelta\overline{Y}$ に従って目盛りを取ることにより，XY 座標系が完成する。

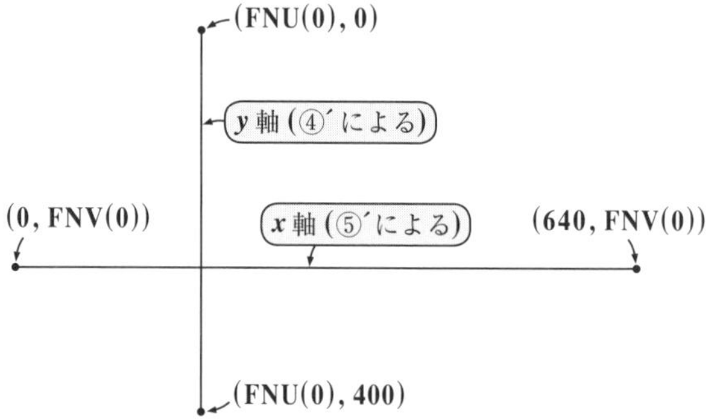

　この x 軸を時刻 t の t 軸に置き換えることにより，タンクからの水の流出問題で，水位 y の経時変化のグラフを描くことができる。

　また，この XY 座標上に (Ⅰ) 陽関数，(Ⅱ) 媒介変数で表示された関数，(Ⅲ) 陰関数のグラフを描くことができる。

(Ⅰ) 陽関数 $y = f(x)$ $(x_1 \leqq x \leqq x_2)$ のグラフを描く場合，

定義域を与える $X1_{max}$ と $X1_{min}$ の値を代入して，関数 **FNF(X)** を **DEF FNF(X)=(X** の式) で定義して，そのグラフを **LINE** 文を利用して描く。

(Ⅱ) 媒介変数 t で表示された関数 $x=f(t)$，$y=g(t)$ のグラフも関数 **FNF(T)** と **FNG(T)** を

DEF FNF(T)=(T の式)

DEF FNG(T)=(T の式) で定義して，同様に **XY** 座標平面上にそのグラフを描くことができる。

(Ⅲ) 陰関数 $f(x, y)=0$ のグラフを描く場合，まず **FNF(X, Y)** を

DEF FNF(X, Y)=(X と **Y** の式) により定義する。

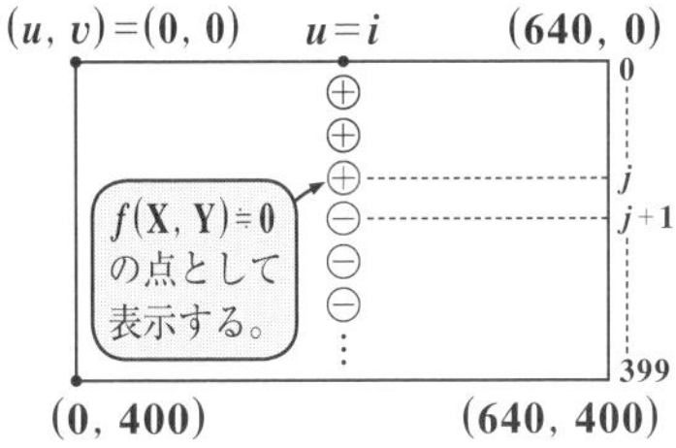

右図に示すように，uv 座標平面上で，$u=i$（定数）と固定して，2点 (i, j) と $(i, j+1)$ $(v=0, 1, \cdots, j, j+1, \cdots, 399)$ に対応する **XY** 座標系の点を (x_i, y_j)，(x_i, y_{j+1}) とおく。そして，これらを陰関数に代入したものの積，すなわち，

$f(x_i, y_j)\times f(x_i, y_{j+1})$ ……⑥ について，

(ⅰ) ⊕×⊕，または⊖×⊖のとき，つまり⑥が⊕のときは無視し，

(ⅱ) ⊕×⊖，または⊖×⊕のとき，つまり⑥が⊖となるとき $f(x_i, y_j)\fallingdotseq 0$ とみなしてよいので，このときの点 (x_i, y_j) を **XY** 平面上に表示する。

これは，図に示すように，直線 $u=i$ 上の点を縦方向にスキャンして，$f(x, y)=0$ をみたす点を求める手法である。そして，i を $i=0, 1, 2, \cdots, 640$ まで変化させることにより，陰関数 $f(x, y)=0$ のグラフを描くことができる。

ただし，この手法による陰関数 $f(x, y)=0$ のグラフは，その曲線が y 軸（v 軸）と平行に近くなると薄くかすれた状況になる。よって，この欠点を補って，より鮮明なグラフを描きたければ，この後さらに $v=j$（一定）として同様に横方向にスキャンして，$f(x, y)=0$ となる点を調べ，$j=0, 1, 2, \cdots, 400$ として陰関数 $f(x, y)=0$ のグラフをもう1度描くとよい。

演習問題 1　● タンクの水の流出問題(Ⅰ) ●

右図に示すように，y 軸と r 軸と原点 0 をとり，曲線 $r=e^{\frac{y}{2}}\ (0\leqq y\leqq 2)$ を y 軸のまわりに 1 回転してできる曲面と底をもつタンクがあるものとする。このタンクに，時刻 $t=0$(秒)のとき，水位 $y=2$(m) の水が貯水されていた。このタンクの底には小さな穴があいており，そこから $v=1\cdot y$ (m^3/秒) の速度で水が流出していくものとする。このとき，時間の刻み幅を $\Delta t=10^{-2}$(秒) として，数値解析により，時刻 $t=0$，1，2，…，20 秒における水位 y の値を求めて，表示せよ。

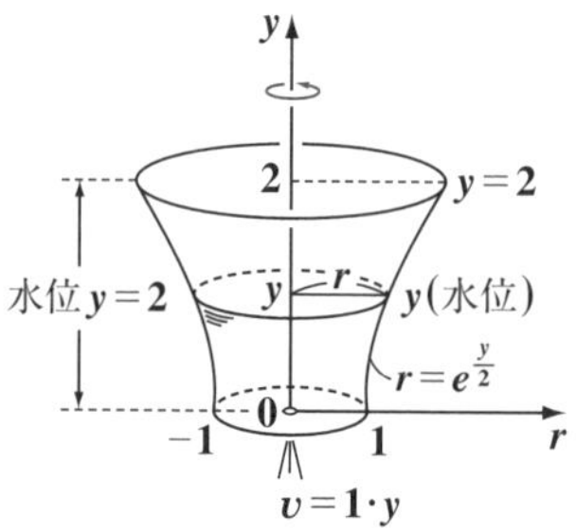

レクチャー　一般に，BASIC プログラムでは，S=1 は S という変数メモリに 1 という値を代入する動作を表す式なんだね。したがって，S=S+2 という式は，右辺の元々の S のメモリに入っていた値に 2 を加えたものを，左辺の新たな S というメモリに代入することを表している。

よって，この代入文と FOR～NEXT 文を組み合わせると，次のように(ⅰ)$S=\sum_{k=1}^{5}k$ や(ⅱ)$P=5!$ を計算することができる。

(ⅰ)$S=\sum_{k=1}^{5}k=1+2+3+4+5$ の計算を行う BASIC プログラム

```
10 S=0
20 FOR K=1 TO 5
30 S=S+K
40 NEXT K
50 PRINT "S=";S
```

まず，10 行で S に 0 を代入し，20 ～ 40 行の FOR～NEXT(K) 文で K=1, 2, …, 5 と変化させながら S=S+K を実行すると，
S=1，S=1+2，…，S=1+2+…+5
となる。よって，50 行で "S=" を表示して，$\sum_{k=1}^{5}k=15$ の値を表示させる。

これを実行 (run) すると画面上に S=15 が表示される。

(ⅱ)$P=5!=1\times2\times3\times4\times5$ の計算を行う BASIC プログラム

```
10 P=1
20 FOR I=1 TO 5
30 P=P*I
40 NEXT I
50 PRINT "P=";P
```

まず，**10** 行で **P** に **1** を代入し，**20** ～ **40** 行の **FOR** ～ **NEXT(I)** 文で **I** = **1**, **2**, …, **5** と変化させながら **P=P*I** を実行して，
P = **1**×**1**，**P** = **1**×**2**，…，**P** = **1**×**2**×…×**5**
となる。よって，**50** 行で "**P=**" と表示して，
5! = **120** の値を表示させる。
20 行は **FOR=2 TO 5** としても構わない。

これを実行(**run**)すると画面上に **P**=**120** が表示されるんだね。

ヒント！ 時刻 t における水位 y が，$t+\Delta t$ まで一定とすると，この $\Delta t(=10^{-2})$ 秒間に，$v=a\cdot y\cdot\Delta t$ (定数 $a=1$) (m^3) の水が流出する。よって，これをタンクの断面積 $S=\pi\cdot r^2$ で割った $\Delta y=\dfrac{1\cdot y\cdot\Delta t}{S}=\dfrac{y\cdot\Delta t}{\pi r^2}$ だけ水位が減るので，時刻 $t+\Delta t$ における新たな水位 y は $y=y-\Delta y=y-\dfrac{y\cdot\Delta t}{\pi r^2}$ となるんだね。

（左辺の y：$t+\Delta t$ における新水位，右辺の y：t における旧水位，r^2：$\left(e^{\frac{y}{2}}\right)^2=e^y$）

解答＆解説

それでは，今回のタンクからの水の流出問題のプログラムを下に示そう。

```
10 REM ------------------------------------------
20 REM   タンクの水の流出問題 1-1
30 REM ------------------------------------------
40 CLS 3
50 PI=3.14159#:A=1:DT=.01
60 T=0:Y=2
70 PRINT "t=";T;"y=";Y
80 FOR I=1 TO 2000
90 Y=Y-A*Y*DT/PI/EXP(Y)
100 T=I*DT
110 Y1=INT(Y*1000)/1000
120 IF INT(I/100)*100=I THEN PRINT "t=";T;"y=";Y1
130 NEXT I
```

10～**30** 行の **REM** 文は，注釈行で，プログラムの標題を表しているだけで，
（***remark*** (注釈) の略）

プログラムとは何の関係もない。**40** 行の **CLS 3** により，画面上の文字や図形を消去してキレイにする。**50** 行では，円周率 π を **PI=3.14159** とし，係数 **A**＝**1**，微小時間 Δt＝**DT**＝**0.01** を代入した　次の **60** 行では，時刻 **T**＝**0** と，水位 y の初期値として **Y**＝**2** を代入した。**70** 行で，$t=0$ と初期値 $y=2$ を表示する。

次に示す **80**～**130** 行が，このプログラムの主要部分で，**FOR**～**NEXT(I)** 文により，ループ (繰り返し) 計算を行う。

```
80 FOR I=1 TO 2000
90 Y=Y-A*Y*DT/PI/EXP(Y)
100 T=I*DT
110 Y1=INT(Y*1000)/1000
120 IF INT(I/100)*100=I THEN PRINT "t=";T;"y=";Y1
130 NEXT I
```

今回，時刻 t が $0 \leqq t \leqq 20$ の範囲で，水位 y を調べるので，このループ計算の繰り返し回数は，$\dfrac{20}{\Delta t}=\dfrac{20}{0.01}=\mathbf{2000}$ となる。よって **80** 行は，**FOR I=1 TO 2000** となる。これから，**I**＝**1**，**2**，**3**，…，**2000** と変化させながら，以下の計算を **2000** 回行う。

時刻 t のときの水位 y を使って，この Δt 秒後の $t+\Delta t$ のときの水位 y を求めると，

$y = y - \Delta y = y - \dfrac{a \cdot y \cdot \Delta t}{\pi \cdot r^2}$ となり，$r = e^{\frac{y}{2}}$ より，$r^2 = \left(e^{\frac{y}{2}}\right)^2 = e^y$ だから，**90** 行の
（左辺の y：$t+\Delta t$ のときの新水位）（右辺の y：t のときの旧水位）

Y＝Y−A∗Y∗DT/PI/EXP(Y) となる。これにより，水位 **Y** の値が更新される。
（**A**：1）（**DT**：Δt=0.01）（**PI**：3.14159）（**EXP(Y)**：$e^y(=r^2)$）

100 行で時刻 t も，初期値の $t=0$ から，$t=1\cdot\Delta t$，$2\cdot\Delta t$，…，$2000\cdot\Delta t$ と更新されていく。**100** 行は，もちろん $t=t+\Delta t$ としても同じ結果になる。

110 行で，t=**1**，**2**，**3**，…，**20** のときの水位 y を表す。しかし，たとえば，t= **1** のとき，y=**1.9119807**…となって繁雑になる。もちろん計算の精度を保つ
（これ以降を切り捨てる）

ために，この y の値そのものは利用するが，表示する際には，小数第 **4** 位以下

を切り捨てて表示することにした。つまり，たとえば $t=1$ のとき，**Y=1.911 9807…**（1911.9807…）は，**110** 行で，**Y1=INT(Y*1000)/1000=1.911** として，この小数第 **4** 位以下を切り捨てた **Y1** を **110** 行で表示する。

（INT(Y*1000) = 1911（小数点以下の切り捨て））

2000 回のループ計算毎に，水位 y を表示すると，**2000** 行にもなってしまうので，ここは **100** 回毎に，すなわち $t=\Delta t\times 100=1$ (秒) 毎に，水位 y の値を表示するために，**120** 行で論理 **IF** 文を使った。（Δt = 0.01）

> 論理 IF 文
> **IF** ① **THEN** ② **ELSE** ③
> ①条件文　②実行文　③実行文（ELSE ③は省略してもいい）
> もし，①の条件文をみたすときは，②を実行し
> みたさないときは，③を実行する。

120 IF INT(I/100)*100=I THEN PRINT…

> この条件文は，**I=100，200，300，…，2000** のときのみ，みたされる。これ以外の場合，たとえば **I=265** のとき，**INT(I/100)×100=200** となって，**I=265** とは一致しない。
> （**INT(2.65)×100=2×100=200**）

130 行で，**FOR～NEXT(I)** 文をしめくくってこのプログラムは終了する。

それでは，このプログラムを実行 (**run**) した結果を右に示す。

```
t= 0 y= 2
t= 1 y= 1.911          t= 11 y= .838
t= 2 y= 1.82           t= 12 y= .724
t= 3 y= 1.724          t= 13 y= .615
t= 4 y= 1.624          t= 14 y= .513
t= 5 y= 1.52           t= 15 y= .42
t= 6 y= 1.412          t= 16 y= .337
t= 7 y= 1.301          t= 17 y= .266
t= 8 y= 1.187          t= 18 y= .207
t= 9 y= 1.071          t= 19 y= .159
t= 10 y= .954          t= 20 y= .12
```

時刻 $t=0$ のとき，水位 $y=2$ (**m**) であったものが，$t=1$，**2，3，…，20** と時刻が経過するにつれて，徐々に y も **0** に近づいていくことが分かるんだね。

この y の経時変化のグラフについては，この後に演習問題 **5** (**P25**) で示そう。

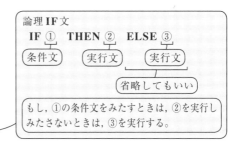

演習問題 2　● タンクの水の流出問題 (II) ●

右図に示すように，y 軸と r 軸と原点 0 をとり，曲線 $r=2\log(y+1)$ $(0 \leqq y \leqq 2)$ を y 軸のまわりに 1 回転してできる曲面をもつタンクがあるものとする。このタンクに，時刻 $t=0$ (秒) のとき，水位 $y=2$ (m) の水が貯水されていた。このタンクの尖端には穴があいており，そこから，

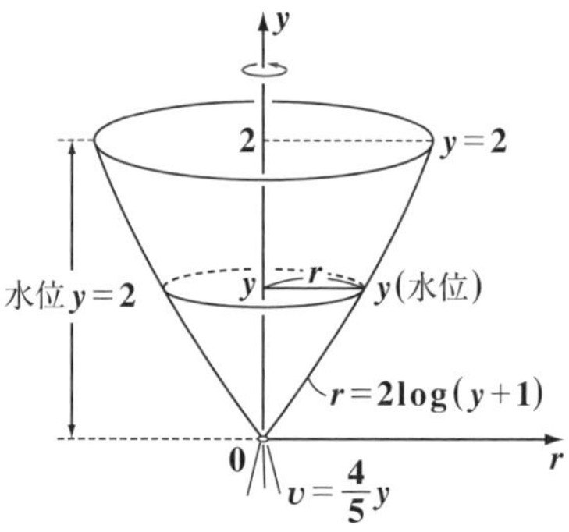

$v=\dfrac{4}{5}y$ (m^3/秒) の速度で水が流出していくものとする。このとき，時間の刻み幅を $\Delta t=10^{-3}$ (秒) として，数値解析により，時刻 $t=0,\ 1,\ 2,\ \cdots$ (秒) における水位 y の値を求めよ。ただし y は，$t \leqq 14$ で，$y=0$ となることが分かっている。$y=0$ となるときの t の近似値を示せ。

ヒント！ 水位が y のときのタンクの断面の円の半径 r が，$r=2\log(y+1)$ $(0 \leqq y \leqq 2)$ で与えられているため，この断面積 S は，$S=\pi r^2=\pi\{2\log(y+1)\}^2$ となる。よって，水位 y を更新するための一般式は，

$$\underset{t+\Delta t\text{ のときの新水位}}{y}=y-\Delta y=y-\frac{ay\cdot\Delta t}{S}=\underset{t\text{ のときの旧水位}}{y}-\frac{ay\cdot\Delta t}{\pi\{2\log(y+1)\}^2}\quad\left(a=\frac{4}{5},\ \Delta t=10^{-3}\right)$$

となるんだね。

微小時間 $\Delta t=10^{-3}$ より，$0 \leqq t \leqq 14$ の範囲で水位 y を調べるためには $\dfrac{14}{\Delta t}=\dfrac{14}{10^{-3}}=14000$ 回のループ計算が必要になる。ただし，それまでに $y=0$ となるので，初めて $y<0$ となったときの時刻 t から Δt を引いた $t-\Delta t$ を $y=0$ となるときの時刻として表示しよう。

解答＆解説

時刻 t と $t+\Delta t$ における水位をそれぞれ $y(t)$，$y(t+\Delta t)$ とおくと，t から $t+\Delta t$ の間の微小時間 Δt の間に流出する水量は，$v\cdot\Delta t=ay\cdot\Delta t$ $\left(a=\dfrac{4}{5},\ \Delta t=10^{-3}\right)$ となる。

これを表示する。

120行では，**I＝1000，2000，3000，…**，すなわち，時刻**T＝1，2，3，…**(秒)のときのみ，水位**Y**(本当は，**Y1**)を表示させることにした。

問題文で，**T≦14**において，**Y＝0**となることが示されているので，**130**行により，このループ計算の途中で，初めて**Y＜0**となったとき，時刻 $t-\Delta t$(＝**T－DT**)を**Y＝0**となったときの時刻として，表示させる。そして，

この時刻 t の時点で，**Y＜0**となるので，それより**1**つ前の $t-\Delta t$ を $y=0$ となるときの近似的な時刻とした。

さらに**140**行で，**Y＜0**となった時点でこれ以上ループ計算を繰り返しても意味がないので，このループ計算から飛び出して，**160**行に行き，**STOP**文と**END**文により，このプログラムをこの時点で，停止･終了する。

それでは，このプログラムを実行した結果を右に示す。時刻 $t=0$(秒)のときの初期水位 $y=2$(m)から時刻の経過と共に水位 y は減少し，時刻 $t=13.423$(秒)のときに，$y=0$ となることが分かったんだね。

```
t= 0 y= 2
t= 1 y= 1.893
t= 2 y= 1.786
t= 3 y= 1.677
t= 4 y= 1.566
t= 5 y= 1.452
t= 6 y= 1.336
t= 7 y= 1.215
t= 8 y= 1.091
t= 9 y= .959
t= 10 y= .82
t= 11 y= .666
t= 12 y= .489
t= 13 y= .25
t= 13.423 Y= 0
中断 in 160
```

実際には，$t=13.423$(秒)のとき，$y>0$，$t=13.424$(秒)のとき，$y<0$ となるので，$y=0$ となるのは，**13.423**と**13.424**秒の間であるわけだけれど，近似的に**13.423**(秒)のときに，$y=0$ と表示した。

この結果の最後に，“**中断 in160**”と表示されているが，これは**80～150**行の**FOR～NEXT(I)**文で，**I＝13424**のときに，**140**行の論理**IF**文で**Y＜0**となったので，**160**行に飛んでプログラムが中断されて終了したことを表しているんだね。

この水位 y の経時変化を表すグラフについても，この後で，演習問題**6**(**P28**)で示そう。

演習問題 3　● タンクの水の流出問題 (Ⅲ) ●

右図に示すように，y 軸と r 軸と原点 0 をとり，曲線 $r=2y^3-9y^2+12y$ $(0 \leqq y \leqq 3)$ を y 軸のまわりに 1 回転してできる曲面をもつタンクがあるものとする。このタンクに，時刻 $t=0$ (秒) のとき，水位 $y=3$ (m) の水が貯水されていた。このタンクの尖端には穴があいており，そこから，$v=2\cdot y$ (m^3/秒) の速度で水が流出していくものとする。このとき，時間の刻み幅を $\Delta t=10^{-3}$ (秒) として，数値解析により，時刻 $t=5$，10，15，…(秒) における水位 y の値を求めよ。ただし y は $t \leqq 90$ で $y=0$ となることが分かっている。$y=0$ となるときの t の近似値を示せ。

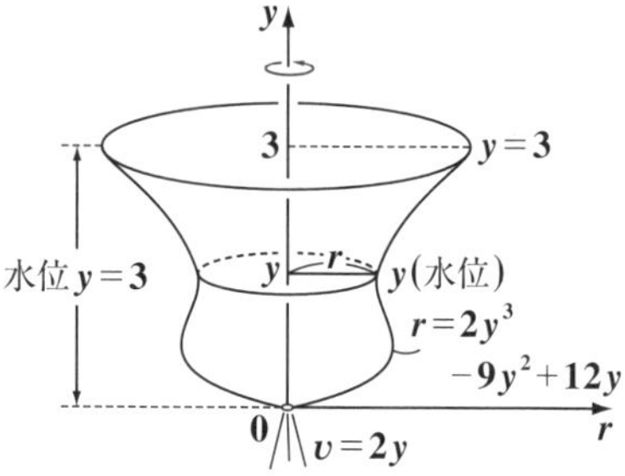

ヒント！ 曲線 $r=f(y)=2y^3-9y^2+12y$ $(0 \leqq y \leqq 3)$ とおいて，この曲線を調べてみよう。$f'(y)=6y^2-18y+12=6(y^2-3y+2)=6(y-1)(x-2)$ より，$f'(y)=0$ のとき，$y=1$，2 である。$r=f(y)$ は 3 次関数で，

$$\begin{cases} \text{極大値 } f(1)=2-9+12=5 \\ \text{極小値 } f(2)=16-36+24=4 \end{cases}$$ と，

$f(0)=0$，$f(3)=54-81+36=9$ より，

曲線 $r=f(y)$ のグラフは右図のようになる。

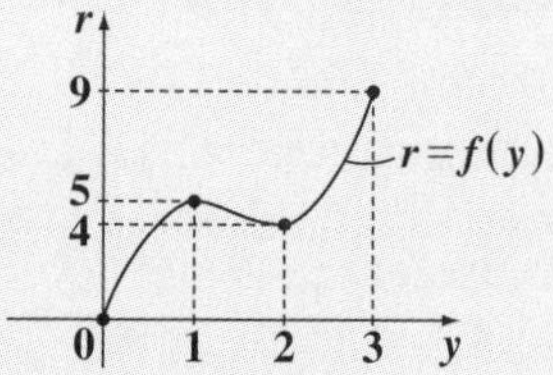

これを y 軸のまわりに 1 回転してできる曲面が，今回の問題のタンクの形状になるんだね。$a=2$，$v=2y$，$r=f(y)$ などは異なるけれど，本質的には演習問題 2 (P14) と同じ形式の問題なので，同様のプログラムで数値解析できる。

解答＆解説

t のときの水位 y から，$t+\Delta t$ のときの水位 y に更新する式は，

$$\underset{\text{$t+\Delta t$ のときの新水位}}{\underline{y}}=y-\Delta y=y-\frac{a\cdot y\cdot\Delta t}{S}=y-\underbrace{\frac{a\cdot y\cdot\Delta t}{\pi\cdot(2y^3-9y^2+12y)^2}}_{\text{この式の中の y は，t のときの旧水位}}$$ $(a=2,\ \Delta t=0.001)$ より，

これを **BASIC/98** で表すと，

Y=Y−A*Y*DT/PI/(2*Y^3−9*Y^2+12*Y)^2 となる。

この式を用いて，今回のタンクの水の流出問題の数値解析プログラムを次に示す。

```
10 REM -----------------------------------------
20 REM  タンクの水の流出問題1-3
30 REM -----------------------------------------
40 CLS 3
50 PI=3.14159#:A=2:DT=.001
60 T=0:Y=3
70 PRINT "t=";T;"y=";Y
80 FOR I=1 TO 90000
90 Y=Y-A*Y*DT/PI/(2*Y^3-9*Y^2+12*Y)^2
100 T=I*DT
110 Y1=INT(Y*1000)/1000
120 IF INT(I/5000)*5000=I THEN PRINT "t=";T;"y=";Y1
130 IF Y<0 THEN PRINT "t=";T-DT;"y=";0
140 IF Y<0 THEN GOTO 160
150 NEXT I
160 STOP:END
```

今回のタンクはかなり大容量のタンクなので，$t \leqq 90$ まで y を調べる。

10～**30** 行は注釈行で，**40** 行で画面をクリアにする。

50 行で，円周率 π を **PI=3.14159** とし，**A**＝**2**，微小時間 **DT**＝**0.001** を代入する。**60** 行で **T**＝**0** と水位の初期値 **Y**＝**3** を代入して，これらを，**70** 行で画面上に表示させる。

80～**150** 行の **FOR** ～ **NEXT(I)** 文について，$0 \leqq t \leqq 90$ の範囲の y を調べるのでこのループ計算の繰り返し回数は，$\dfrac{90}{\Delta t}=\dfrac{90}{10^{-3}}=90000$ になる。**90** 行で水位 **Y** の値を更新し，**100** 行で時刻 **T** の値も更新する。**110** 行では，**Y** の小数第 **4** 位以下を切り捨てたものを **Y1** とする。そして，**120** 行で **I**＝**5000**，**10000**，**15000**，…，すなわち $t=5$，**10**，**15**，…(秒)のときのみ，この水位 **Y** の値 **Y1** を表示させる。

今回のタンク形状も $y=0$ で尖った形をしているので，水位 y が 0 に近づくと，断面積が小さいため，急激に y は減少するようになる。また，問題文で，$t \leqq 90$ で $y=0$ となることも示されているので，このループ計算の途中で，y が初めて $y<0$ となるとき，**130** 行でこれより **1** つ前の t の値，すなわち **T−DT** の値と，$y=0$ を表示し，**140** 行でこの計算ループを中断して，**160** 行に飛び，プログラムを停止・終了させることにした。

それでは，このプログラムを実行した結果を右に示す。時刻 $t=0$(秒) のときの初期水位 $y=3$(m) であり，これから時刻の経過と共に y の値は減少し，そして時刻 $t=82.705$(秒) のときに水位 y は 0(m) になることが分かる。

```
t= 0 y= 3
t= 5 y= 2.862
t= 10 y= 2.664
t= 15 y= 2.358
t= 20 y= 1.956
t= 25 y= 1.624
t= 30 y= 1.387
t= 35 y= 1.207
t= 40 y= 1.06
t= 45 y= .933
t= 50 y= .819
t= 55 y= .714
t= 60 y= .613
t= 65 y= .514
t= 70 y= .413
t= 75 y= .304
t= 80 y= .168
t= 82.705 y= 0
中断 in 160
```

この y の経時変化を示すグラフについては，演習問題 **7**(**P31**) で示す。タンクの形状が多少複雑な形をしているので，この水位 y の経時変化のグラフも興味深い形になるんだね。これについても，後で示そう。

演習問題 4 ● xy 座標系の作成 ●

右図に示すように，**BASIC** の画面上の uv 座標系 $(0 \leqq u \leqq 640,\ 0 \leqq v \leqq 400)$ に，目盛り幅 $\Delta\overline{X}$ の目盛りの付いた X 軸 $(X_{min} \leqq X \leqq X_{max})$ と，目盛り幅 $\Delta\overline{Y}$ の目盛りの付いた Y 軸 $(Y_{min} \leqq Y \leqq Y_{max})$ を，次の与えられた X_{max}，X_{min}，$\Delta\overline{X}$，Y_{max}，Y_{min}，$\Delta\overline{Y}$ の値を基にして描け。

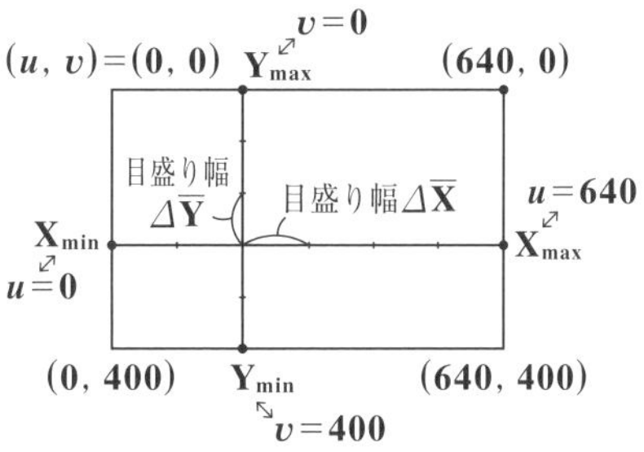

(1) $X_{max} = 7$，$X_{min} = -3$，$\Delta\overline{X} = 2$，$Y_{max} = 5$，$Y_{min} = -3$，$\Delta\overline{Y} = 2$

(2) $X_{max} = 24$，$X_{min} = -29$，$\Delta\overline{X} = 5$，$Y_{max} = 17$，$Y_{min} = -5$，$\Delta\overline{Y} = 3$

ヒント！ (ⅰ) $X \to u$ への変換公式：$u = \dfrac{640(X - X_{min})}{X_{max} - X_{min}}$ ($X = X_{max}$ のとき $u = 640$，$X = X_{min}$ のとき $u = 0$ となる)，(ⅱ) $Y \to v$ への変換公式：$v = \dfrac{400(Y_{max} - Y)}{Y_{max} - Y_{min}}$ ($Y = Y_{max}$ のとき $v = 0$，$Y = Y_{min}$ のとき $v = 400$ となる) を利用して，目盛り付きの X 軸と Y 軸を uv 平面上に描けばいいんだね。

解答＆解説

$0 \leqq u \leqq 640$，$0 \leqq v \leqq 400$ より，画面上の (u, v) の点 (画素) の数は $641 \times 401 = 257041$ 個であり，これに目盛り幅 $\Delta\overline{X}$ の目盛り付きの X 軸 $(X_{min} \leqq X \leqq X_{max})$

> 微小な Δx (＝DX) と区別するため，目盛り幅は $\Delta\overline{X}$ (＝DELX) と表す。

と目盛り幅 $\Delta\overline{Y}$ の目盛り付きの Y 軸 $(Y_{min} \leqq Y \leqq Y_{max})$ を描くプログラムを作成する。

> 微小な Δy (＝DY) と区別するため，目盛り幅は $\Delta\overline{Y}$ (＝DELY) と表す。

(ⅰ) $X \to u$ への変換公式は $u = \dfrac{640(X - X_{min})}{X_{max} - X_{min}}$ となるので，これを BASIC で，関数 FNU(X) として，

> $\begin{cases} X = X_{max} \text{ のとき，} u = 640 \\ X = X_{min} \text{ のとき，} u = 0 \end{cases}$

DEF FNU(X) = INT(640×(X − XMIN)/(XMAX − XMIN)) により定義する。（u は整数より，INT により小数部を切り捨てる。）

これから，2 点 (FNU(0)，0) と (FNU(0)，400) を結ぶように，（X = 0 に対応する u）

LINE (FNU(0)，0) − (FNU(0)，400) とすれば，これで Y 軸が引ける。

(ii) Y → v への変換公式は，$\begin{cases} Y = Y_{max} \text{ のとき，} v = 0 \\ Y = Y_{min} \text{ のとき，} v = 400 \end{cases}$

$v = \dfrac{400(Y_{max} - Y)}{Y_{max} - Y_{min}}$ となるので，これを BASIC で，関数 FNV(Y) として，

DEF FNV(Y) = INT(400∗(YMAX − Y)/(YMAX − YMIN)) により定義する。これから 2 点 (0，FNV(0)) と (640，FNV(0)) を結ぶように，（Y = 0 に対応する v）

LINE (0，FNV(0)) − (640，FNV(0)) とすれば，これで X 軸が引ける。

この後，X 軸と Y 軸にそれぞれ目盛りを付ける操作は実際のプログラムで解説することにしよう。

(1) $X_{max} = 7$，$X_{min} = -3$，$\Delta\overline{X} = 2$，$Y_{max} = 5$，$Y_{min} = -3$，$\Delta\overline{Y} = 2$ のとき，目盛り付きの X 軸と Y 軸を描くプログラムを下に示す。

```
10 REM ------------------------------------
20 REM   X軸Y軸と目盛りの設定
30 REM ------------------------------------
40 CLS 3
50 XMAX=7
60 XMIN=-3
70 DELX=2
80 YMAX=5
90 YMIN=-3
100 DELY=2
110 DEF FNU(X)=INT(640*(X-XMIN)/(XMAX-XMIN))
120 DEF FNV(Y)=INT(400*(YMAX-Y)/(YMAX-YMIN))
130 LINE (FNU(0),0)-(FNU(0),400)
140 LINE (0,FNV(0))-(640,FNV(0))
150 DELU=640*DELX/(XMAX-XMIN)
160 DELV=400*DELY/(YMAX-YMIN)
170 N=INT(XMAX/DELX):M=INT(-XMIN/DELX)
```

```
180 FOR I=-M TO N
190 LINE (FNU(0)+INT(I*DELU),FNV(0)-3)-(FNU(0)+INT(I
*DELU),FNV(0)+3)
200 NEXT I
210 N=INT(YMAX/DELY):M=INT(-YMIN/DELY)
220 FOR I=-M TO N
230 LINE (FNU(0)-3,FNV(0)-INT(I*DELV))-(FNU(0)+3,FNV
(0)-INT(I*DELV))
240 NEXT I
```

10～**30** 行は注釈行で，**40** 行で，画面をクリアにする。**50**～**100** 行で，X_{max}，X_{min}，$\Delta\overline{X}$，Y_{max}，Y_{min}，$\Delta\overline{Y}$ の値を代入する。

110 行で，$X \to u$ への変換をする関数 **FNU(X)** を定義し，**120** 行で $Y \to v$ への変換をする関数 **FNV(Y)** を定義する。そして，**130** 行で **Y** 軸を引き，**140** 行で **X** 軸を引く。

150 行では，**X** 軸の目盛り幅 $\Delta\overline{X}$（=**DELX**）に対応する u の目盛り幅 $\Delta\overline{u}$（=**DELU**）は，右図より，

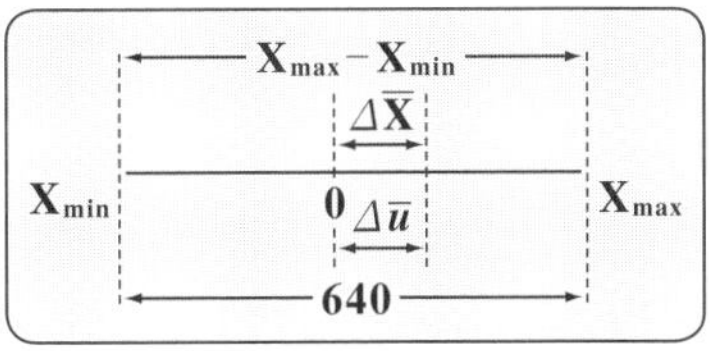

$\Delta\overline{u} : \Delta\overline{X} = 640 : (X_{max} - X_{min})$ となる。

よって，$\underbrace{\Delta\overline{u}}_{\text{DELU}}(X_{max} - X_{min}) = 640 \cdot \underbrace{\Delta\overline{X}}_{\text{DELX}}$ より，

DELU=640*DELX/(XMAX−XMIN) となる。

160 行でも同様に考えて，**Y** 軸の目盛り幅 $\Delta\overline{Y}$（=**DELY**）に対応する $\Delta\overline{v}$（=**DELV**）は，**DELV=400*DELY/(YMAX−YMIN))** と表される。

170～**200** 行で **X** 軸に目盛りを付ける。ここで，$\underset{\ominus}{\underline{X_{min}}} < 0 < \underset{\oplus}{\underline{X_{max}}}$

よって，**X** 軸の正側に目盛りは **N=INT(XMAX/DELX)** 個存在し，**X** 軸の負側に目盛りは **M=INT(−XMIN/DELX)** 個存在する。よって，**180**～**200** 行の **FOR**～**NEXT(I)** 文により，**X** 軸の負側に **M** 個，正側に **N** 個の目盛りを，**X** 軸の上･下 ±**3** 画素の短い線分で表示する。

同様に，**210** 行で，**Y** 軸の正側に目盛りは **N=INT(YMAX/DELY)** 個存在し，**Y** 軸の負側に目盛りは **M=INT(−YMIN/DELY)** 個存在する。よって，**220**～**240** 行の **FOR**～**NEXT(I)** 文により，**Y** 軸の負側に **M** 個，正側に **N** 個の目盛りを，**Y** 軸の左･右 ±**3** 画素の短い線分で表示する。

それでは，このプログラムを実行した結果得られる **XY** 座標系を右図に示す。
(矢印と **X**，**Y**，および数字は後で加えたものである。)

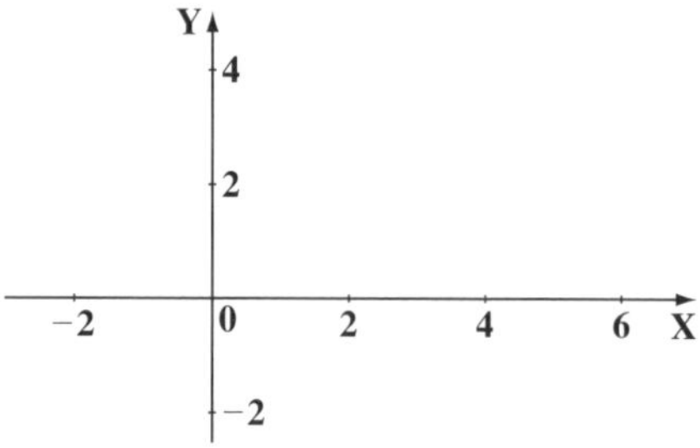

(2) 同じプログラムで条件のデータを，$\mathbf{X_{max}=24}$，$\mathbf{X_{min}=-29}$，$\mathbf{\Delta\overline{X}=5}$，$\mathbf{Y_{max}=17}$，$\mathbf{Y_{min}=-5}$，$\mathbf{\Delta\overline{Y}=3}$ に変える場合，**50**～**100** 行のみを次のように変更すればよい。

```
10 REM ------------------------------------------
20 REM  X軸Y軸と目盛りの設定
30 REM ------------------------------------------
40 CLS 3
50 XMAX=24
60 XMIN=-29
70 DELX=5
80 YMAX=17
90 YMIN=-5
100 DELY=3
```

110～**240** 行は，前プログラム(**P22**，**23**)と全く同じである。

このプログラムを実行した結果得られる **XY** 座標系を右図に示す。
(矢印と **X**，**Y**，および数字は後で加えたものである。)

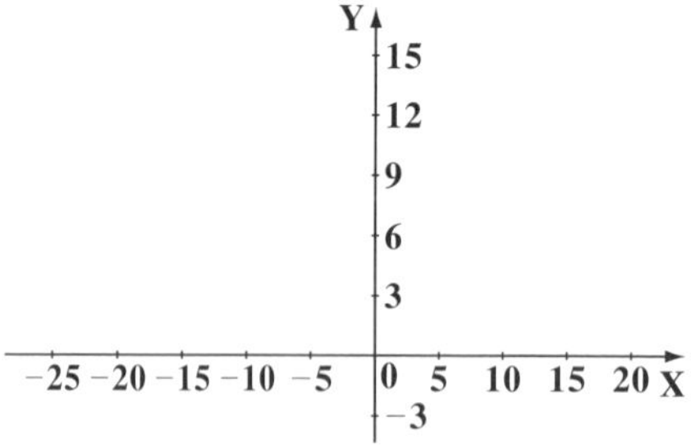

演習問題 5 ● タンクの水の流出問題とグラフ(I) ●

右図に示すように，y 軸と r 軸と原点 $\mathbf{0}$ をとり，曲線 $r = e^{\frac{y}{2}}\ (0 \leqq y \leqq 2)$ を y 軸のまわりに $\mathbf{1}$ 回転してできる曲面と底をもつタンクがあるものとする。このタンクに，時刻 $t=0$ (秒) のとき，水位 $y=2$ (m) の水が貯水されていた。このタンクの底には小さな穴があいており，そこから $v = 1 \cdot y$ (m^3/秒) の速度で水が流出していくものとする。このとき，時間の刻み幅を $\Delta t = 10^{-2}$ (秒) として，数値解析により，時刻 $0 \leqq t \leqq 25$ における水位 y の経時変化の様子を ty 座標平面上に示せ。

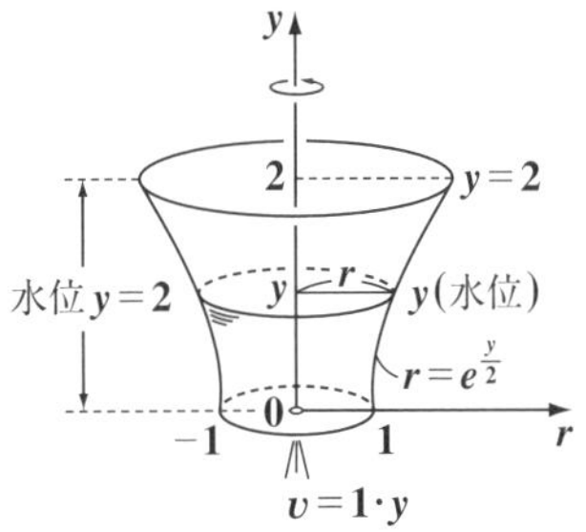

ヒント！ タンクの水の流出問題の設定条件は，演習問題 **1** (**P10**) とまったく同じだね。今回は，まず，ty 座標系を作って，$0 \leqq t \leqq 25$ における水位 y の変化の様子をこの座標平面上の曲線として示す問題なんだね。そのために，**PSET** 文や **LINE** 文を利用することになる。

解答＆解説

演習問題 **4** の xy 座標系の代わりに，今回は時刻 t と水位 y の関係のグラフを描くために ty 座標系をまず作る。具体的には，x の代わりに t とするだけなので本質的な変化はない。ではまず，今回のプログラムを下に示そう。

```
10 REM ------------------------------------------
20 REM   タンクの水の流出問題 2-1
30 REM ------------------------------------------
40 CLS 3
50 TMAX=26
60 TMIN=-2
70 DELT=5
80 YMAX=2.8#
90 YMIN=-.4#
100 DELY=.5#
```

```
110 DEF FNU(T)=INT(640*(T-TMIN)/(TMAX-TMIN))
120 DEF FNV(Y)=INT(400*(YMAX-Y)/(YMAX-YMIN))
130 LINE (FNU(0),0)-(FNU(0),400)
140 LINE (0,FNV(0))-(640,FNV(0))
150 DELU=640*DELT/(TMAX-TMIN)
160 DELV=400*DELY/(YMAX-YMIN)
170 N=INT(TMAX/DELT):M=INT(-TMIN/DELT)
180 FOR I=-M TO N
190 LINE (FNU(0)+INT(I*DELU),FNV(0)-3)-(FNU(0)+INT(I
*DELU),FNV(0)+3)
200 NEXT I
210 N=INT(YMAX/DELY):M=INT(-YMIN/DELY)
220 FOR I=-M TO N
230 LINE (FNU(0)-3,FNV(0)-INT(I*DELV))-(FNU(0)+3,FNV
(0)-INT(I*DELV))
240 NEXT I
250 PI=3.14159#:A=1:DT=.01
260 T=0:Y=2
270 PSET (FNU(T),FNV(Y))
280 FOR I=1 TO 2500
290 Y=Y-A*Y*DT/PI/EXP(Y)
300 T=I*DT
310 LINE -(FNU(T),FNV(Y))
320 NEXT I
```

$0 \leqq t \leqq 25$ の範囲で水位 y の変化を調べ，y も $0 < y \leqq 2$（初期値）であることが分かっているので，**50**～**100** 行で $\mathrm{T_{max}}=26$，$\mathrm{T_{min}}=-2$，目盛り幅 $\Delta\overline{\mathrm{T}}=5$，$\mathrm{Y_{max}}=2.8$，$\mathrm{Y_{min}}=-0.4$，目盛り幅 $\Delta\overline{\mathrm{Y}}=0.5$ を代入した。これらのデータに基づいて，**110**～**240** 行で ty 座標系を作成するんだね。

250～**320** 行で，水位 y の計算を行う。まず，**250** 行で，円周率 π を **PI=3.14159** とし，定数 $\mathrm{A}=1$，微小時間 $\Delta t=\mathrm{DT}=0.01$ を代入し，**260** 行で，$\mathrm{T}=0$，初期値 $\mathrm{Y}=2$ を代入する。**270** 行で，$[\mathrm{T},\ \mathrm{Y}]=[0,\ 2]$ に対応する点を $(u_0,\ v_0)$ とおくと，次のページの図に示すように **PSET** 文で，uv 平面上に，この点をポツンと表示する。

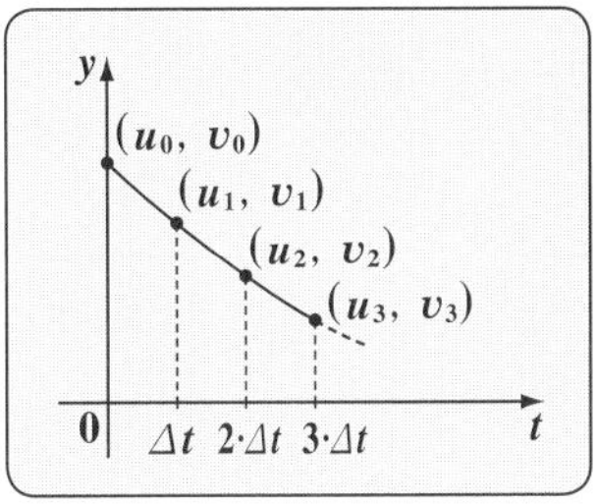

この後，**280**～**320** 行の **FOR**～**NEXT(I)** 文により時刻 **T** と水位 **Y** を更新していく。このループ計算の繰り返し回数 **N** は **T** = **25** (秒) まで行うので，$\mathbf{N}=\dfrac{\mathbf{25}}{\Delta\mathbf{T}}=\dfrac{\mathbf{25}}{\mathbf{0.01}}=\mathbf{2500}$ 回になる。**Y** を更新する一般式は，**290** 行に示すように，

Y = Y − ΔY = Y−A∗Y∗DT/PI/EXP(Y) となる。また **T** は，
（新水位）（旧水位）（PI $= \pi$）（EXP(Y) $= r^2$）

300 行で更新する。そして，

・**I** = **1** のとき，**T** = **DT** のときの **Y** を求め，**[T, Y]** に対応する $\boldsymbol{uv}$ 平面上の点を (u_1, v_1) とおき，
・**I** = **2** のとき，**T** = **2·DT** のときの **Y** を求め，**[T, Y]** に対応する $\boldsymbol{uv}$ 平面上の点を (u_2, v_2) とおき，
・**I** = **3** のとき，**T** = **3·DT** のときの **Y** を求め，**[T, Y]** に対応する $\boldsymbol{uv}$ 平面上の点を (u_3, v_3) とおく。… (以下同様)

そして，これらの点を，**310** 行の **LINE** 文によって，上図に示すように順次連結していくことにより，$0 \leqq t \leqq 25$ の範囲における水位 y の経時変化のグラフを描くことができる。

このプログラムを実行した結果得られる水位 y の経時変化を表すグラフを右図に示す。(今回の問題のタンクのように，底が平らな場合，水位 y は時刻と供に **0** に近づくが，**0** にはならないことが分かるんだね。)

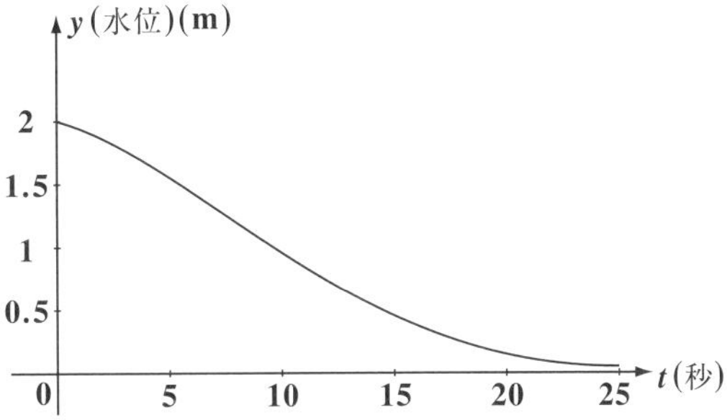

演習問題 6　● タンクの水の流出問題とグラフ(Ⅱ) ●

右図に示すように，y 軸と r 軸と原点 0 をとり，曲線 $r=2\log(y+1)$ $(0 \leqq y \leqq 2)$ を y 軸のまわりに 1 回転してできる曲面をもつタンクがあるものとする。このタンクに，時刻 $t=0$(秒)のとき，水位 $y=2$(m) の水が貯水されていた。このタンクの尖端には穴があいており，そこから，

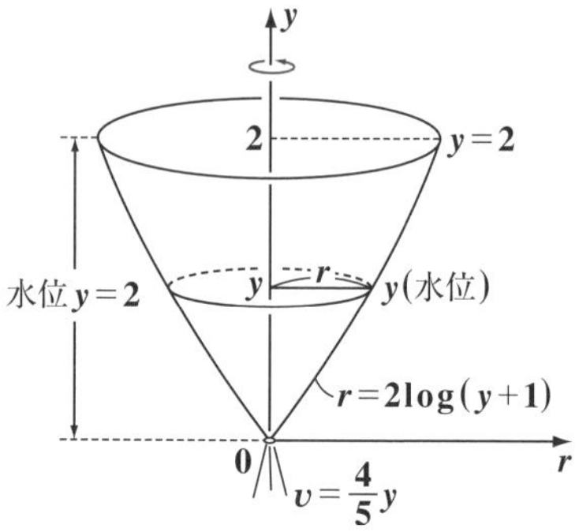

$v=\dfrac{4}{5}y$ (m³/秒) の速度で水が流出していくものとする。このとき，時間の刻み幅を $\Delta t=10^{-3}$(秒) として，数値解析により，水位 y が 0 になるまでの経時変化の様子を ty 座標平面上に示せ。ただし，$t \leqq 14$ で $y=0$ となることは分かっている。

ヒント！ タンクの水の流出問題の設定条件は，演習問題 **2** (**P14**) とまったく同様だけれど今回は，水位 y の経時変化のグラフを ty 平面上に図示する問題だ。このタンクは，$y=0$ で尖った形状をしているので，水位 y は 0 に近づくと，急激にその値を変化させて，ある時刻 $t(\leqq 14)$ で 0 となるんだね。論理 **IF** 文をうまく使って解いてみよう。

解答＆解説

まず，今回の数値解析のプログラムを下に示そう。

```
10 REM ------------------------------------------
20 REM   タンクの水の流出問題 2-2
30 REM ------------------------------------------
40 CLS 3
50 TMAX=18
60 TMIN=-2
70 DELT=2
80 YMAX=2.8#
90 YMIN=-.4#
100 DELY=.5#
```

110～240 行は，ty 座標系を作るプログラムで，**P26** の **110～240** 行とまったく同じ。

```
250 PI=3.14159#:A=.8#:DT=.001
260 T=0:Y=2
270 PSET (FNU(T),FNV(Y))
280 FOR I=T TO 14000
290 Y=Y-A*Y*DT/PI/(2*LOG(Y+1))^2
300 T=I*DT
310 IF Y<0 THEN PRINT "t=";T-DT
320 IF Y<0 THEN GOTO 350
330 LINE -(FNU(T),FNV(Y))
340 NEXT I
350 STOP:END
```

時刻 t が $0 \leqq t \leqq 14$ の範囲で水位 y は，$0 \leqq y \leqq 2$ の範囲を動くので，**50～100** 行で，$T_{max}=18$，$T_{min}=-2$，$\Delta\overline{T}=2$，$Y_{max}=2.8$，$Y_{min}=-0.4$，$\Delta\overline{Y}=0.5$ を代入した。

110～240 行で，これらのデータを基に ty 座標系を作るが，これは前問の **P26** の **110～240** 行のプログラムとまったく同じなので，ここでは省略した。

250 行で，円周率 π を **PI=3.14159** とし，定数 $A=0.8$，微小時間 $\Delta t=DT=0.001$ を代入した。**260** 行で，$T=0$ と Y の初期値 $Y=2$ を代入して，**270** 行で，$[T,\ Y]=[0,\ 2]$ に対応する点 $(u_0,\ v_0)=$ (**FNU(T)**，**FNV(Y)**) を **PSET** 文により表示する。

280～340 行は，**FOR～NEXT(I)** 文で，ループ計算を行う。このループ計算の繰り返し回数 N は，$0 \leqq t \leqq 14$，$\Delta t=0.001$ より，$N=\dfrac{14}{0.001}=14000$ 回とする。このループ計算で **290**，**300** 行により，時刻 $t=0$ から，$\Delta t=0.001$ ずつ時刻を進めながら水位 Y と時刻 T の値を更新していく。更新した点 $[T,\ Y]$ に対応する uv 平面上の点 (**FNU(T)**，**FNV(Y)**) を **330** 行の **LINE** 文によって，順次連結していき，水位 Y の経時変化のグラフを描く。

ただし，今回のタンクの形状は $y=0$ のとき尖った形をしているので，$I=1,\ 2,\ 3,\ \cdots,\ 14000$，すなわち $T=0.001,\ 0.002,\ 0.003,\ \cdots,\ 14$(秒) の間に $Y<0$ となる。したがって，このループ計算で，初めて $Y<0$ となった時点で

310，**320** 行の論理 **IF** 文で，この **1** つ前の時刻 **T－DT** を表示する。そして，この計算ループを中断して **350** 行に飛び **STOP** 文と **END** 文により，このプログラムを停止･終了する。

このプログラムを実行すると，画面上に右図に示すような，水位 y の経時変化のグラフを描いた後，

t＝**13.423**

中断 **in350**

と表示する。

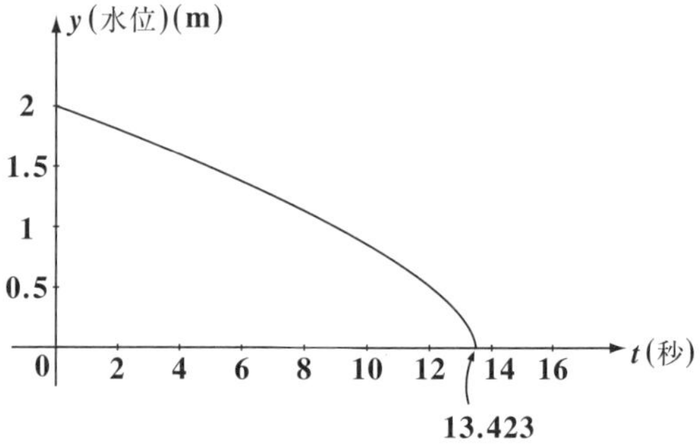

(演習問題 **2**(**P14**) では，

t と y の数値のみの表でしか表せなかったものが，このようにグラフで表示することにより，水位 y の減少していく様子をより具体的にとらえることができるんだね。つまり，t＝**12**(秒) を越えた辺りから水位 y は急激に減少し，t＝**13.423**(秒) のときに y＝**0** となることが分かる。)

演習問題 7 ● タンクの水の流出問題とグラフ(Ⅲ) ●

右図に示すように，y 軸と r 軸と原点 0 をとり，曲線 $r=2y^3-9y^2+12y$ $(0 \leqq y \leqq 3)$ を y 軸のまわりに 1 回転してできる曲面をもつタンクがあるものとする。このタンクに，時刻 $t=0$(秒)のとき，水位 $y=3$(m)の水が貯水されていた。このタンクの尖端には穴があいており，そこから，$v=2\cdot y$ (m^3/秒)の速度で水が流出していくものとする。このとき，時間の刻み幅を $\Delta t=10^{-3}$(秒)として，数値解析により，水位 y が 0 になるまでの経時変化の様子を ty 座標平面上に示せ。ただし，$t \leqq 90$ で $y=0$ となることは分かっている。

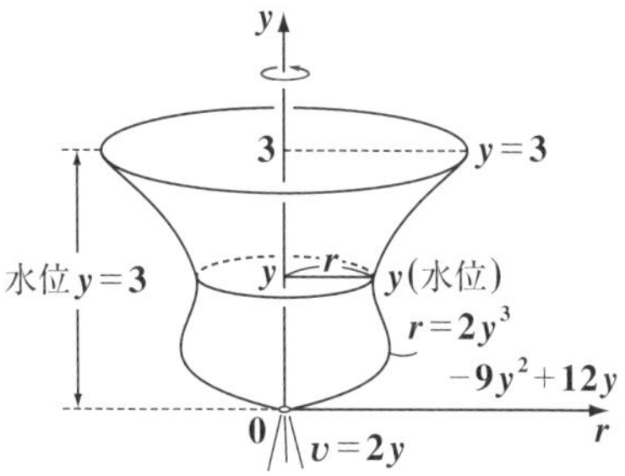

ヒント！ タンクの水の流出問題の設定条件は，演習問題 **3** (**P18**) と同様だけれど，今回は，水位 y が 0 となるまでの経時変化を ty 座標平面上にグラフとして描く。このタンクは，$y=0$ のときに尖っているだけでなく，途中の断面積が狭くなっている。この影響が，水位 y のグラフにも現われるので，面白いと思う。

解答＆解説

まず，この水の流出問題の数値解析プログラムを下に示そう。

```
10 REM ----------------------------------------
20 REM   タンクの水の流出問題 2-3
30 REM ----------------------------------------
40 CLS 3
50 TMAX=93
60 TMIN=-5
70 DELT=10
80 YMAX=3.4#
90 YMIN=-.5#
100 DELY=.5#
```

110～240 行は，*ty* 座標系の作成プログラムで，**P26** の **110～240** 行と同じ。

```
250 PI=3.14159#:A=2:DT=.001
260 T=0:Y=3
270 PSET (FNU(T),FNV(Y))
280 FOR I=T TO 90000
290 Y=Y-A*Y*DT/PI/(2*Y^3-9*Y^2+12*Y)^2
300 T=I*DT
310 IF Y<0 THEN PRINT "t=";T-DT
320 IF Y<0 THEN GOTO 350
330 LINE -(FNU(T),FNV(Y))
340 NEXT I
350 STOP:END
```

今回の問題では，$0 \leqq t \leqq 90$ の範囲で水位 y は，$0 \leqq y \leqq 3$ の範囲を変化するので $T_{max}=93$，$T_{min}=-5$，$\Delta\overline{T}=10$，$Y_{max}=3.4$，$Y_{min}=-0.5$，$\Delta\overline{Y}=0.5$ を代入した。**110～240** 行は，これらのデータに従って *ty* 座標系を作るプログラムだけれど，これは **P26** の **110～240** 行とまったく同じなので，ここでも省略する。

250 行で，円周率 π を **PI=3.14159** とし，定数係数 **A＝2**，微小時間 Δt＝**DT＝0.001** を代入した。また，**260** 行で時刻 **T＝0** と初期値 **Y＝3** を代入し，**270** 行でこの点 **[T, Y]＝[0, 3]** に対応する *uv* 平面上の点 **(FNU(T), FNV(Y))** を画面上に表示する。

280～340 行は **FOR～NEXT(I)** 文で，これでループ計算を行う。このループ計算の繰り返し回数 **N** は，$0 \leqq t \leqq 90$，$\Delta t=0.001$ より，$N=\dfrac{90}{\Delta t}=\dfrac{90}{0.001}$ ＝**90000** 回とする。このループ計算では **290**，**300** 行で，水位 **Y** と時刻 **T** の値を，**I＝1, 2, 3, …**，すなわち **T＝0.001, 0.002, 0.003, …** と変化させながら更新していく。更新した点 **[T, Y]** に対応する *uv* 平面上の点 **(FNU(T), FNV(Y))** を **330** 行の **LINE** 文によって，順次連結しながら水位 **Y** の経時変化のグラフを描いていく。

ただし，今回のタンクの形も，**Y＝0** で尖った形状をしているので，このループ計算の途中で **Y＜0** となる。したがって，このループ計算で初めて **Y**

<0 となった時点で，**310**，**320** 行の **2** つの論理 **IF** 文により，**1** つ前の時刻 **T−DT** を **Y=0** となるときの時刻として表示し，このループ計算を中断して，**350** 行に飛び，**STOP** 文と **END** 文により，このプログラムを停止･終了する。

それでは，このプログラムを実行した結果得られる，水位 y のグラフを右図に示す。グラフを描いた後，

t=82.705

中断 **in350**

が表示される。

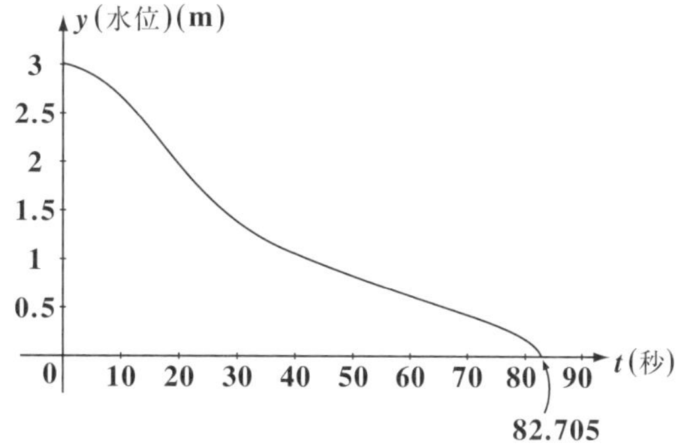

(演習問題 **3**(**P18**) では，t と y の数値のみを表示した表でしか表されなかったけれど，今回はグラフにより，水位 y が時刻 t と供に減少していく様子がより分かりやすくなったんだね。今回のタンクは，途中 **Y=2** のとき，細くなっているので，水位 y の減少速度がここで，大きくなるはずである。上の y のグラフでは時刻 $t=20$(秒) 前後のときに y の減少の勾配が大きくなっている。これは，このタンクの細い部分の影響であることが分かるんだね。そして次に，**80**(秒) を越えるとタンクの先端の尖った形状の影響からまた急に y の減少速度が増加し，$t=82.705$(秒) で水位 $y=0$ となるんだね。)

演習問題 8 ● 陽関数のグラフ(I) ●

次の陽関数 $y=f(x)$ $(-5 \leqq x \leqq 5)$ のグラフを，xy 平面上に図示せよ。

(1) $y=f(x)=1+x$　　　(2) $y=f(x)=1+x+\dfrac{x^2}{2}+\dfrac{x^3}{6}$

(3) $y=f(x)=1+x+\dfrac{x^2}{2}+\dfrac{x^3}{6}+\dfrac{x^4}{24}+\dfrac{x^5}{120}$

(4) $y=f(x)=1+x+\dfrac{x^2}{2}+\dfrac{x^3}{6}+\dfrac{x^4}{24}+\dfrac{x^5}{120}+\dfrac{x^6}{720}+\dfrac{x^7}{5040}$

ヒント！ $y=e^x$ をマクローリン展開すると，$y=1+\dfrac{x}{1!}+\dfrac{x^2}{2!}+\dfrac{x^3}{3!}+\cdots+\dfrac{x^n}{n!}+\cdots$ $(-\infty<x<\infty)$ となることは大丈夫だね。今回は，このマクローリン展開の (1) 初めの 2 項，(2) 4 項，(3) 6 項，(4) 8 項のみの関数のグラフを描いてこれが指数関数 $y=e^x$ に近づいていく様子を確認してみよう。数値解析を使えば，このように，様々な数学的な問題を具体的に自分の目で確かめることができるようになるんだね。

解答＆解説

(1) まず，陽関数 $y=f(x)=1+\dfrac{x}{1!}=1+x$ $(-5 \leqq x \leqq 5)$ のグラフを描くプログラムを下に示す。

```
10 REM ----------------------------------------
20 REM   陽関数のグラフ 3-1
30 REM ----------------------------------------
40 CLS 3
50 XMAX=5
60 XMIN=-5
70 DELX=1
80 YMAX=13
90 YMIN=-7
100 DELY=5
```

```
110 X1MAX=5
120 X1MIN=-5
130 DEF FNF(X)=1+X
140 DEF FNU(X)=INT(640*(X-XMIN)/(XMAX-XMIN))
150 DEF FNV(Y)=INT(400*(YMAX-Y)/(YMAX-YMIN))
160 LINE (FNU(0),0)-(FNU(0),400)
170 LINE (0,FNV(0))-(640,FNV(0))
180 DELU=640*DELX/(XMAX-XMIN)
190 DELV=400*DELY/(YMAX-YMIN)
200 N=INT(XMAX/DELX):M=INT(-XMIN/DELX)
210 FOR I=-M TO N
220 LINE (FNU(0)+INT(I*DELU),FNV(0)-3)-(FNU(0)+INT(I
*DELU),FNV(0)+3)
230 NEXT I
240 N=INT(YMAX/DELY):M=INT(-YMIN/DELY)
250 FOR I=-M TO N
260 LINE (FNU(0)-3,FNV(0)-INT(I*DELV))-(FNU(0)+3,FNV
(0)-INT(I*DELV))
270 NEXT I
280 DX1=(X1MAX-X1MIN)/400
290 X=X1MIN:Y=FNF(X)
300 FOR I=1 TO 400
310 X1=X+DX1:Y1=FNF(X1)
320 LINE (FNU(X),FNV(Y))-(FNU(X1),FNV(Y1))
330 X=X1:Y=Y1
340 NEXT I
```

まず，xy 座標系を描くための基礎データとして，**50～100** 行で，$\mathbf{X}_{\max}=\mathbf{5}$，$\mathbf{X}_{\min}=-\mathbf{5}$，$\Delta\overline{\mathbf{X}}=\mathbf{1}$，$\mathbf{Y}_{\max}=\mathbf{13}$，$\mathbf{Y}_{\min}=-\mathbf{7}$，$\Delta\overline{\mathbf{Y}}=\mathbf{5}$ を代入した。さらに，**110**，**120** 行でこの関数 $y=f(x)=1+x$ の定義域として，

$\mathbf{X1}_{\max}=\mathbf{5}$，$\mathbf{X1}_{\min}=-\mathbf{5}$ を代入した。

> 今回は，xy 座標系の $\mathbf{X}$ の最大値 $\mathbf{X}_{\max}$，最小値 $\mathbf{X}_{\min}$ と同じ値になっているが，一般に，関数の定義域を示すこれらの値は $\mathbf{X}_{\max}$ や $\mathbf{X}_{\min}$ と一致する必要はない。

130 行で，$y=f(x)=1+x$ を $\mathbf{FNF(X)=1+X}$ として定義した。

140～270 行は，xy 座標系を作成するためのプログラムで，これは演習問題 **4(P22，23)** の **110～240** 行のプログラムと同じなので，解説は省略する。

280～340 行で曲線 $y=f(x)=1+x$ のグラフを描く。まず，**280** 行でこの関数の定義域 $-5 \leqq x \leqq 5$ を **400** 等分したものを **DX1** とおく。横座標の u は

（-5 = $X1_{min}$，5 = $X1_{max}$）

$0 \leqq u \leqq 640$ で，横に最大でも **641** 画素なので，**400** 等分した短い線分を連結すれば十分に滑らかな曲線が描けることになる。

290 行で，$X=X1_{min}$ と $Y=FNF(X)$ として，最初の点の座標 [X, Y] を定める。

300～340 行の **FOR～NEXT(I)** 文によるループ計算により **400** 本の小さな線分を結んで，$y=f(x)$ の曲線を描く。まず，

・**I=1** のとき，最初の点 [X, Y] と **2** 番目の点 [X1, Y1] を uv 座標に変換して，

（X1 = X+DX1，Y1 = FNF(X1)）

これらを **320** 行の **LINE** 文で結ぶ。この後，**330** 行で **X=X1**，**Y=Y1** として，**X** と **Y** の値を更新する。

・**I=2** のとき，**2** 番目の点 [X, Y] と **3** 番目の点 [X1, Y1] を uv 座標に変換

（X1 = X+DX1，Y1 = FNF(X1)）

して，これらを **320** 行の **LINE** 文で結ぶ。この後，**330** 行で **X=X1**，**Y=Y1** として，**X** と **Y** の値を更新する。

………

以下同様に，**I=400** となるまでこの操作を繰り返すと，**400** 本の微小な線分の連結により陽関数 $y=f(x)$ のグラフが描かれることになる。

それでは，このプログラムを実行して得られる曲線（直線）$y=f(x)=1+x$ のグラフを右に示す。

（これ以降 (2)(3)(4) では，**130** 行の **DEF FNF(X)** を書き換えていけばよいだけだね。）

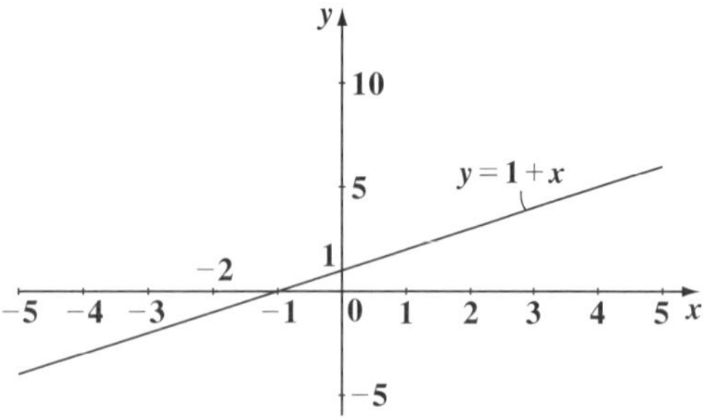

(2) 130 DEF FNF(X)=1+X+X²/2+X³/6 ← $f(x)=1+\frac{x}{1!}+\frac{x^2}{2!}+\frac{x^3}{3!}$ のこと

と変換して，このプログラムを実行した結果得られる $y=f(x)$ のグラフを右に示す。

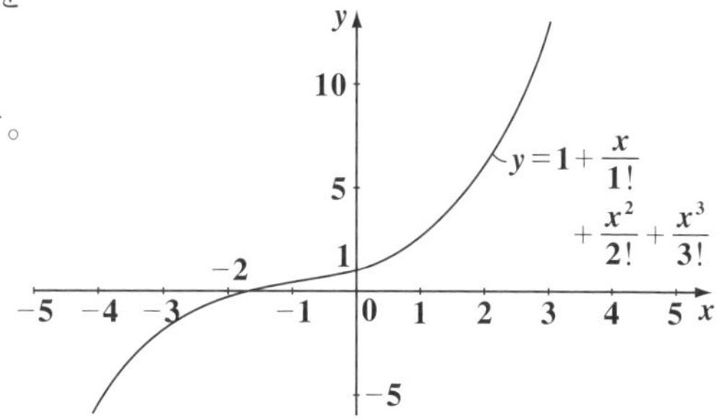

(3) 130 DEF FNF(X)=1+X+X^2/2+X^3/6+X^4/24+X^5/120

$f(x)=1+\frac{x}{1!}+\frac{x^2}{2!}+\frac{x^3}{3!}+\frac{x^4}{4!}+\frac{x^5}{5!}$ のこと

と変換して，このプログラムを実行した結果得られる $y=f(x)$ のグラフを右に示す。

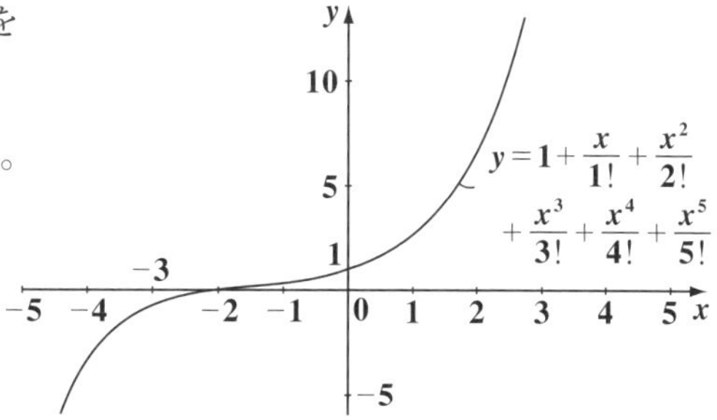

(4) 130 DEF FNF(X)=1+X+X^2/2+X^3/6+X^4/24+X^5/120+X^6/720+X^7/5040

$f(x)=1+\frac{x}{1!}+\frac{x^2}{2!}+\frac{x^3}{3!}+\frac{x^4}{4!}+\frac{x^5}{5!}+\frac{x^6}{6!}+\frac{x^7}{7!}$ のこと

と変換して，このプログラムを実行した結果得られる $y=f(x)$ のグラフを右に示す。

［このようにして，指数関数 $y=e^x$ に近づいていくことが分かったんだね。］

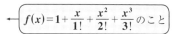

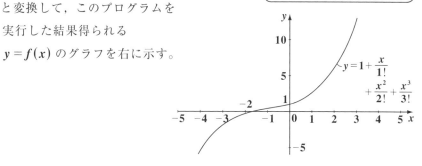

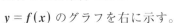

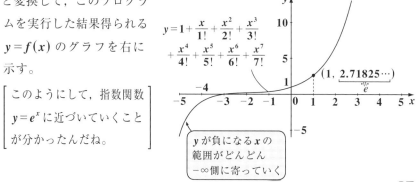

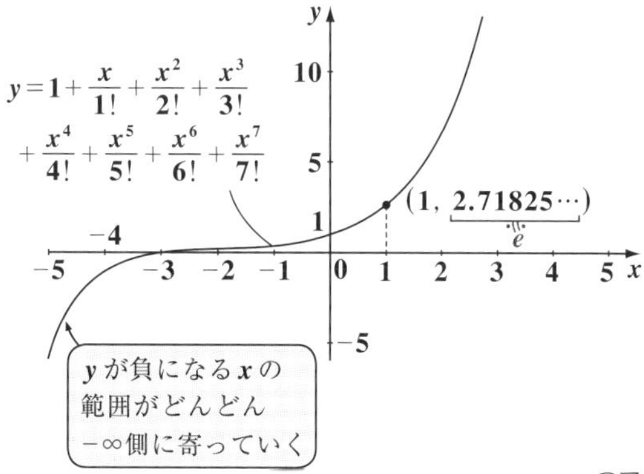

演習問題 9	● 陽関数のグラフ(Ⅱ) ●

次の陽関数 $y=f(x)$ $(-\pi \leqq x \leqq \pi)$ のグラフを，xy 平面上に図示せよ。

(1) $y=f(x)=\sin x+\dfrac{\sin 3x}{3}$

(2) $y=f(x)=\sin x+\dfrac{\sin 3x}{3}+\dfrac{\sin 5x}{5}+\dfrac{\sin 7x}{7}$

(3) $y=f(x)=\sin x+\dfrac{\sin 3x}{3}+\dfrac{\sin 5x}{5}+\dfrac{\sin 7x}{7}+\dfrac{\sin 9x}{9}+\dfrac{\sin 11x}{11}$

(4) $y=f(x)=\sin x+\dfrac{\sin 3x}{3}+\dfrac{\sin 5x}{5}+\dfrac{\sin 7x}{7}+\dfrac{\sin 9x}{9}+\dfrac{\sin 11x}{11}+\dfrac{\sin 13x}{13}+\dfrac{\sin 15x}{15}$

レクチャー 区間 $-\pi \leqq x \leqq \pi$ で定義された，$x=0$ で不連続な関数

$$y=g(x)=\begin{cases} -\dfrac{\pi}{4} & (-\pi < x \leqq 0) \\ \dfrac{\pi}{4} & (0 < x \leqq \pi) \end{cases} \quad \cdots\cdots①$$

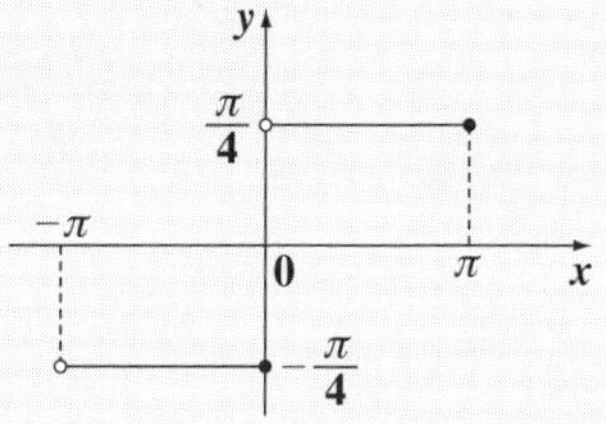

をフーリエ級数で展開して表すと，

$$y=\sum_{k=1}^{\infty}\frac{\sin(2k-1)x}{2k-1}$$

$$=\sin x+\frac{\sin 3x}{3}+\frac{\sin 5x}{5}+\frac{\sin 7x}{7}+\cdots\cdots$$ となる。

(「フーリエ解析キャンパス・ゼミ」参照)

今回の問題は，このフーリエ級数の (1) 初めの 2 項，(2) 4 項，(3) 6 項，(4) 8 項のみの関数のグラフを描いて，これが①の関数 $y=g(x)$ に近づいていく様子を調べてみる問題なんだね。

解答＆解説

それでは，$y=f(x)=\displaystyle\sum_{k=1}^{n}\frac{\sin(2k-1)x}{2k-1}$ のグラフ ((1) $n=2$，(2) $n=4$，(3) $n=6$，(4) $n=8$) を描くプログラムを次に示す。

```
10 REM ------------------------------------
20 REM   陽関数のグラフ 3-2
30 REM ------------------------------------
40 CLS 3:PI=3.14159#
50 XMAX=1.5#*PI
60 XMIN=-1.5#*PI
70 DELX=PI
80 YMAX=PI/2
90 YMIN=-PI/2
100 DELY=PI/4
110 X1MAX=PI
120 X1MIN=-PI
130 DEF FNF(X)=SIN(X)+SIN(3*X)/3
```

これは，**(1)** の $f(x)$ であり，**(2)(3)(4)** では，これに **2** 項ずつ加えていけばいい。

140～270行は，xy座標系を作成するプログラムで演習問題**8(P35)**のものと同じ。

```
280 DX1=(X1MAX-X1MIN)/400
290 X=X1MIN:Y=FNF(X)
300 FOR I=1 TO 400
310 X1=X+DX1:Y1=FNF(X1)
320 LINE (FNU(X),FNV(Y))-(FNU(X1),FNV(Y1))
330 X=X1:Y=Y1
340 NEXT I
```

40行では，**CLS 3**で画面をクリアにし，円周率πを**PI=3.14159**として，代入した。**50～100**行で $X_{max}=\frac{3}{2}\pi$，$X_{min}=-\frac{3}{2}\pi$，$\Delta\overline{X}=\pi$，$Y_{max}=\frac{\pi}{2}$，$Y_{min}=-\frac{\pi}{2}$，$\Delta\overline{Y}=\frac{\pi}{4}$ を代入し，**110**，**120**行で $y=f(x)$ の定義域を与える $X1_{max}=\pi$，$X1_{min}=-\pi$ を代入した。**130**行で $f(x)=\sin x+\frac{\sin 3x}{3}$ を **FNF(X)** $=\sin(X)+\sin(3\cdot X)/3$ として定義した。**140～270**行は，xy座標平面を作成するプログラムで，これは前問の**140～270**行と同じものなので省略した。**280**行で $y=f(x)$ の定義域を**400**等分した幅を $\Delta x1=DX1=(X1_{max}-X1_{min})/400$ として，代入した。

290 行で，$X=X1_{min}$，$Y=FNF(X)$ として最初の点の座標を定める。

300～340 行の FOR～NEXT(I) 文により，前問と同様に 400 本の小さな線分を連結していく。

それでは，このプログラムを実行して得られる (1)(2)(3)(4) のグラフを下にまとめて示す。

(1) $f(x)=\sin x+\dfrac{\sin 3x}{3}$ のグラフ

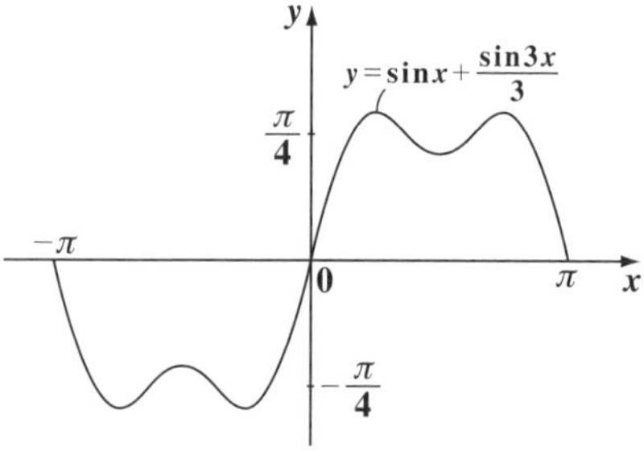

(2) $f(x)=\displaystyle\sum_{k=1}^{4}\frac{\sin(2k-1)x}{2k-1}$ のグラフ

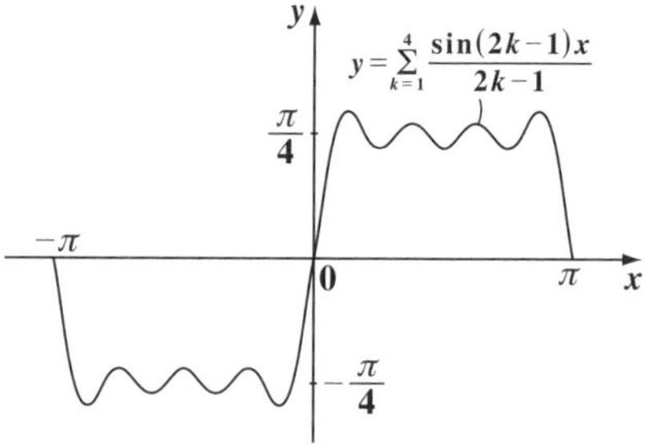

(3) $f(x)=\displaystyle\sum_{k=1}^{6}\frac{\sin(2k-1)x}{2k-1}$ のグラフ

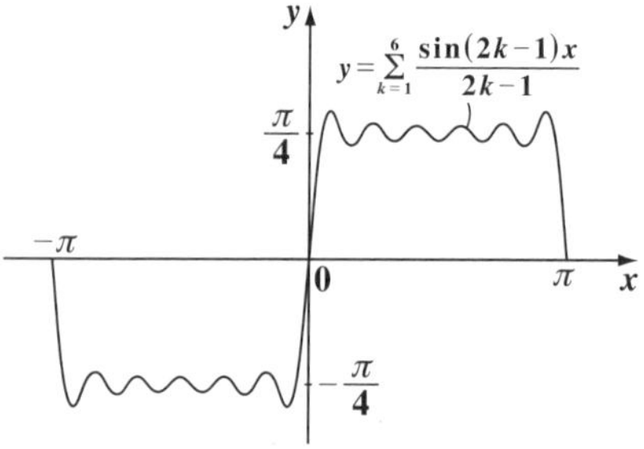

(4) $f(x)=\displaystyle\sum_{k=1}^{8}\frac{\sin(2k-1)x}{2k-1}$ のグラフ

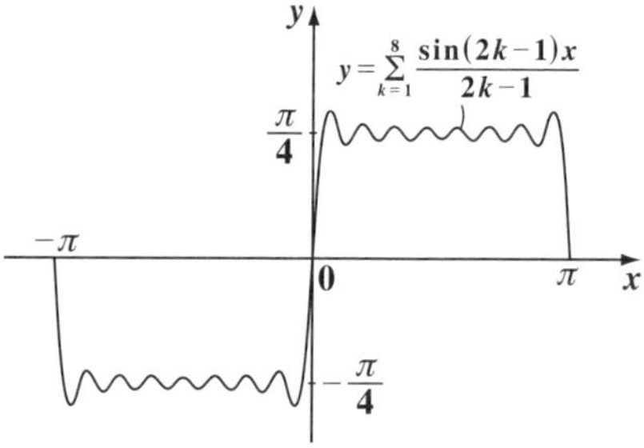

このように，グラフで表して並べてみると，項を増やすことにより，不連続な関数 $y=g(x)$ ……① に近づいていく様子が一目瞭然に分かるんだね。

演習問題 10 ● 媒介変数表示された関数のグラフ ●

次の媒介変数 t で表示された関数のグラフを，xy 平面上に図示せよ。

(1) $\begin{cases} x = e^{\frac{t}{5}}\cos t \\ y = e^{\frac{t}{5}}\sin t \end{cases}$ $(0 \leqq t \leqq 6\pi)$ (2) $\begin{cases} x = (\sin 6t + \cos 2t)\cdot\cos t \\ y = (\sin 6t + \cos 2t)\cdot\sin t \end{cases}$ $(0 \leqq t \leqq 2\pi)$

(3) $\begin{cases} x = \cos 3t \\ y = \sin 4t \end{cases}$ $(0 \leqq t \leqq 2\pi)$

ヒント！ (1), (2) はいずれも，円 $\begin{cases} x = r\cos t \\ y = r\sin t \end{cases}$ $(0 \leqq t \leqq \pi)$ の変形ヴァージョンと見ることができる。(1) では，半径 r が $r = e^{\frac{t}{5}}$ で，回転しながら r が増加していく。つまり，らせんを描く。(2) では，$r = \sin 6t + \cos 2t$ となるので，回転しながら r が複雑に変化するため，美しい花模様が描かれることになる。(3) は，x 軸と y 軸の両方向での単振動を合成した曲線でこれはリサジュー図形と呼ばれる。これらのグラフをプログラムにより描いてみよう！

解答＆解説

(1) $\begin{cases} x = f(t) = e^{\frac{t}{5}}\cos t \\ y = g(t) = e^{\frac{t}{5}}\sin t \end{cases}$ ……① $(0 \leqq t \leqq 6\pi)$ について，$f(t)$ を FNF(t)，$g(t)$ を FNG(t) と定義した次のプログラムにより，この①のグラフ（らせん）を描く。

```
10 REM ------------------------------------------------
20 REM  媒介変数表示の関数のグラフ 4-1
30 REM ------------------------------------------------
40 DEF FNF(T)=EXP(T/5)*COS(T)
50 DEF FNG(T)=EXP(T/5)*SIN(T)
60 CLS 3
70 XMAX=50
80 XMIN=-50
90 DELX=10
100 YMAX=25
110 YMIN=-40
120 DELY=10
```

```
130 DEF FNU(X)=INT(640*(X-XMIN)/(XMAX-XMIN))
140 DEF FNV(Y)=INT(400*(YMAX-Y)/(YMAX-YMIN))
150 LINE (FNU(0),0)-(FNU(0),400)
160 LINE (0,FNV(0))-(640,FNV(0))
170 DELU=640*DELX/(XMAX-XMIN)
180 DELV=400*DELY/(YMAX-YMIN)
190 N=INT(XMAX/DELX):M=INT(-XMIN/DELX)
200 FOR I=-M TO N
210 LINE (FNU(0)+INT(I*DELU),FNV(0)-3)-(FNU(0)+INT(I
*DELU),FNV(0)+3)
220 NEXT I
230 N=INT(YMAX/DELY):M=INT(-YMIN/DELY)
240 FOR I=-M TO N
250 LINE (FNU(0)-3,FNV(0)-INT(I*DELV))-(FNU(0)+3,FNV
(0)-INT(I*DELV))
260 NEXT I
270 T=0:DT=.01:N=INT(6*100*3.14159#)+1
280 X=FNF(T):Y=FNG(T)
290 FOR I=1 TO N
300 T1=I*DT:X1=FNF(T1):Y1=FNG(T1)
310 LINE (FNU(X),FNV(Y))-(FNU(X1),FNV(Y1))
320 X=X1:Y=Y1
330 NEXT I
```

まず，**40**，**50** 行で $x=f(t)=e^{\frac{t}{5}}\cos t$ を **FNF(T)=exp(T/5)*cos(*t*)** と定義し，$y=g(x)=e^{\frac{t}{5}}\sin t$ を **FNG(T)=exp(T/5)*sin(T)** として，定義した。

60 行で画面をクリアにし，**70**〜**120** 行で，$X_{max}=50$，$X_{min}=-50$，$\Delta\overline{X}=10$，$Y_{max}=25$，$Y_{min}=-40$，$\Delta\overline{Y}=10$ を代入した。

130〜**260** 行は，これらのデータから xy 座標系を作成するプログラムで，**P22**，**23** で示した **110**〜**240** 行のものと同じなので，解説は省略する。

270 行で，**T=0** と微小角度 **DT=0.01** を代入して，**290**〜**330** 行の **FOR**〜**NEXT(I)** 文の計算ループの繰り返しの回数 **N=INT(6*100*3.14159)+1** とした。これは，

$$\underbrace{6*100*3.14159}_{\frac{6\pi}{DT}=6*PI*100}$$

$0 \leqq t \leqq 6\pi$ (3 周分) に対応させた計算回数で，**INT** により，小数部が切り捨てられるので，最後に 1 をたした。

280 行で，**T = 0** のときの最初の点 **[X, Y]** の座標を求めた。

290〜330 行の **FOR〜NEXT(I)** 文による計算ループによって，**N** 本の微小な線分を連結して，この曲線 (らせん) のグラフを描く。具体的には，

・**I = 1** のとき，最初の点 **[X, Y]** と 2 番目の点 **[X1, Y1]** を uv 座標に変

$$\underbrace{\text{FNF(0)}} \quad \underbrace{\text{FNG(0)}} \qquad \underbrace{\text{FNF(DT)}} \quad \underbrace{\text{FNG(DT)}}$$

換して，これらを **310** 行の **LINE** 文で連結する。その後 **320** 行で **X = X1**，**Y = Y1** として，**X** と **Y** の値を更新する。

・**I = 2** のとき，2 番目の点 **[X, Y]** と 3 番目の点 **[X1, Y1]** を uv 座標に

$$\underbrace{\text{FNF(DT)}} \quad \underbrace{\text{FNG(DT)}} \qquad \underbrace{\text{FNF(2·DT)}} \quad \underbrace{\text{FNG(2·DT)}}$$

変換して，これらを **310** 行の **LINE** 文で結ぶ。その後 **320** 行で **X = X1**，**Y = Y1** として，**X** と **Y** の値を更新する。

………

以下同様に，**I = N** までこの操作を繰り返して曲線のグラフを描く。

　それでは，このプログラムを実行して得られた①の曲線 (らせん) を下図に示す。

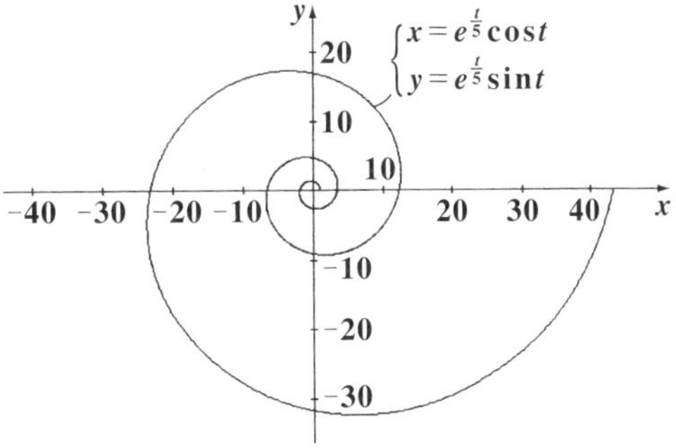

(2) $\begin{cases} x = f(t) = (\sin 6t + \cos 2t) \cdot \cos t \\ y = g(t) = (\sin 6t + \cos 2t) \cdot \sin t \end{cases}$ ……② $(0 \leqq t \leqq 2\pi)$ について，

$f(t) = \text{FNF(T)}$，$g(t) = \text{FNG(T)}$ と定義した次のプログラムにより，この②のグラフを描く。

```
10 REM -----------------------------------------------
20 REM   媒介変数表示の関数のグラフ 4-2
30 REM -----------------------------------------------
40 DEF FNF(T)=(SIN(6*T)+COS(2*T))*COS(T)
50 DEF FNG(T)=(SIN(6*T)+COS(2*T))*SIN(T)
60 CLS 3
70 XMAX=3
80 XMIN=-3
90 DELX=1
100 YMAX=2
110 YMIN=-2
120 DELY=1
```

130～**260** 行は，xy 座標系を作るプログラムで，**(1)** の **P42** のものと同じ。

```
270 T=0:DT=.01:N=INT(2*100*3.14159#)+1
280 X=FNF(T):Y=FNG(T)
290 FOR I=1 TO N
300 T1=I*DT:X1=FNF(T1):Y1=FNG(T1)
310 LINE (FNU(X),FNV(Y))-(FNU(X1),FNV(Y1))
320 X=X1:Y=Y1
330 NEXT I
```

このプログラムは，**40**，**50** 行以外 **(1)** と同様なので，すべて理解できると思う。このプログラムを実行して得られた②の曲線を右図に示す。(予想通り，花模様のような美しい曲線が描けた!)

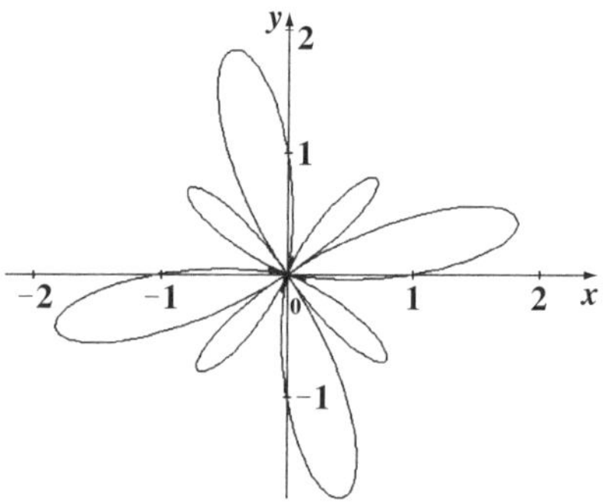

(3) $\begin{cases} x = f(t) = \cos 3t \\ y = g(t) = \sin 4t \end{cases}$ ……③ $(0 \leqq t \leqq 2\pi)$ について，

$f(t) =$ **FNF(T)**，$g(t) =$ **FNG(T)** と定義した次のプログラムにより，この③のグラフを描く。

```
10 REM ------------------------------------------
20 REM  媒介変数表示の関数のグラフ 4-3
30 REM ------------------------------------------
40 DEF FNF(T)=COS(3*T)
50 DEF FNG(T)=SIN(4*T)
60 CLS 3
70 XMAX=2.5#
80 XMIN=-2.5#
90 DELX=1
100 YMAX=1.8#
110 YMIN=-1.8#
120 DELY=1
```

130～**260** 行は，xy 座標系を作るプログラムで，(**1**) の **P42** のものと同じ。

```
270 T=0:DT=.01:N=INT(2*100*3.14159#)+1
280 X=FNF(T):Y=FNG(T)
290 FOR I=1 TO N
300 T1=I*DT:X1=FNF(T1):Y1=FNG(T1)
310 LINE (FNU(X),FNV(Y))-(FNU(X1),FNV(Y1))
320 X=X1:Y=Y1
330 NEXT I
```

このプログラムは，**40**，**50** 行以外，(**1**)，(**2**) と同様なので，すべて理解できるはずだ。それでは，このプログラムを実行した結果得られた③の曲線 (リサジュー図形) を右図に示す。

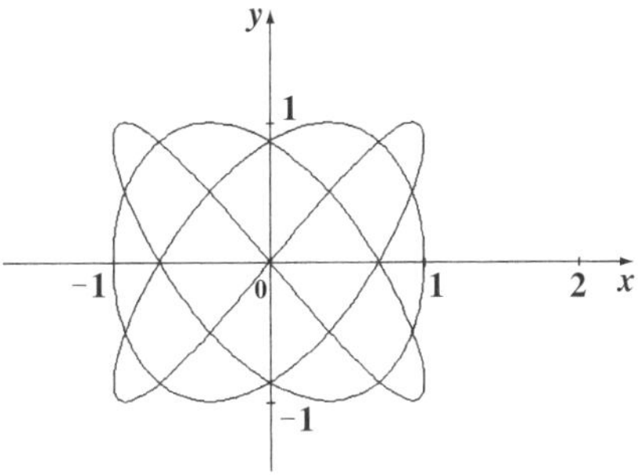

演習問題 11　● 陰関数のグラフ ●

次の陰関数のグラフを，xy 平面上に描け。

(1) $x^4+y^3-4x^2y=0$ ……………………① $(-6 \leqq x \leqq 6,\ -5 \leqq y \leqq 5)$

(2) $\sin(x^2+y^2)-\frac{1}{2}xy=0$ …………② $(-7 \leqq x \leqq 7,\ -5 \leqq y \leqq 5)$

(3) $\cos(x^2+y^2)-\frac{1}{3}xy=0$ …………③ $\left(-3\pi \leqq x \leqq 3\pi,\ -\frac{3}{2}\pi \leqq y \leqq \frac{3}{2}\pi\right)$

ヒント！ 陰関数 $f(x,\ y)=0$ のグラフを描くためには，uv 平面上のすべての点 $(u,\ v)$ に対応する点 $[\mathrm{X},\ \mathrm{Y}]$ を求めて，①や②や③の陰関数の左辺 $f(\mathrm{X},\ \mathrm{Y})$ の正・負を調べる必要があるので，

(i) $u \to \mathrm{X}$ への変換公式 **FNX(U)＝U＊(XMAX－XMIN)/640＋XMIN** と，

（・$u=0$ のとき，$\mathrm{X}=\mathrm{X}_{min}$ となり，・$u=640$ のとき，$\mathrm{X}=\mathrm{X}_{max}$ となる。）

(ii) $v \to \mathrm{Y}$ への変換公式 **FNY(V)＝YMAX－V＊(YMAX－YMIN)/400** も利用

（・$v=0$ のとき，$\mathrm{Y}=\mathrm{Y}_{max}$ となり，・$v=400$ のとき，$\mathrm{Y}=\mathrm{Y}_{min}$ となる。）

して，解いていこう。縦スキャンだけではグラフが薄くなるところも出てくるので，さらに横スキャンも行って鮮明なグラフを作ろう。

解答＆解説

(1) 陰関数 $f(x,\ y)=x^4+y^3-4x^2y=0$ ……① $(-6 \leqq x \leqq 6,\ -5 \leqq y \leqq 5)$ の左辺を **FNF(X, Y)＝X^4＋Y^3－4＊X^2＊Y** で定義し，①のグラフを縦スキャンと横スキャンを用いて描くためのプログラムを下に示す。

```
10 REM ------------------------------------
20 REM   陰関数のグラフ 5-1
30 REM ------------------------------------
40 DEF FNF(X,Y)=X^4+Y^3-4*X^2*Y   ←(FNF(X, Y)の定義)
50 CLS 3
60 XMAX=7
70 XMIN=-7
80 DELX=1
90 YMAX=5
100 YMIN=-5
110 DELY=1
```

```
120 DEF FNX(U)=U*(XMAX-XMIN)/640+XMIN ←(u→X への変換)
130 DEF FNY(V)=YMAX-V*(YMAX-YMIN)/400 ←(v→Y への変換)
140 DEF FNU(X)=INT(640*(X-XMIN)/(XMAX-XMIN)) ←(Xから u への変換)
150 DEF FNV(Y)=INT(400*(YMAX-Y)/(YMAX-YMIN)) ←(Yから v への変換)
160 LINE (FNU(0),0)-(FNU(0),400)
170 LINE (0,FNV(0))-(640,FNV(0))
180 DELU=640*DELX/(XMAX-XMIN)
190 DELV=400*DELY/(YMAX-YMIN)
200 N=INT(XMAX/DELX):M=INT(-XMIN/DELX)
210 FOR I=-M TO N
220 LINE (FNU(0)+INT(I*DELU),FNV(0)-3)-(FNU(0)+INT(I
*DELU),FNV(0)+3)
230 NEXT I
240 N=INT(YMAX/DELY):M=INT(-YMIN/DELY)
250 FOR I=-M TO N
260 LINE (FNU(0)-3,FNV(0)-INT(I*DELV))-(FNU(0)+3,FNV
(0)-INT(I*DELV))
270 NEXT I
280 FOR I=0 TO 640
290 FOR J=0 TO 399
300 X=FNX(I):Y1=FNY(J):Y2=FNY(J+1)                      ←(縦スキャン)
310 IF FNF(X,Y1)*FNF(X,Y2)<=0 THEN PSET (I,J)
320 NEXT J
330 NEXT I
340 FOR J=0 TO 400
350 FOR I=0 TO 639
360 X1=FNX(I):X2=FNX(I+1):Y=FNY(J)                      ←(横スキャン)
370 IF FNF(X1,Y)*FNF(X2,Y)<=0 THEN PSET (I,J)
380 NEXT I
390 NEXT J
```

40 行で①の $f(x, y)$ を **FNF(X, Y)** として定義し，**60**～**110** 行で，$\mathbf{X}_{\max}=\mathbf{7}$，$\mathbf{X}_{\min}=-\mathbf{7}$，$\varDelta\overline{\mathbf{X}}=\mathbf{1}$，$\mathbf{Y}_{\max}=\mathbf{5}$，$\mathbf{Y}_{\min}=-\mathbf{5}$，$\varDelta\overline{\mathbf{Y}}=\mathbf{1}$ を代入した。

120 行では，$X=\dfrac{u(X_{max}-X_{min})}{640}+X_{min}$ により，$u\to X$ に変換する関数を

（$\cdot u=0$ のとき，$X=X_{min}$ となり，$\cdot u=640$ のとき，$X=X_{max}$ となる。）

FNX(U) として定義した。また，

130 行では，$Y=Y_{max}-\dfrac{v(Y_{max}-Y_{min})}{400}$ により，$v\to Y$ に変換する関数を

（$\cdot v=0$ のとき，$Y=Y_{max}$ となり，$\cdot v=400$ のとき，$Y=Y_{min}$ となる。）

FNY(V) として定義した。

140〜270 行は，xy 座標系を作成するプログラムであり，これについての解説は省略する。

(Ⅰ) 縦スキャンのプログラム

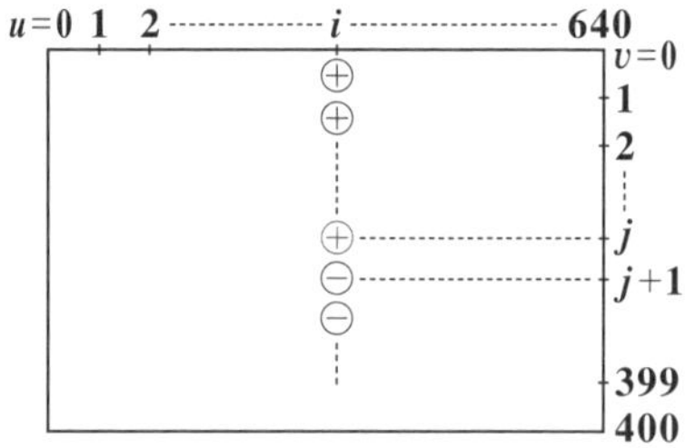

280〜330 行の **FOR〜NEXT(I, J)** 文により，右図のような縦スキャンを行う。まず，$u=i$ (定数) として固定して，2 点 $(i,\ j)$ と $(i,\ j+1)$ に対応する **XY** 座標系の点をそれぞれ **(X, Y1)** と **(X, Y2)** とおき，次の㋐の積を求める。

FNF(X, Y1)*FNF(X, Y2) ……㋐

(ⅰ) ㋐の積が正 (⊕×⊕または⊖×⊖) のときは，無視して次の j に進む。

(ⅱ) ㋐の積が負 (⊕×⊖または⊖×⊕) のときは，点 $(i,\ j)$，すなわち点 **[X, Y1]** で **FNF(X, Y1)≒0** であると判断して，この点を曲線上の **1** 点として表示する。

以上(ⅰ)(ⅱ)の操作を $j=0, 1, 2, \cdots, 399$ まで縦にスキャンした後で，i も $i=0,\ 1,\ 2,\ \cdots,\ 640$ まで動かして全 uv 平面 (**XY** 平面) 上で，**FNF(X, Y)≒0** となる点を表示して $f(x,\ y)=0$ の曲線を求めることができる。

ただし，この縦スキャンの性質上，この曲線が **Y** 軸 (v 軸) に平行に近い状況では曲線を表す点が少なくなって薄くかすれた状態になる。この欠点を解消して鮮明なグラフを描くために，この後さらに次の

横スキャンを実行するといい。

(Ⅱ) 横スキャンのプログラム

340～390 行の **FOR～NEXT(J, I)** 文により，次に示すような横スキャンを行うことができる。

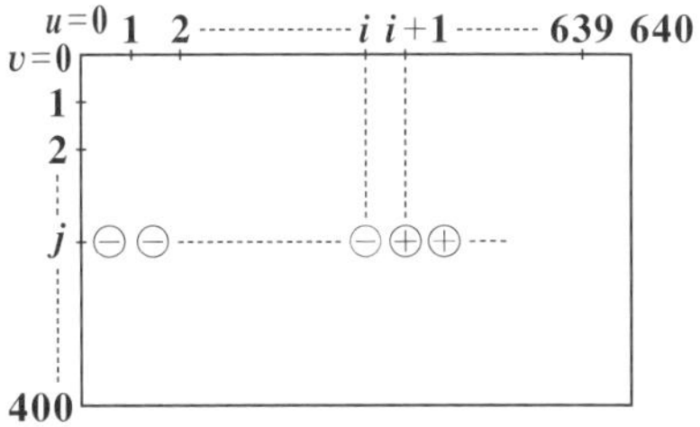

まず，$v=j$ (定数) として固定して，2点 (i, j) と $(i+1, j)$ に対応する **XY** 座標系の点をそれぞれ **[X1, Y]** と **[X2, Y]** とおき，次の㋑の積を求める。

FNF(X1, Y)*FNF(X2, Y) ……㋑

(ⅰ) ㋑の積が正 (⊕×⊕または⊖×⊖)
のときは，これを無視して次の i に進む。

(ⅱ) ㋑の積が負 (⊕×⊖または⊖×⊕) のときは，点 (i, j)，すなわち点 **[X1, Y]** で **FNF(X1, Y)≒0** であると判断して，この点を曲線上の **1** 点として表示する。

以上(ⅰ)(ⅱ)の操作を $i=0, 1, 2, \cdots, 639$ まで横にスキャンした後で，j も $j=0, 1, 2, \cdots, 400$ まで動かして，全 uv 平面 (**XY** 平面) 上で，**FNF(X, Y)≒0** となる点を表示して曲線 $f(x, y)=0$ を求めることができる。

それでは，このプログラムを実行して，曲線 $f(x, y)=x^4+y^3-4x^2y=0$ のグラフを示そう。ここでは(ⅰ)まず，縦スキャンのみで，横スキャン (**340～390** 行) を行わなかったときのグラフと，(ⅱ) 縦・横両スキャンを行ったときのものを対比して示す。

(ⅰ) 縦スキャンのみのグラフ

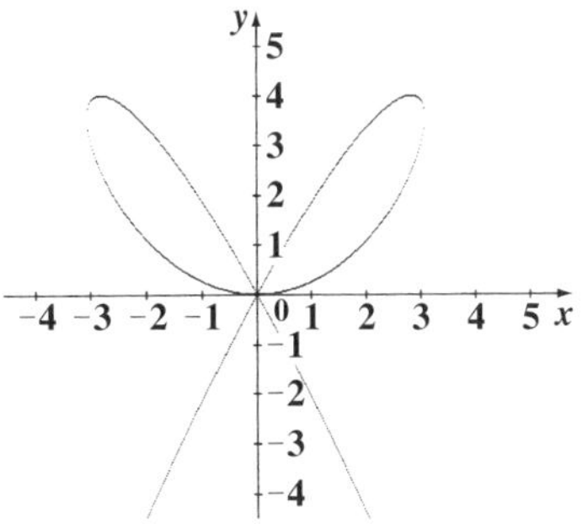

(ⅱ) 縦・横両スキャンのグラフ

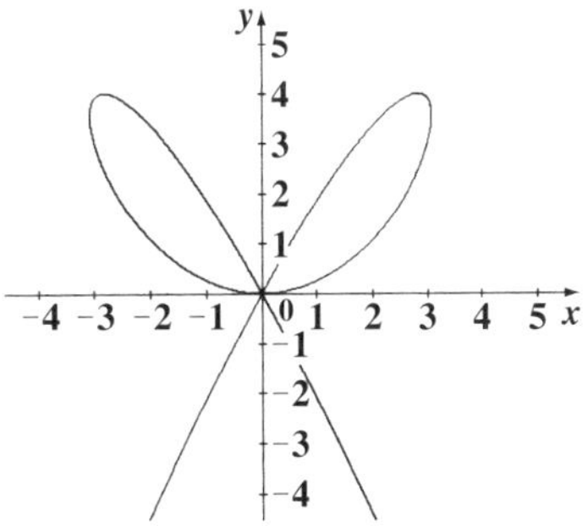

(ⅰ) 縦スキャンのみでは曲線が y 軸に平行に近づくと，うすくかすれているが，(ⅱ) 縦・横両スキャンを施すと y 軸に平行な部分も含めて曲線がより鮮明に描けることが，ご理解頂けたと思う。面白かったでしょう？

(2) 次に，陰関数 $f(x,\ y)=\sin(x^2+y^2)-\dfrac{1}{2}xy=0$ ……② $(-7 \leqq x \leqq 7,\ -5 \leqq y \leqq 5)$ の左辺を **FNF(X, Y) = sin(X^2 + Y^2) − X*Y/2** と定義し，②のグラフを縦スキャンと横スキャンを用いて描くためのプログラムを下に示そう。

```
10 REM ------------------------------------
20 REM   陰関数のグラフ 5−2
30 REM ------------------------------------
40 DEF FNF(X,Y)=SIN(X^2+Y^2)-X*Y/2
50 CLS 3
60 XMAX=8
70 XMIN=-8
80 DELX=1
90 YMAX=6
100 YMIN=-6
110 DELY=1
```

120〜390 行は前問 **(1)** のプログラムと同じなので省略する。このプログラムを実行して得られた②の陰関数のグラフを下に示す。ただし，ここでも (ⅰ) **340〜390** 行を行わず，縦スキャンのみによるものと，(ⅱ) 縦・横両スキャンを行ったものの **2** つを併記して示す。

(ⅰ) 縦スキャンのみのグラフ

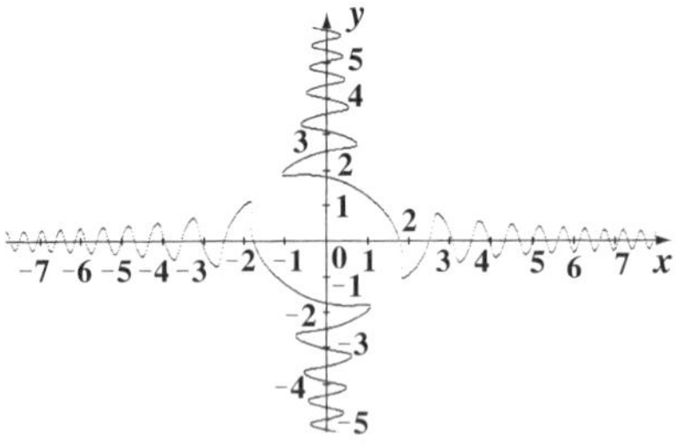

(ⅱ) 縦・横両スキャンのグラフ

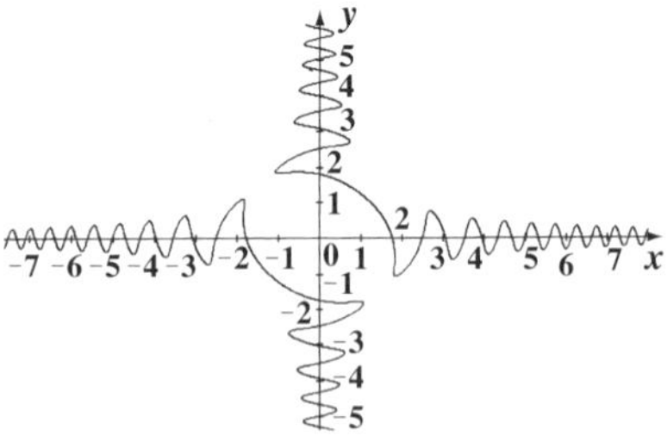

(ⅰ) より (ⅱ) の方がより鮮明なグラフになっていることが分かると思う。

(3) 陰関数 $f(x, y)=\cos(x^2+y^2)-\frac{1}{3}xy=0$ ……③ $\left(-3\pi \leqq x \leqq 3\pi,\ -\frac{3}{2}\pi \leqq y \leqq \frac{3}{2}\pi\right)$ の左辺を **FNF(X, Y)＝cos(X^2＋Y^2)－X*Y/3** と定義し，③のグラフを縦スキャンと横スキャンを用いて描くためのプログラムを下に示す。

```
10 REM -----------------------------------
20 REM   陰関数のグラフ 5-3
30 REM -----------------------------------
40 DEF FNF(X,Y)=COS(X^2+Y^2)-X*Y/3
50 CLS 3:PI=3.14159#  ←(円周率πをPI=3.14159とした。)
60 XMAX=2.8#*PI
70 XMIN=-2.8#*PI
80 DELX=PI
90 YMAX=1.5#*PI
100 YMIN=-1.5#*PI
110 DELY=PI
```

120～390 行は，**(1)** のプログラムと全く同じなので省略する。

このプログラムを実行して得られた③の陰関数のグラフを下に示す。ただし，ここでも (i) 縦スキャンのみによるものと，(ii) 縦・横両スキャンを行ったものの **2** つを併記して示す。

(i) 縦スキャンのみのグラフ

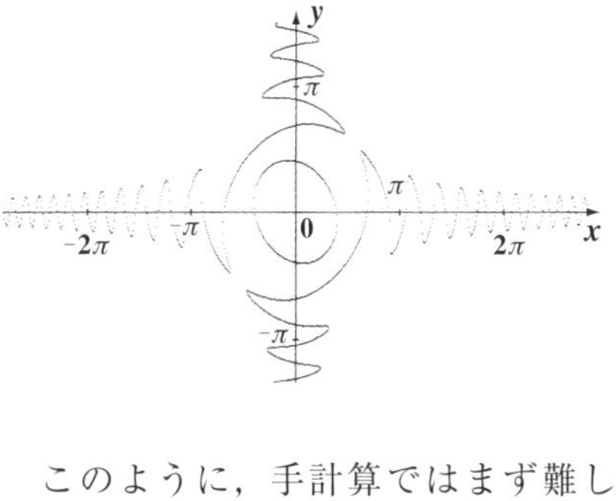

(ii) 縦・横両スキャンのグラフ

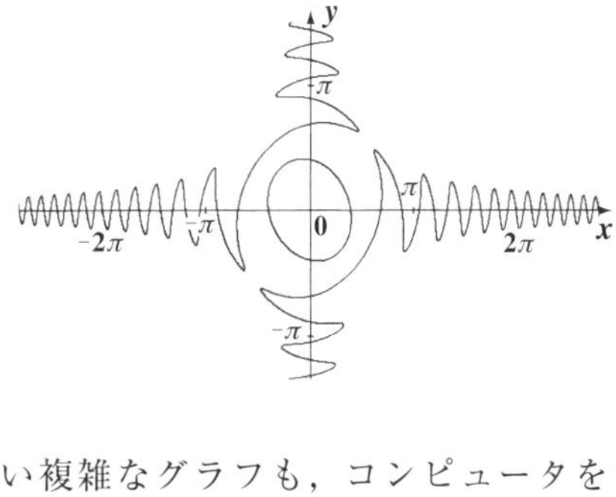

このように，手計算ではまず難しい複雑なグラフも，コンピュータを利用すれば比較的簡単に描くことができる。

講 義 Lecture 2 連結タンクと1次元熱伝導方程式 ● methods & formulae

§1. 連結タンクと水の移動問題

● 2連結タンクの問題

右図に示すように，**1**辺の長さが r_1 と r_2 の正方形の断面をもつ**2**つのタンクに水を溜め，これらの底を通して細いパイプで連結して，水が速度 $v\ (\mathrm{m^3}/秒)$ で移動するものとする。この速度 v は**2**つのタンクの水位差 (y_1-y_2) に比例して，$v=a(y_1-y_2)\ (\mathrm{m^3}/秒)$ (a：正の定数)で移動するものとする。

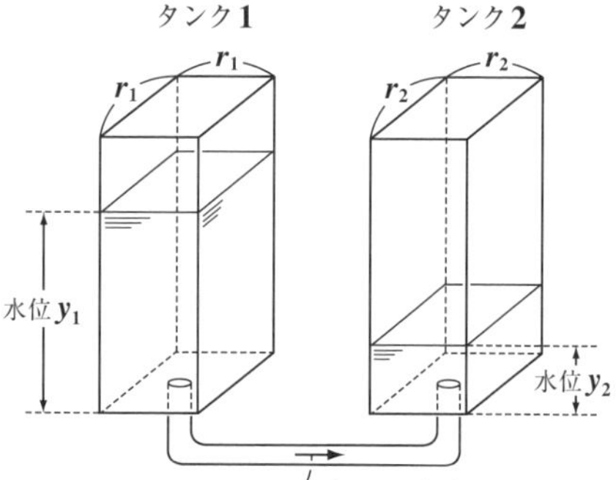

この**2**つのタンクの水の移動問題は，次のアルゴリズム(計算手順)で解く。

(i) まず，時刻 t における**2**つのタンク**1**，**2**の水位をそれぞれ y_1，y_2 とする。

(ii) 時刻 t から $t+\Delta t$ 秒の間の微小な Δt 秒間は，これら y_1 と y_2 は一定，すなわち，y_1-y_2 も一定として，水の移動速度 v を $v=a(y_1-y_2)$ (a：正の定数)により計算する。

- $y_1>y_2$ のとき，水はタンク**1**からタンク**2**に移動する。
- $y_1<y_2$ のとき，水はタンク**2**からタンク**1**に移動する。

(iii) その結果，タンク**1**の水位 y_1 は $\Delta y_1=\dfrac{v\cdot\Delta t}{S_1}=\dfrac{a(y_1-y_2)\cdot\Delta t}{r_1^2}\ (\mathrm{m})$ だけ減少し，タンク**2**の水位 y_2 は $\Delta y_2=\dfrac{v\cdot\Delta t}{S_2}=\dfrac{a(y_1-y_2)\cdot\Delta t}{r_2^2}\ (\mathrm{m})$ だけ増加する。

(iv) 時刻 $t+\Delta t$ における水位 y_1 と y_2 をそれぞれ $y_1-\Delta y_1$，$y_2+\Delta y_2$ に置き換えて更新し，(i)に戻る。

したがって，**2**つのタンクの水位 y_1 と y_2 の値を更新するための式は，

$$
\begin{cases}
\underbrace{y_1}_{\substack{t+\Delta t \text{にお} \\ \text{ける新水位}}} = \underbrace{y_1}_{\substack{t \text{における} \\ \text{旧水位}}} - \underbrace{\underbrace{a(y_1-y_2)\times\Delta t}_{\substack{\text{タンク1から流出} \\ \text{する水量}}} / \underbrace{r_1{}^2}_{\text{断面積}}}_{\Delta y_1} \quad \text{であり,} \\[3em]
\underbrace{y_2}_{\substack{t+\Delta t \text{にお} \\ \text{ける新水位}}} = \underbrace{y_2}_{\substack{t \text{における} \\ \text{旧水位}}} + \underbrace{\underbrace{a(y_1-y_2)\times\Delta t}_{\substack{\text{タンク2に流入} \\ \text{する水量}}} / \underbrace{r_2{}^2}_{\text{断面積}}}_{\Delta y_2} \quad \text{である。}
\end{cases}
$$

● 3連結タンクの問題

右図に示すように，断面積が $r_1{}^2$，$r_2{}^2$, $r_3{}^2$ の3つのタンク1，2，3 に水を貯め，これらの底を細いパイプで連結してタンク1から2へは速度 v_1 で，タンク2から3へは速度 v_2 で水が移動するものとする。タンク1，2，3の水位を順に y_1, y_2, y_3 とおくと，比例定数 a を用いて，

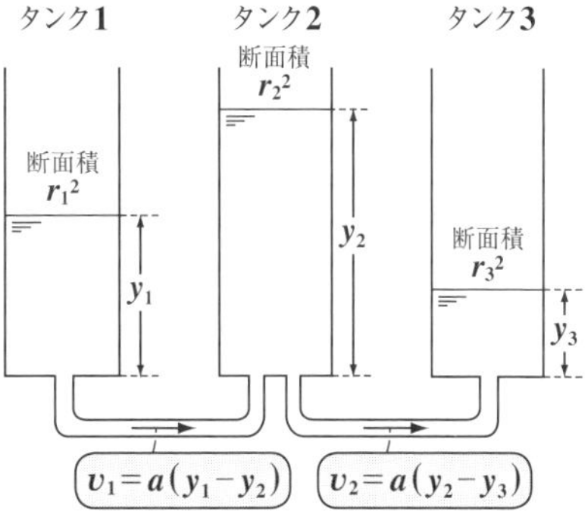

$v_1 = a(y_1-y_2)(\mathrm{m^3/\text{秒}})$　$v_2 = a(y_2-y_3)(\mathrm{m^3/\text{秒}})$ とする。
2連結タンクのときと同様に，時刻 $t+\Delta t$ における各水位 y_1, y_2, y_3 を更新するための式は，

$$
\underbrace{y_1}_{\substack{t+\Delta t \text{におけ} \\ \text{る新水位}}} = \underbrace{y_1}_{\substack{t \text{における} \\ \text{旧水位}}} - \Delta y_1 = y_1 - \underbrace{a(y_1-y_2)\cdot\Delta t}_{\substack{\text{タンク1から流出} \\ \text{する水量}}} / \underbrace{r_1{}^2}_{\text{断面積}} \quad \text{であり,}
$$

$$
\underbrace{y_2}_{\substack{t+\Delta t \text{におけ} \\ \text{る新水位}}} = \underbrace{y_2}_{\substack{t \text{における} \\ \text{旧水位}}} + \Delta y_2 = y_2 + \underbrace{a(y_1-2y_2+y_3)\cdot\Delta t}_{\substack{\text{タンク2に流出・入} \\ \text{する水量}}} / \underbrace{r_2{}^2}_{\text{断面積}} \quad \text{であり,}
$$

$$
\underbrace{y_3}_{\substack{t+\Delta t \text{におけ} \\ \text{る新水位}}} = \underbrace{y_3}_{\substack{t \text{における} \\ \text{旧水位}}} + \Delta y_3 = y_3 + \underbrace{a(y_2-y_3)\cdot\Delta t}_{\substack{\text{タンク3に流入} \\ \text{する水量}}} / \underbrace{r_3{}^2}_{\text{断面積}} \quad \text{である。}
$$

● n 連結タンクの問題

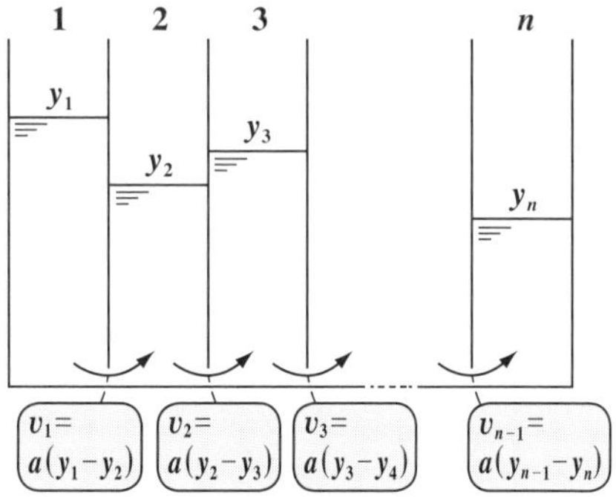

右図に示すように，断面積がすべて S で等しい n 個のタンクがある。水位は順に y_1，y_2，y_3，…，y_n とし，これらタンクの底はつながっていって順に，

$1 \to 2$ へ，$v_1=a(y_1-y_2)$

$2 \to 3$ へ，$v_2=a(y_2-y_3)$

$3 \to 4$ へ，$v_3=a(y_3-y_4)$

………………………

$n-1 \to n$ へ，$v_{n-1}=a(y_{n-1}-y_n)$ (m^3/秒) (a：正の比例定数) の速度で，水が移動するものとする。

このとき，時刻 t のときの旧水位と，時刻 $t+\Delta t$ のときの新水位を各タンクの水位について調べると，

(i) $N=1$ のとき，$y_1 = y_1 - a(y_1-y_2)\cdot\Delta t/S$ ………………①

（y_1（左辺）：$t+\Delta t$ における新水位，y_1（右辺）：t における旧水位，$a(y_1-y_2)\cdot\Delta t$：タンク1から流出する水量，S：断面積）

(ii) $N=k$ $(k=2, 3, 4, \cdots, n-1)$ のとき，

$$y_k = y_k + a(y_{k+1}-2y_k+y_{k-1})\cdot\Delta t/S \quad \cdots\cdots②$$

（y_k（左辺）：$t+\Delta t$ における新水位，y_k（右辺）：t における旧水位，$a(y_{k+1}-2y_k+y_{k-1})\cdot\Delta t$：タンク k に流出・入する水量，S：断面積）

(iii) $N=n$ のとき，$y_n = y_n + a(y_{n-1}-y_n)\cdot\Delta t/S$ ……………③

（y_n（左辺）：$t+\Delta t$ における新水位，y_n（右辺）：t における旧水位，$a(y_{n-1}-y_n)\cdot\Delta t$：タンク n に流入する水量，S：断面積）

ここで，①について，仮想的にタンク 0 を考え，この水位 y_0 を $y_0=y_1$ として $0 \to 1$ への水の移動が生じないものとし，さらに③についても，仮想的なタンク $n+1$ を考えこの水位 y_{n+1} も $y_{n+1}=y_n$ として $n \to n+1$ への水の移動が生じないものとすると，①と③も含めて②と同じ一般式の形で次のように表せる。

$y_k=y_k+a(y_{k+1}-2y_k+y_{k-1})\cdot\Delta t/S$ ……(*) $(k=1, 2, 3, \cdots, n)$

(ただし，$y_0=y_1$，$y_{n+1}=y_n$ とする。)

多連結タンクの水の移動問題ではこの(∗)を一般式として利用する。その他，多連結コンデンサーの問題でも，同様に(∗)を用いる。

§2. 1次元熱伝導方程式

多連結タンクの一般式を基に，次の1次元熱伝導方程式：

$\dfrac{\partial y}{\partial t}=\alpha\dfrac{\partial^2 y}{\partial x^2}$ ……(∗∗)　(y：温度，t：時刻，x：位置，α：正の定数)

を解くことができる。この(∗∗)を様々な初期条件，境界条件の下で解いて，その温度分布の経時変化を調べることができる。

数値解析で(∗∗)を解く場合，これを次のように変形して，

$$\frac{y(t+\Delta t)-y(t)}{\Delta t}=\frac{\alpha}{(\Delta x)^2}(y_{i+1}-2y_i+y_{i-1})$$

$\underbrace{y(t+\Delta t)}_{\text{新温度 } y_i \text{ とおく}}=\underbrace{y(t)}_{\text{旧温度 } y_i \text{ とおく}}+\alpha(y_{i+1}-2y_i+y_{i-1})\cdot\Delta t/(\Delta x)^2$ より，

差分方程式：$y_i=y_i+a\cdot(y_{i+1}-2y_i+y_{i-1})\cdot\Delta t/(\Delta x)^2$ を導き，これを利用して，1次元熱伝導方程式(∗∗)を数値解析により解くことができる。

(この差分方程式は，本質的に連結タンクの水の移動の方程式(∗)と同じものである。)

$0\leqq x\leqq L$ で定義された棒状の物体の温度分布 $y(x,\ t)$ を調べるために，1次元熱伝導方程式(∗∗)を解く際に，必要な境界条件として，基本的に次の2種類がある。

($0\leqq x\leqq L$ を n 等分して，それぞれの温度を $y_0,\ y_1,\ y_2,\ \cdots,\ y_n$ とすると，)

(i) 放熱条件：

$y(0,\ t)=y(L,\ t)=0$

[これは，数値解析のプログラムでは，$y_0=0$，$y_n=0$ とする。]

(ii) 断熱条件：

$$\frac{\partial y(0,\ t)}{\partial x}=\frac{\partial y(L,\ t)}{\partial x}$$

[これは，数値解析のプログラムでは，$y_0=y_1$，$y_n=y_{n-1}$ とする。]

演習問題 12　● 2 連結タンクの水の移動 (Ⅰ) ●

右図に示すように，断面積が $r_1^2 = 2^2$ (m^2)，$r_2^2 = 2^2$ (m^2) の **2** つのタンク **1**，**2** があり，時刻 $t = 0$ (秒) のとき，それぞれの水位が $y_1 = 16$ (m)，$y_2 = 4$ (m) となるように水が貯水されていた。この **2** つのタンクの底には小さな穴があり，これらは細いパイプで連結されて，水が $v = a(y_1 - y_2)$ (m^3/ 秒) の速度で，タンク **1** からタンク **2** に移動するものとする。このとき，(1) $a = \frac{1}{2}$ と (2) $a = \frac{3}{2}$ の場合について $0 \leqq t \leqq 20$ の範囲における **2** つのタンクの水位 y_1 と y_2 の経時変化を数値解析により計算して，その結果をグラフで示せ。

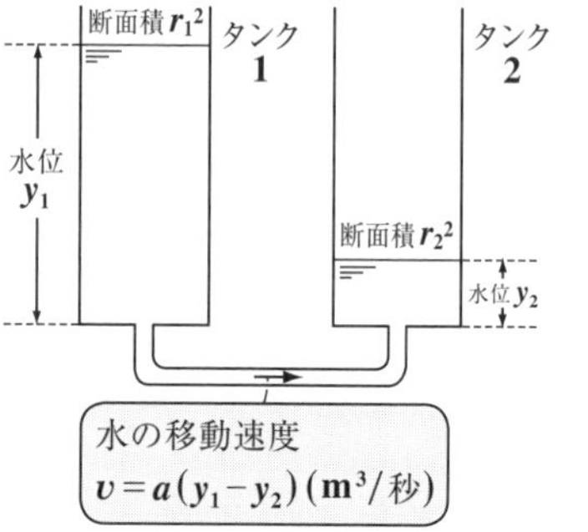

ヒント！ 今回は **2** つの水位 y_1 と y_2 を同時に描かないといけないので，時刻 t におけるそれぞれの旧水位を y_{10}，y_{20} として，$t + \Delta t$ における水位 y_1，y_2 と区別しよう。よって，y_1 と y_2 を更新する式は次のようになる。

$y_1 = y_{10} - a(y_{10} - y_{20}) \cdot \Delta t / r_1^2$　　$y_2 = y_{20} + a(y_{10} - y_{20}) \cdot \Delta t / r_2^2$

また，時刻も旧時刻を t_0，新時刻を $t (= t_0 + \Delta t)$ として **2** つの **LINE** 文

LINE (FNU(t_0), FNV(y_{10}))−(FNU(t), FNV(y_1))

LINE (FNU(t_0), FNV(y_{20}))−(FNU(t), FNV(y_2)) により，線分を順次連結して，y_1 と y_2 の曲線のグラフを作っていこう。

解答＆解説

(1) 定数 $a = \frac{1}{2}$ のとき，断面積 $r_1^2 = 2^2$，$r_2^2 = 2^2$ をもつ **2** つの連結タンク **1**，**2** に，初め時刻 $t = 0$ のとき，水位 $y_1 = 16$，$y_2 = 4$ の水が溜められていた。

水が速度 $v = \frac{1}{2}(y_1 - y_2)$ (m^3/ 秒) で移動するとき，これらの水位 y_1 と y_2

の経時変化を計算して，それをグラフで表すプログラムを下に示そう。

```
10 REM ------------------------------------------------
20 REM  2連結タンクの水の移動問題 1-1
30 REM ------------------------------------------------
40 CLS 3
50 TMAX=23
60 TMIN=-1.8#
70 DELT=5
80 YMAX=19
90 YMIN=-4
100 DELY=2
110 DEF FNU(T)=INT(640*(T-TMIN)/(TMAX-TMIN))
120 DEF FNV(Y)=INT(400*(YMAX-Y)/(YMAX-YMIN))
130 LINE (FNU(0),0)-(FNU(0),400)
140 LINE (0,FNV(0))-(640,FNV(0))
150 DELU=640*DELT/(TMAX-TMIN)
160 DELV=400*DELY/(YMAX-YMIN)
170 N=INT(TMAX/DELT):M=INT(-TMIN/DELT)
180 FOR I=-M TO N
190 LINE (FNU(0)+INT(I*DELU),FNV(0)-3)-(FNU(0)+INT(I
*DELU),FNV(0)+3)
200 NEXT I
210 N=INT(YMAX/DELY):M=INT(-YMIN/DELY)
220 FOR I=-M TO N
230 LINE (FNU(0)-3,FNV(0)-INT(I*DELV))-(FNU(0)+3,FNV
(0)-INT(I*DELV))
240 NEXT I
250 A=.5#:R1=2:R2=2
260 T0=0:Y10=16:Y20=4
270 U0=FNU(0):DT=TMAX/(640-U0)
```

```
280 FOR I=U0 TO 640
290 Y1=Y10-A*DT*(Y10-Y20)/R1^2
300 Y2=Y20+A*DT*(Y10-Y20)/R2^2
310 T=T0+DT
320 LINE (FNU(T0),FNV(Y10))-(FNU(T),FNV(Y1))
330 LINE (FNU(T0),FNV(Y20))-(FNU(T),FNV(Y2))
340 Y10=Y1:Y20=Y2:T0=T
350 NEXT I
```

40 行で画面をクリアにして，**50**～**100** 行で，$\mathbf{T_{max}=23}$，$\mathbf{T_{min}=-1.8}$，$\Delta\overline{\mathbf{T}}=\mathbf{5}$，$\mathbf{Y_{max}=19}$，$\mathbf{Y_{min}=-4}$，$\Delta\overline{\mathbf{Y}}=\mathbf{2}$ を代入した。**110**～**240** 行は，ty 座標系を作るプログラムで，これは演習問題 **5 (P26)** のプログラムとまったく同じである。**250** 行で，$a=0.5$，$r_1=2$，$r_2=2$ を代入し，**260** 行で，はじめの時刻 $t_0=0$，水位の初期値 $y_{10}=16$，$y_{20}=4$ を代入した。

270 行で $t=0$ に対応する u 座標を $u_0=fnu(0)$ とすると，微小時間 Δt (=**DT**) を，u 座標の **1** 画素分に対応させるために，右図より，

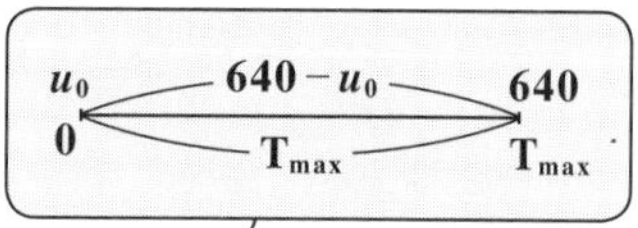

$\Delta t=\dfrac{T_{max}}{640-u_0}$ (**DT=TMAX/(640-U0)**) とした。

これから，時刻 t が Δt だけ増えると，t 軸方向の u 軸 **1** 画素分だけ右に移動することになる。

280～**350** 行の **FOR**～**NEXT (I)** 文により，$\mathbf{I=U_0}$，$\mathbf{U_0+1}$，…，**640** まで u 軸方向に **1** 画素分の Δt だけ時間を進めながら，タンクの水位 y_1 と y_2 の更新を行う。ここで，**2** つの曲線を引くために，旧水位を y_{10}，y_{20} とし，新水位を y_1，y_2 として区別する。よって，**290** と **300** 行は，

$$y_1=y_{10}-\frac{a\cdot\Delta t\cdot(y_{10}-y_{20})}{r_1^2} \text{ と } y_2=y_{20}+\frac{a\cdot\Delta t\cdot(y_{10}-y_{20})}{r_2^2}$$ を **BASIC**

（y_1：新水位，y_{10}：旧水位，y_2：新水位，y_{20}：旧水位）

で表記したものである。**310** 行で時刻も $t=t_0+\Delta t$ により更新する。

（t：新時刻，t_0：旧時刻）

320行のLINE文で，時刻 t_0 から $t_0+\Delta t$ における y_1 の短い線分を引き，これとは別に330行のLINE文で，時刻 t_0 から $t_0+\Delta t$ における y_2 の短い線分を引く。340行で $Y_{10}=Y_1$，$Y_{20}=Y_2$，$T_0=T$ により，Y_{10}，Y_{20}，T_0 の値を更新し，ループ計算の初めの290行に戻ってまた新たな Y_1，Y_2，T を計算し，時刻 t_0 から $t_0+\Delta t$ までの y_1 と y_2 の短い線分を引く。この操作をI=640まで繰り返すことにより，2つの水位 y_1 と y_2 の経時変化を表すグラフが得られる。

それでは，このプログラムを実行して得られる y_1 と y_2 の経時変化のグラフを右図に示す。このグラフから y_1 は減少し，y_2 は増加して，いずれも大体20秒後には，$y=10$ の値に収束することが分かる。

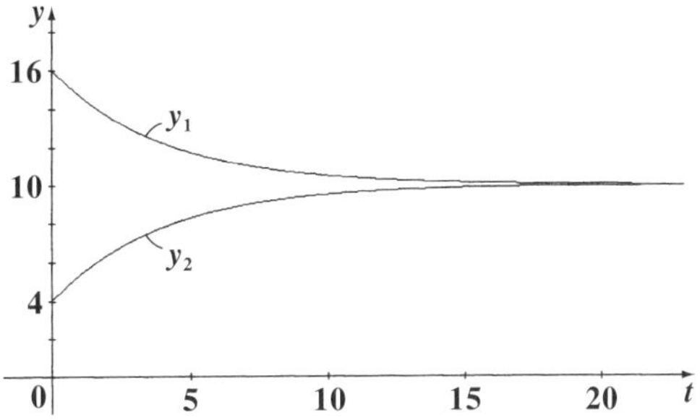

（これは，初期値 $y_1=16$ と $y_2=4$ の平均値のこと）

(2) 2連結タンクの水の移動問題で，定数 a のみが，$a=\frac{3}{2}$ に変わるだけなので，(1)のプログラムの250行を

250　A=1.5：R1=2：R2=2 と変更すればよい。

このプログラムを実行した結果得られる y_1 と y_2 の経時変化のグラフを右図に示す。

(1)の $a=0.5$ より，(2)では $a=1.5$ と3倍も，水の移動速度が大きくなっているため，y_1 と y_2 は8秒後位にはいずれも $y=10$ に収束することが分かる。

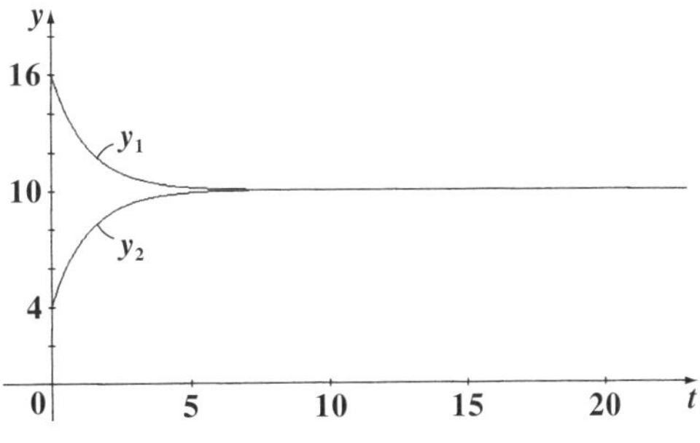

演習問題 13　●2連結タンクの水の移動(Ⅱ)●

右図に示すように，断面積が r_1^2 と r_2^2 (m^2) の2つのタンク1，2があり，時刻 $t=0$ (秒) のとき，それぞれの水位が y_{10}，y_{20} (m) となるように水が溜められていた。この2つのタンクには，底に小さな穴があり，これらは細いパイプで連結されていて，水が速度 $v=a(y_1-y_2)$ $(m^3/秒)$ でタンク1から2へ移動するものとする。このとき，次の各 r_1，r_2，y_{10}，y_{20}，a の値について，それぞれ与えられた時間における水位 y_1 と y_2 の経時変化を，数値解析により計算して，その結果をグラフで示せ。

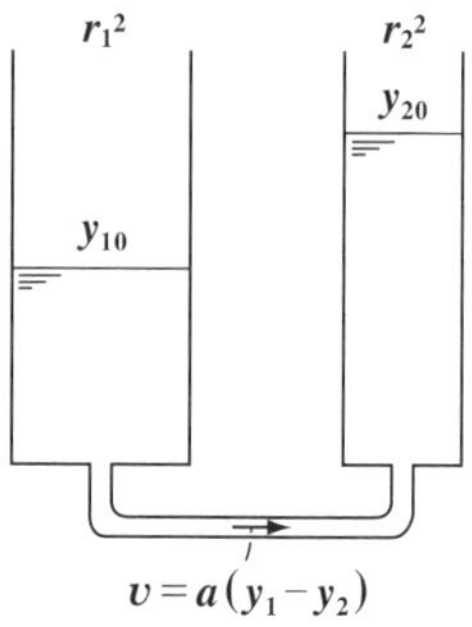

(1) $r_1=3$，$r_2=2$，$y_{10}=5$，$y_{20}=14$，$a=\frac{1}{2}$，$0 \leqq t \leqq 30$

(2) $r_1=1$，$r_2=3$，$y_{10}=15$，$y_{20}=3$，$a=\frac{3}{2}$，$0 \leqq t \leqq 5$

(3) $r_1=2$，$r_2=2\sqrt{2}$，$y_{10}=2$，$y_{20}=17$，$a=\frac{2}{3}$，$0 \leqq t \leqq 25$

ヒント！ 前問に引き続き，2連結タンクの水の移動の問題だね。この数値解析プログラムは演習問題12(P57，58)のものと同様で，(1)(2)(3)のデータを変えて，様々な条件で2連結タンクの水の移動問題を解いてみよう。

解答＆解説

(1) $r_1=3$，$r_2=2$，$y_{10}=5$，$y_{20}=14$，$a=\frac{1}{2}$，$0 \leqq t \leqq 30$ のとき，この2連結タンクの水の移動問題の数値解析プログラムを下に示す。

```
10 REM ------------------------------------------------
20 REM  2連結タンクの水の移動問題 1-2
30 REM ------------------------------------------------
40 CLS 3
50 TMAX=33
60 TMIN=-2
```

```
70 DELT=5
80 YMAX=19
90 YMIN=-4
100 DELY=2
```

110～**240** 行は ty 座標系を作るプログラムで，これは演習問題 **12(P57)** のものとまったく同じである。

```
250 A=.5#:R1=3:R2=2
260 T0=0:Y10=5:Y20=14
270 U0=FNU(0):DT=TMAX/(640-U0)
280 FOR I=U0 TO 640
290 Y1=Y10-A*DT*(Y10-Y20)/R1^2
300 Y2=Y20+A*DT*(Y10-Y20)/R2^2
310 T=T0+DT
320 LINE (FNU(T0),FNV(Y10))-(FNU(T),FNV(Y1))
330 LINE (FNU(T0),FNV(Y20))-(FNU(T),FNV(Y2))
340 Y10=Y1:Y20=Y2:T0=T
350 NEXT I
```

50～**100** 行で，$T_{max}=33$，$T_{min}=-2$，$\Delta\overline{T}=5$，$Y_{max}=19$，$Y_{min}=-4$，$\Delta\overline{Y}=2$ を代入し，**250**，**260** 行で，$A=0.5$，$R_1=3$，$R_2=2$，$T_0=0$，$Y_{10}=5$，$Y_{20}=14$ を代入した。

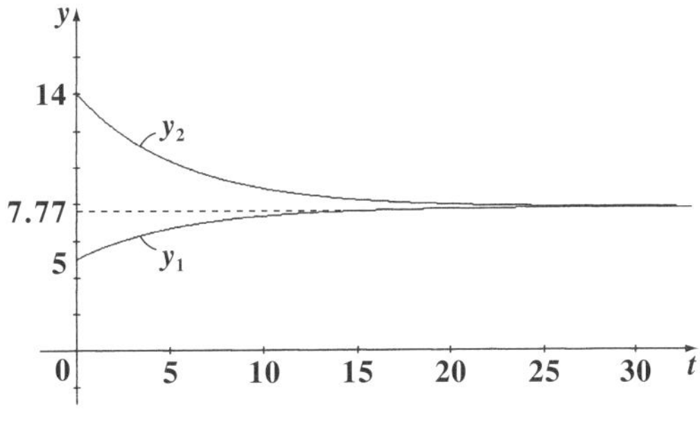

それでは，このプログラムを実行した結果得られる水位 y_1 と y_2 の経時変化のグラフを右図に示す。$t=25$ 秒位で，これらは同じ値約 **7.77** に収束することが分かる。

$$\frac{5\cdot 3^2+14\cdot 2^2}{3^2+2^2}=\frac{101}{13}$$

(2) $r_1 = 1$，$r_2 = 3$，$y_{10} = 15$，$y_{20} = 3$，$a = \dfrac{3}{2}$，$0 \leqq t \leqq 5$ のとき，この 2 連結タンクの水の移動問題を解くプログラムは (1) のプログラムの内で，

```
50 TMAX=6          250 A=1.5:R1=1:R2=3
260 T0=0:Y10=15:Y20=3
```

と変更すればよい。

このプログラムを実行した結果得られる水位 y_1 と y_2 のグラフを右図に示す。$t = 3$ 秒位で，これらは同じ水位 4.2 $\left(\dfrac{15\cdot 1^2 + 3\cdot 3^2}{1^2 + 3^2} = \dfrac{42}{10}\right)$ に収束することが分かる。

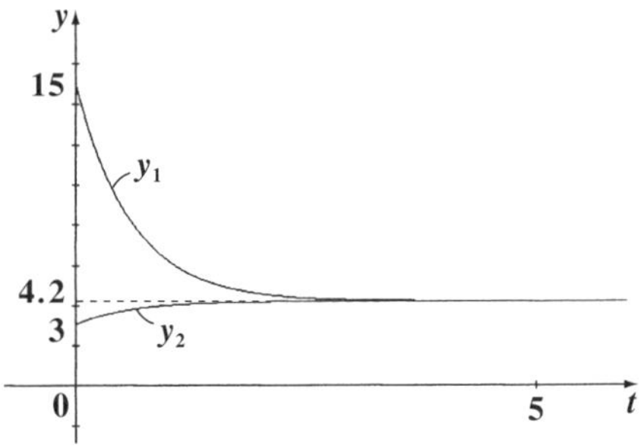

(3) $r_1 = 2$，$r_2 = 2\sqrt{2}$，$y_{10} = 2$，$y_{20} = 17$，$a = \dfrac{2}{3}$，$0 \leqq t \leqq 25$ のとき，この 2 連結タンクの水の移動問題を解くプログラムは (1) のプログラムの内で，

```
50 TMAX=28          250 A=2/3:R1=2:R2=2*SQR(2)
260 T0=0:Y10=2:Y20=17
```

と変更すればよい。

このプログラムを実行した結果得られる水位 y_1 と y_2 のグラフを右図に示す。$t = 20$ 秒位で，これらは同じ水位 12 $\left(\dfrac{2\times 2^2 + 17\times(2\sqrt{2})^2}{2^2 + (2\sqrt{2})^2} = \dfrac{144}{12}\right)$ に収束することが分かる。

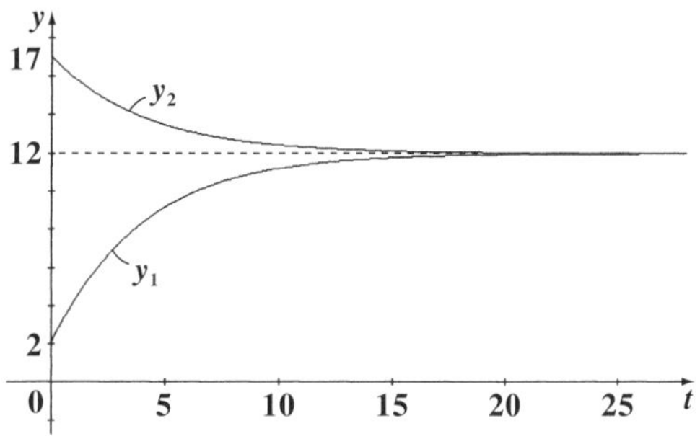

演習問題 14　● 3連結タンクの水の移動 ●

右図に示すように，断面積が r_1^2，r_2^2，$r_3^2\,(m^2)$ の 3 つのタンク 1，2，3 があり，時刻 $t=0$ (秒) のとき，それぞれの水位が y_{10}，y_{20}，$y_{30}\,(m)$ となるように水が溜められていた。タンク 1 とタンク 2，およびタンク 2 とタンク 3 は，底の細いパイプで連結されていて，それぞれのパイプでの水の移動速度

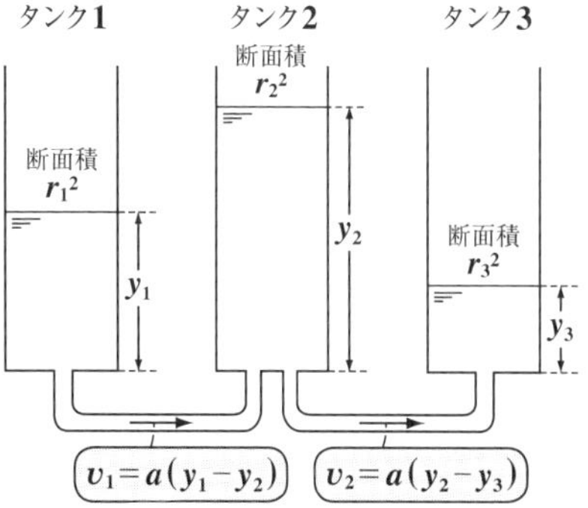

$v_1=a(y_1-y_2)$，$v_2=a(y_2-y_3)$ $(m^3/$秒$)$(a：正の定数) であるものとする。このとき，次の各 r_1，r_2，r_3，y_{10}，y_{20}，y_{30}，a の値について，それぞれ与えられた時間における 3 つのタンクの水位 y_1，y_2，y_3 の経時変化を数値解析により計算して，その結果をグラフで示せ。

(1) $r_1=2$，$r_2=2$，$r_3=2$，$y_{10}=10$，$y_{20}=2$，$y_{30}=18$，$a=\frac{1}{2}$，$0 \leqq t \leqq 45$

(2) $r_1=1$，$r_2=\sqrt{2}$，$r_3=\sqrt{3}$，$y_{10}=5$，$y_{20}=17$，$y_{30}=2$，$a=\frac{1}{3}$，$0 \leqq t \leqq 30$

(3) $r_1=4$，$r_2=2$，$r_3=3$，$y_{10}=19$，$y_{20}=1$，$y_{30}=5$，$a=\frac{6}{5}$，$0 \leqq t \leqq 50$

ヒント！ 3 連結タンクの水の移動の問題では，タンク 1，2，3 の水位について，時刻 $t=t_0$ での旧水位を y_{10}，y_{20}，y_{30} とおき，時刻 $t=t_0+\Delta t$ での新水位を y_1，y_2，y_3 とおくと，各新水位を求める式は，$y_1=y_{10}+\frac{a(y_{20}-y_{10})\cdot\Delta t}{r_1^2}$，

$y_2=y_{20}+\frac{a(y_{10}-2y_{20}+y_{30})\cdot\Delta t}{r_2^2}$，$y_3=y_{30}+\frac{a(y_{20}-y_{30})\cdot\Delta t}{r_3^2}$ となるんだね。これらを用いて，(1)(2)(3) の各条件における数値解析のプログラムを作成して，水位 y_1，y_2，y_3 の経時変化のグラフを求めよう。

解答＆解説

(1) $r_1=2$，$r_2=2$，$r_3=2$，$y_{10}=10$，$y_{20}=2$，$y_{30}=18$，$a=\frac{1}{2}$，$0 \leqq t \leqq 45$ のとき，この3連結タンクの水の移動問題の数値解析プログラムを，まず下に示す。

```
10 REM -----------------------------------------------
20 REM  3連結タンクの水の移動問題 2-1
30 REM -----------------------------------------------
40 CLS 3
50 TMAX=50
60 TMIN=-3
70 DELT=5
80 YMAX=22
90 YMIN=-4
100 DELY=2
110 DEF FNU(T)=INT(640*(T-TMIN)/(TMAX-TMIN))
120 DEF FNV(Y)=INT(400*(YMAX-Y)/(YMAX-YMIN))
130 LINE (FNU(0),0)-(FNU(0),400)
140 LINE (0,FNV(0))-(640,FNV(0))
150 DELU=640*DELT/(TMAX-TMIN)
160 DELV=400*DELY/(YMAX-YMIN)
170 N=INT(TMAX/DELT):M=INT(-TMIN/DELT)
180 FOR I=-M TO N
190 LINE (FNU(0)+INT(I*DELU),FNV(0)-3)-(FNU(0)+INT(I
*DELU),FNV(0)+3)
200 NEXT I
210 N=INT(YMAX/DELY):M=INT(-YMIN/DELY)
220 FOR I=-M TO N
230 LINE (FNU(0)-3,FNV(0)-INT(I*DELV))-(FNU(0)+3,FNV
(0)-INT(I*DELV))
240 NEXT I
250 A=.5#:R1=2:R2=2:R3=2
260 T0=0:Y10=10:Y20=2:Y30=18
```

```
270 U0=FNU(0):DT=TMAX/(640-U0)
280 FOR I=U0 TO 640
290 Y1=Y10+A*DT*(Y20-Y10)/R1^2
300 Y2=Y20+A*DT*(Y10-2*Y20+Y30)/R2^2
310 Y3=Y30+A*DT*(Y20-Y30)/R3^2
320 T=T0+DT
330 LINE (FNU(T0),FNV(Y10))-(FNU(T),FNV(Y1))
340 LINE (FNU(T0),FNV(Y20))-(FNU(T),FNV(Y2))
350 LINE (FNU(T0),FNV(Y30))-(FNU(T),FNV(Y3))
360 Y10=Y1:Y20=Y2:Y30=Y3:T0=T
370 NEXT I
```

50～100 行で，$\mathbf{T_{max}=50}$，$\mathbf{T_{min}=-3}$，$\mathbf{\Delta\overline{T}=5}$，$\mathbf{Y_{max}=22}$，$\mathbf{Y_{min}=-4}$，$\mathbf{\Delta\overline{Y}=2}$ を代入した。

110～240 行は，$\boldsymbol{ty}$ 座標系を作成するプログラムで，これは演習問題 **5(P26)** のプログラムとまったく同じものである。

250 行で，$\boldsymbol{a=0.5}$，$\boldsymbol{r_1=2}$，$\boldsymbol{r_2=2}$，$\boldsymbol{r_3=2}$ を代入し，**260** 行で，初めの時刻 $\boldsymbol{t_0=0}$，水位の初期値 $\boldsymbol{y_{10}=10}$，$\boldsymbol{y_{20}=2}$，$\boldsymbol{y_{30}=18}$ を代入した。

270 行で，$\mathbf{X=0}$ となる $\boldsymbol{u}$ 座標 $\boldsymbol{u_0}$ を $\boldsymbol{u_0=fnu(0)}$ とし，微小時間 $\boldsymbol{\Delta t}$ $(=\mathbf{DT})$ を $\boldsymbol{u_0}$ から **640** までの **1** 画素に対応するようにとった。

280～370 行の **FOR～NEXT(I)** 文により，$\mathbf{I}=\boldsymbol{u_0}$，$\boldsymbol{u_0+1}$，…，**640** となるまで繰り返しのループ計算を行う。**290～310** 行で，時刻 $\boldsymbol{t_0}$ における旧水位 $\boldsymbol{y_{10}}$，$\boldsymbol{y_{20}}$，$\boldsymbol{y_{30}}$ を用いて，時刻 $\boldsymbol{t_0+\Delta t}$ における新水位 $\boldsymbol{y_1}$，$\boldsymbol{y_2}$，$\boldsymbol{y_3}$ を求める。**320** 行で，時刻 $\boldsymbol{t}$ を $\boldsymbol{t_0+\Delta t}$ により更新する。**330～350** 行により，各水位 $\boldsymbol{y_1}$，$\boldsymbol{y_2}$，$\boldsymbol{y_3}$ の時刻 $\boldsymbol{t_0}$ と $\boldsymbol{t_0+\Delta t}$ の間の短い線分を描く。**360** 行で，$\boldsymbol{y_{10}=y_1}$，$\boldsymbol{y_{20}=y_2}$，$\boldsymbol{y_{30}=y_3}$，$\boldsymbol{t_0=t}$ により，$\boldsymbol{y_{10}}$，$\boldsymbol{y_{20}}$，$\boldsymbol{y_{30}}$，$\boldsymbol{t_0}$ の値を更新して，ループ計算の頭の **290** 行に戻り同様の計算を繰り返して，水位 $\boldsymbol{y_1}$，$\boldsymbol{y_2}$，$\boldsymbol{y_3}$ のグラフを順次描いていく。

それでは，このプログラムを実行して得られる **3** つのタンクの水位 $\boldsymbol{y_1}$，$\boldsymbol{y_2}$，$\boldsymbol{y_3}$ の経時変化を表すグラフを次に示そう。

このグラフから，3つの水位 y_1，y_2，y_3 は大体 $t=35$ 秒位で，これらの平均値 $\underset{\left(\frac{10+2+18}{3}=\frac{30}{3}\right)}{\underline{10}}$ に収束することが分かる。

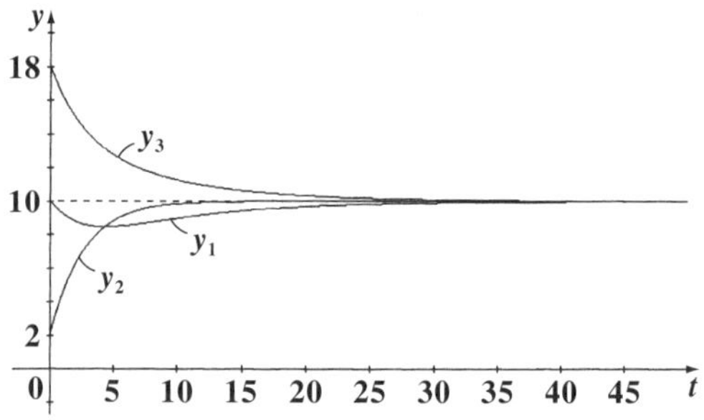

(2) $r_1=1$，$r_2=\sqrt{2}$，$r_3=\sqrt{3}$，$y_{10}=5$，$y_{20}=17$，$y_{30}=2$，$a=\frac{1}{3}$，$0 \leqq t \leqq 30$ のとき，この3連結タンクの水の移動問題の数値解析プログラムは(1)のプログラムの内，以下の部分のみを変更すればよい。

```
50 TMAX=35
..................
250 A=1/3:R1=1:R2=SQR(2):R3=SQR(3)
260 T0=0:Y10=5:Y20=17:Y30=2
```

このプログラムを実行して得られる3つの水位 y_1，y_2，y_3 の経時変化のグラフを右図に示す。これらのグラフから3つの水位 y_1，y_2，y_3 は大体25秒位でこれらの加重平均値 $\underline{7.5}$ に収束することが分かる。

$$\left(\frac{5\times1^2+17\times(\sqrt{2})^2+2\times(\sqrt{3})^2}{1^2+(\sqrt{2})^2+(\sqrt{3})^2}=\frac{45}{6}=\frac{15}{2}\right)$$

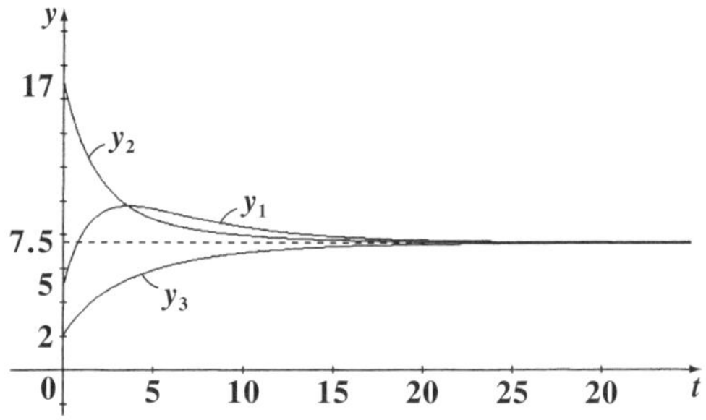

(3) $r_1=4$, $r_2=2$, $r_3=3$, $y_{10}=19$, $y_{20}=1$, $y_{30}=5$, $a=\frac{6}{5}$, $0\leqq t\leqq 50$ のとき，この3連結タンクの水の移動問題の数値解析プログラムは(1)のプログラムの内，以下の部分のみを変更すればよい。

```
50 TMAX=55
..................
250 A=1.2#:R1=4:R2=2:R3=3
260 T0=0:Y10=19:Y20=1:Y30=5
```

このプログラムを実行して得られる3つの水位 y_1, y_2, y_3 の経時変化のグラフを右図に示す。これらのグラフから3つの水位 y_1, y_2, y_3 は大体45秒位でこれらの加重平均値 12.17 $\left(\because \frac{19\times4^2+1\times2^2+5\times3^2}{4^2+2^2+3^2}=\frac{353}{29}\right)$ に収束することが分かる。

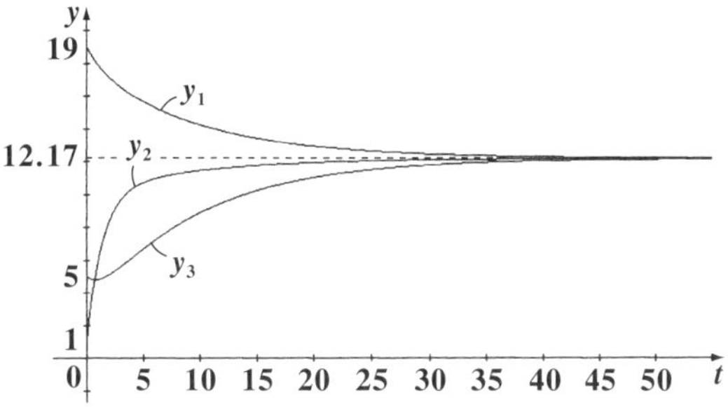

演習問題 15　　●7連結タンクの水の移動(Ⅰ)●

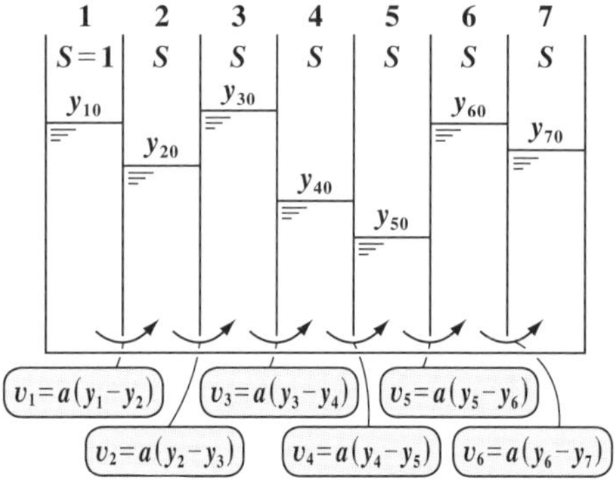

右図に示すように，断面積が $S=1(\mathrm{m}^2)$ ですべて等しい **7** つのタンク **1**，**2**，**3**，**4**，**5**，**6**，**7** があり，時刻 $t=0$ (秒) のとき，それぞれの水位が y_{10}，y_{20}，y_{30}，y_{40}，y_{50}，y_{60}，y_{70} となるように水が溜められていた。タンク k と $k+1$ の間には小さなすき間があり，そこから k から $k+1$ に速さ $v_k=a(y_k-y_{k+1})$ $(\mathrm{m}^3/\text{秒})$ $(k=1, 2, \cdots 6, a$：正の定数$)$ で水が移動するものとする。このとき，次の各 y_{10}，y_{20}，y_{30}，y_{40}，y_{50}，y_{60}，y_{70}，a の値について，それぞれ与えられた時間における **7** つのタンクの水位 y_k　$(k=1, 2, \cdots, 7)$ の経時変化を数値解析により計算して，その結果をグラフで示せ。

(1) $y_{10}=6$，$y_{20}=12$，$y_{30}=24$，$y_{40}=9$，$y_{50}=30$，$y_{60}=18$，$y_{70}=3$，
$a=1$，$0\leqq t\leqq 15$

(2) $y_{10}=15$，$y_{20}=6$，$y_{30}=21$，$y_{40}=12$，$y_{50}=3$，$y_{60}=18$，$y_{70}=30$，
$a=\dfrac{2}{3}$，$0\leqq t\leqq 30$

ヒント！ 7連結タンクの水の移動の問題では，仮想的にタンク **0** とタンク **8** を利用し，それぞれの水位を $y_0=y_1$，$y_8=y_7$ とおけばタンクの水位 y_k を更新する一般式として，

$$\underbrace{y_k}_{\text{新水位}} = \underbrace{y_k}_{\text{旧水位}} + \frac{a\cdot\Delta t}{S}(\underbrace{y_{k+1}-2y_k+y_{k-1}}_{\text{旧水位}}) \quad (k=1, 2, \cdots, 7, \ y_0=y_1, \ y_8=y_7)$$

を利用することができるんだね。これから，実際の **BASIC** プログラムを作るためには，配列 **Y(8, 1)** を宣言して，用いることにしよう。

- **8**：**0, 1, 2, …, 8**（仮想タンクも含めて）
- **1**：**0, 1**（新と旧の区別のため）

解答&解説

(1) $y_{10}=6$, $y_{20}=12$, $y_{30}=24$, $y_{40}=9$, $y_{50}=30$, $y_{60}=18$, $y_{70}=3$, $a=1$, $0 \leqq t \leqq 15$ のとき，この7連結タンクの水の移動問題を解くための数値解析プログラムを下に示す。

```
10 REM -----------------------------------------------
20 REM  7連結タンクの水の移動問題3-1
30 REM -----------------------------------------------
40 DIM Y(8,1)
50 CLS 3
60 TMAX=20
70 TMIN=-1
80 DELT=5
90 YMAX=33
100 YMIN=-4
110 DELY=3
120 DEF FNU(T)=INT(640*(T-TMIN)/(TMAX-TMIN))
130 DEF FNV(Y)=INT(400*(YMAX-Y)/(YMAX-YMIN))
140 LINE (FNU(0),0)-(FNU(0),400)
150 LINE (0,FNV(0))-(640,FNV(0))
160 DELU=640*DELT/(TMAX-TMIN)
170 DELV=400*DELY/(YMAX-YMIN)
180 N=INT(TMAX/DELT):M=INT(-TMIN/DELT)
190 FOR I=-M TO N
200 LINE (FNU(0)+INT(I*DELU),FNV(0)-3)-(FNU(0)+INT(I
*DELU),FNV(0)+3)
210 NEXT I
220 N=INT(YMAX/DELY):M=INT(-YMIN/DELY)
230 FOR I=-M TO N
240 LINE (FNU(0)-3,FNV(0)-INT(I*DELV))-(FNU(0)+3,FNV
(0)-INT(I*DELV))
250 NEXT I
```

```
260 A=1:S=1:T0=0
270 Y(1,0)=6:Y(2,0)=12:Y(3,0)=24:Y(4,0)=9:Y(5,0)=30:Y
(6,0)=18:Y(7,0)=3
280 Y(0,0)=Y(1,0):Y(8,0)=Y(7,0)
290 U0=FNU(0):DT=TMAX/(640-U0)
300 FOR I=U0 TO 640
310 FOR K=1 TO 7
320 Y(K,1)=Y(K,0)+A*DT*(Y(K+1,0)+Y(K-1,0)-2*Y(K,0))/S
330 NEXT K
340 Y(0,1)=Y(1,1):Y(8,1)=Y(7,1):T=T0+DT
350 FOR K=1 TO 7
360 LINE (FNU(T0),FNV(Y(K,0)))-(FNU(T),FNV(Y(K,1)))
370 NEXT K
380 FOR K=0 TO 8
390 Y(K,0)=Y(K,1):NEXT K
400 T0=T
410 NEXT I
```

40行で，配列**Y(8, 1)**を定義して利用する。$k=1, 2, \cdots, 7$のとき$\mathbf{Y}(k, 0)$を旧水位，$\mathbf{Y}(k, 1)$を新水位として利用する。$k=0$と**8**は，仮想タンクのためのメモリで$\mathbf{Y}(0, j)=\mathbf{Y}(1, j)$，$\mathbf{Y}(8, j)=\mathbf{Y}(7, j)$　$(j=0, 1)$とする。

60〜110行で，$T_{max}=20$，$T_{min}=-1$，$\Delta\overline{T}=5$，$Y_{max}=33$，$Y_{min}=-4$，$\Delta\overline{Y}=3$を代入した。**120〜250**行は，ty座標系を作るプログラムで，これは演習問題**5(P26)**のプログラムと同じである。

260行で，定数$A=1$，断面積$S=1$，初めの時刻$t_0=0$を代入した。

270行で，**7**つのタンクの水位の初期値として**Y(1, 0)=6**，**Y(2, 0)=12**，**Y(3, 0)=24**，**Y(4, 0)=9**，**Y(5, 0)=30**，**Y(6, 0)=18**，**Y(7, 0)=3**を代入した。

280行では，仮想タンク**0**と**8**の水位をそれぞれ**1**と**7**の水位と等しくして**Y(0, 0)=Y(1, 0)**，**Y(8, 0)=Y(7, 0)**とした。

290行で，$X=0$に対応するuの座標をu_0として$u_0=fnu(0)$とし，微小時間Δt(=**DT**)をu_0から**640**までの**1**画素に対応するようにとった。

300〜410行の**FOR〜NEXT(I)**文により$I=u_0, u_0+1, \cdots, 640$となる

まで繰り返しループ計算を行う。この大きなループ計算の中に，**3**つの小さな**FOR～NEXT(K)**によるループ計算が含まれている。

まず**310～330**行の**FOR～NEXT(K)**により，**320**行の一般式：**Y(K, 1)**（新水位）=**Y(K, 0)**（旧水位）+…を使ってy_k($k=1, 2, \cdots, 7$)の値を更新する。$k=1$のとき，$y(k-1, 0)=y(0, 0)$となり，$k=7$のとき，$y(k+1, 0)=y(8, 0)$となるが，いずれも仮想タンクの水位として値を与えているので，問題なく計算できる。

340行により，y_0とy_8の値も更新し，時刻も更新する。

350～370行の**FOR～NEXT(K)**文により，水位y_k($k=1, 2, \cdots, 7$)のt_0と$t=t_0+\Delta t$の間の線分を引く。

380，390行の**FOR～NEXT(K)**文により，新水位**Y(K, 1)**を旧水位**Y(K, 0)**に代入して**Y(K, 0)**の値を更新し，更に**400**行**T0=T**により，**T0**の値を更新した後，大きな**FOR～NEXT(I)**文の頭の**310**行に戻り，これを基にして，次の新水位を計算する。以上の計算を，$I=u_0, u_0+1, \cdots, 640$となるまで繰り返して，水位$y_k$($k=1, 2, \cdots, 7$)のグラフを順次描いていく。

それでは，このプログラムを実行して得られる水位y_k($k=1, 2, \cdots, 7$)の経時変化のグラフを右に示す。このグラフから，これらの水位は大体**15**秒後位に，これらの相加平均値**14.57**（$\frac{6+12+24+9+30+18+3}{7}=\frac{102}{7}$）に収束していくことが分かる。

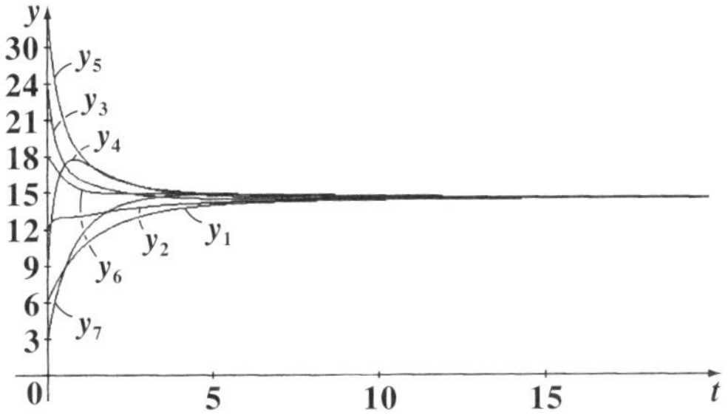

(2) $y_{10}=15$, $y_{20}=6$, $y_{30}=21$, $y_{40}=12$, $y_{50}=3$, $y_{60}=18$, $y_{70}=30$, $a=\frac{2}{3}$, $0 \leqq t \leqq 30$ のとき，この 7 連結タンクの水の移動問題を解くための数値解析プログラムは (1) のプログラムの内，以下に示す部分のみを変更すればよい。

```
60 TMAX=38
70 TMIN=-2
......................
260 A=2/3:S=1:T0=0
270 Y(1,0)=15:Y(2,0)=6:Y(3,0)=21:Y(4,0)=12:Y(5,0)=3:Y
(6,0)=18:Y(7,0)=30
```

それでは，このプログラムを実行して得られる水位 y_k ($k=1, 2, \cdots, 7$) の経時変化のグラフを右に示す。

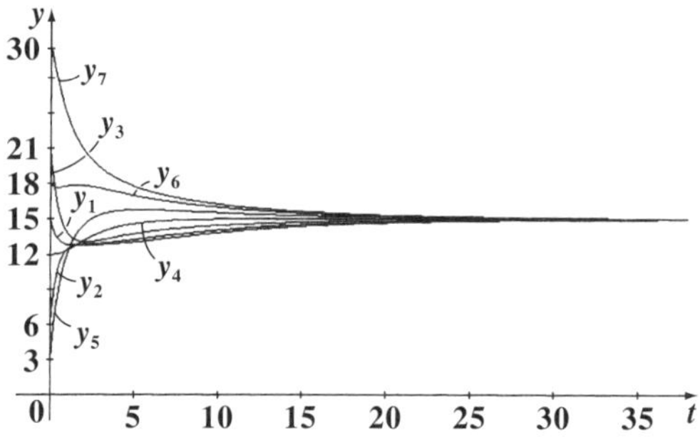

このグラフから，これらの水位は大体 30 秒後位に，これらの相加平均値 15 に収束して

$$\frac{15+6+21+12+3+18+30}{7}=\frac{105}{7}$$

いくことが分かる。

演習問題 16 ● 7連結タンクの水の移動(Ⅱ) ●

右図に示すように，断面積が $S=1\,(m^2)$ ですべて等しい7つのタンク1，2，3，4，5，6，7があり，時刻 $t=0$ (秒) のとき，それぞれの水位が $y_{10}=6$，$y_{20}=12$，$y_{30}=15$，$y_{40}=9$，$y_{50}=21$，$y_{60}=18$，$y_{70}=3\,(m)$ となるように水が溜められていた。タンク k と $k+1$ の間には小さなすき間があり，そこから k から $k+1$ に

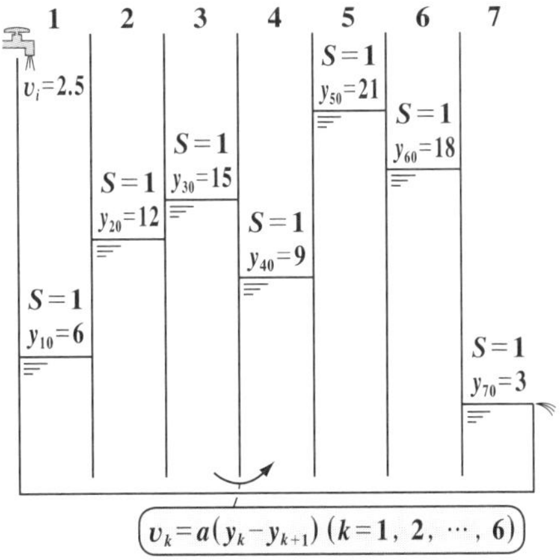

速さ $v_k=a(y_k-y_{k+1})\,(m^3/秒)\,(k=1,\ 2,\ \cdots 6$，定数 $a=1)$ で水が移動するものとする。$t \geqq 0$ とき，タンク1には，$v_i=2.5\,(m^3/秒)$ で水が流入し，また，タンク7からは水が流出して，その水位が時刻 t に関わらず常に $y_{70}=3$ に保たれるものとする。

このとき，$0 \leqq t \leqq 40$ における各タンクの水位 $y_k\,(k=1,\ 2,\ 3,\ \cdots,\ 7)$ の経時変化を数値解析により計算して，その結果をグラフで示せ。

ヒント！ 今回は7連結タンクの水の移動の応用問題で，タンク1には $v_i=2.5\,(m^3/秒)$ の水が流入し，タンク7から水が流出して，その水位 y_7 が常に $y_7=3(m)$ に保たれる場合の各タンクの水位 $y_k\,(k=1,\ 2,\ 3,\ \cdots,\ 7)$ の経時変化を求める問題で，これらは最終的には階段状の一定の水位に落ち着くことが予想できるんだね。この問題では，y_1 と $y_k\,(k=2,\ 3,\ \cdots,\ 6)$ と y_7 に分けて，それぞれの水位を更新するプログラムの式は，

$$\underbrace{y_1}_{新水位} = \underbrace{y_1}_{旧水位}+\frac{a\cdot\Delta t}{S}(\underbrace{y_2-y_1}_{旧水位})+v_i\cdot\Delta t$$ となり，

$$\underbrace{y_k}_{新水位} = \underbrace{y_k}_{旧水位}+\frac{a\cdot\Delta t}{S}(\underbrace{y_{k+1}+y_{k-1}-2y_k}_{旧水位})\quad(k=2,\ 3,\ \cdots,\ 6)$$ となり，そして，

$y_7=3$ (一定) となるので，配列として $Y(7,\ 1)$ を利用しよう。

解答＆解説

今回の7連結タンクの水の移動問題の数値解析プログラムを下に示す。

```
10 REM ------------------------------------------------
20 REM  7連結タンクの水の定常状態4-1
30 REM ------------------------------------------------
40 DIM Y(7,1)
50 CLS 3
60 TMAX=45
70 TMIN=-3
80 DELT=10
90 YMAX=23
100 YMIN=-4
110 DELY=3
120 DEF FNU(T)=INT(640*(T-TMIN)/(TMAX-TMIN))
130 DEF FNV(Y)=INT(400*(YMAX-Y)/(YMAX-YMIN))
140 LINE (FNU(0),0)-(FNU(0),400)
150 LINE (0,FNV(0))-(640,FNV(0))
160 DELU=640*DELT/(TMAX-TMIN)
170 DELV=400*DELY/(YMAX-YMIN)
180 N=INT(TMAX/DELT):M=INT(-TMIN/DELT)
190 FOR I=-M TO N
200 LINE (FNU(0)+INT(I*DELU),FNV(0)-3)-(FNU(0)+INT(I
*DELU),FNV(0)+3)
210 NEXT I
220 N=INT(YMAX/DELY):M=INT(-YMIN/DELY)
230 FOR I=-M TO N
240 LINE (FNU(0)-3,FNV(0)-INT(I*DELV))-(FNU(0)+3,FNV
(0)-INT(I*DELV))
250 NEXT I
260 VI=2.5#:A=1:S=1:T0=0
270 Y(1,0)=6:Y(2,0)=12:Y(3,0)=15:Y(4,0)=9:Y(5,0)=21:
Y(6,0)=18:Y(7,0)=3
280 U0=FNU(0):DT=TMAX/(640-U0)
```

```
290 FOR I=U0 TO 640
300 Y(1,1)=Y(1,0)+A*DT*(Y(2,0)-Y(1,0))/S+VI*DT
310 FOR K=2 TO 6
320 Y(K,1)=Y(K,0)+A*DT*(Y(K+1,0)+Y(K-1,0)-2*¥(K,0))/S
330 NEXT K
340 Y(7,1)=Y(7,0):T=T0+DT
350 FOR K=1 TO 7
360 LINE (FNU(T0),FNV(Y(K,0)))-(FNU(T),FNV(Y(K,1)))
370 NEXT K
380 FOR K=1 TO 7
390 Y(K,0)=Y(K,1):NEXT K
400 T0=T
410 NEXT I
```

今回，仮想タンク**0**と**8**は必要ないので，**40**行で，配列**Y(7, 1)**を定義して

(**1, 2, 3, …, 7**)(**0, 1**)←(旧と新の区別)

利用する。**60**～**110**行で，$\mathbf{T_{max}=45}$，$\mathbf{T_{min}=-3}$，$\mathbf{\Delta\overline{T}=10}$，$\mathbf{Y_{max}=23}$，$\mathbf{Y_{min}=-4}$，$\mathbf{\Delta\overline{Y}=3}$を代入した。

120～**250**行はty座標系を作成するプログラムで，これは演習問題**5(P26)**のプログラムと同じである。

260行で，**VI＝2.5**，定数**A＝1**，断面積$\mathbf{S=1}$，初めの時刻$\mathbf{t_0=0}$を代入し

(単位時間にタンク**1**に流入する水量)

た。**270**行で，**7**つのタンクの水位の初期値として，**Y(1, 0)＝6**，**Y(2, 0)＝12**，…，**Y(7, 0)＝3**を代入した。**280**行で，**X＝0**に対応するuの座標をu_0として，$u_0=fnu(0)$とし，微小時間Δt(＝**DT**)をu_0から**640**までの**1**画素に対応するようにとった。

290～**410**行の**FOR～NEXT(I)**文により，$\mathbf{I}=u_0,\ u_0+1,\ \cdots,\ 640$まで繰り返し計算を行う。この大きなループ計算の中に**3**つの小さな**FOR～NEXT(K)**文が含まれている。

まず，**300**行で，水位y_1の更新を行う。タンク**1**と**2**間の水の移動だけでなく，タンク**1**には常に$v_i=2.5$ (m^3/秒) の水が流入していることに注意しよう。

310～**330**行の**FOR～NEXT(K)**文により，水位y_k($k=2,\ 3,\ \cdots,\ 6$)の更新を行う。**340**行では，$y_7=3$のままであるが，これも更新し，時刻tも$t_0+\Delta t$により更新する。

350〜370 行の **FOR〜NEXT(K)** 文により，それぞれの $\boldsymbol{y_k}$ $(\boldsymbol{k}=\mathbf{1},\ \mathbf{2},\ \cdots,\ \mathbf{7})$ について，時刻 $\boldsymbol{t_0}$ と $\boldsymbol{t}\ (=\boldsymbol{t_0}+\Delta\boldsymbol{t})$ の間の変化を表す短い線分を $\boldsymbol{ty}$ 座標平面上に引く。

380〜390 行の **FOR〜NEXT(K)** 文により，新水位 **Y(*k*, 1)** を旧水位 **Y(*k*, 0)** $(\boldsymbol{k}=\mathbf{1},\ \mathbf{2},\ \cdots,\ \mathbf{7})$ に代入して，**Y(*k*, 0)** を更新した後，大きな **FOR〜NEXT(I)** 文の最初の **300** 行に戻り，同様の計算処理を **I=640** となるまで繰り返す。その結果，**7** つのタンクの水位 $\boldsymbol{y_k}$ $(\boldsymbol{k}=\mathbf{1},\ \mathbf{2},\ \cdots,\ \mathbf{7})$ の経時変化のグラフを描くことができる。

それでは，このプログラムを実行して得られる各水位 $\boldsymbol{y_k}$ $(\boldsymbol{k}=\mathbf{1},\ \mathbf{2},\ \cdots,\ \mathbf{7})$ の経時変化のグラフを右図に示す。

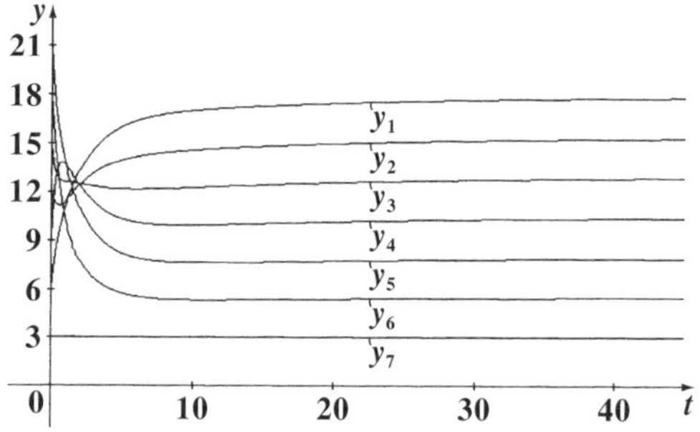

このグラフから大体 **30** 秒後位に，$\boldsymbol{y_1}$，$\boldsymbol{y_2}$，$\boldsymbol{y_3}$，$\cdots$，$\boldsymbol{y_7}$ の水位はこの順に階段状の一定の値に収束することが分かる。

演習問題 17　● 6 連結コンデンサーの入出力 ●

右図に示すように，電気容量 $S=1$ (F) の 6 つのコンデンサー C_2, C_3, C_4, C_5, C_6, C_7 がある。時刻 $t=0$ (秒) のとき，各コンデンサーの電位は，$y_{20}=2$ (V)，$y_{30}=10$ (V)，$y_{40}=6$ (V)，$y_{50}=12$ (V)，$y_{60}=8$ (V)，$y_{70}=8$ (V) であった。これらのコンデンサーを図のように同じコンダクタンス $a=2$ (s) の導線で連結し，次の各入力 y_1 によりこの 6 連結コンデンサーに電圧を加えるものとする。このとき，次の各時間における出力 y_7 (コンデンサー 7 の電位) の経時変化を数値解析により計算して，その結果をグラフで示せ。

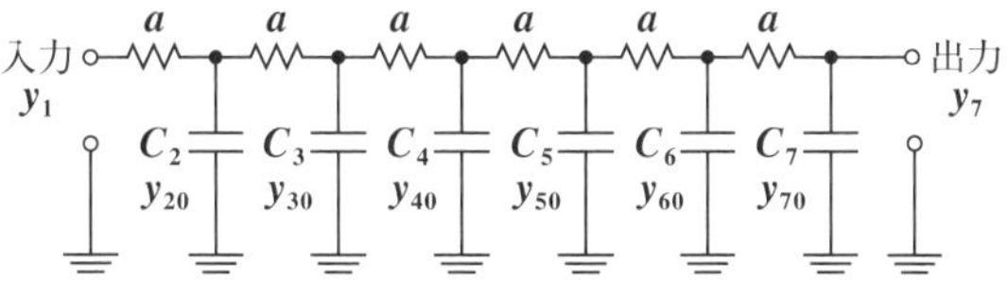

(1) $0 \leqq t \leqq 25$, $y_1=\begin{cases} 6-\dfrac{3}{2}|t-4| & (0 \leqq t \leqq 8) \\ 0 & (8 < t \leqq 25) \end{cases}$

(2) $0 \leqq t \leqq 45$, $y_1 = 2\sin\dfrac{\pi}{4}t+4$

ヒント！ 電気容量 S をタンクの断面積，コンダクタンス a を水の移動速度の定数，電位 y_k ($k=1, 2, \cdots, 7$) を水位と考えると，本質的にこれは，7 連結タンクの水の移動問題と同様なんだね。ここでは，タンク 1 の水位に相当する電位 y_1 が，(1)，(2) のように時刻 t の関数として与えられており，これを他の 6 つの連結されたコンデンサーのシステムへの入力信号と考える。このとき，コンデンサー 7 の電位 y_7 を出力信号と考えて，今回は入力 y_1 と出力 y_7 のみの経時変化をグラフとして表示しよう。ここでまず，(1) と (2) の入力信号 y_1 のグラフを示しておく。

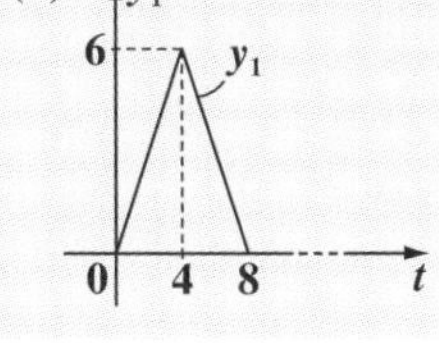

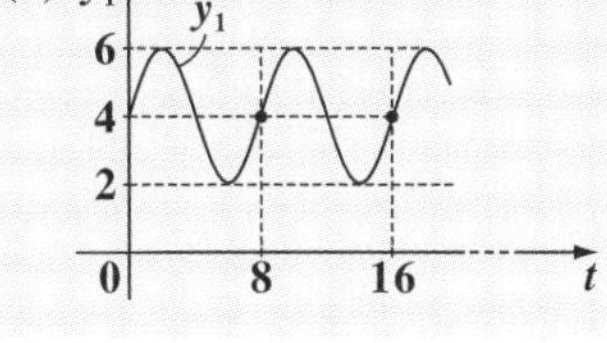

解答＆解説

(1) $t=0$ のとき，$y_{20}=2$，$y_{30}=10$，$y_{40}=6$，$y_{50}=12$，$y_{60}=8$，$y_{70}=8$ の電位をもつ6つの連結されたコンデンサーに，$y_1=\begin{cases} 6-\dfrac{3}{2}|t-4| & (0 \leqq t \leqq 8) \\ 0 & (8 < t \leqq 25) \end{cases}$ が，入力として与えられたとき，この出力 y_7 を調べるプログラムを下に示す。

```
10 REM -----------------------------------------------
20 REM  6連結コンデンサーの入出力5-1
30 REM -----------------------------------------------
40 DIM Y(8,1)
50 CLS 3
60 TMAX=30
70 TMIN=-3
80 DELT=4
90 YMAX=12
100 YMIN=-3
110 DELY=2
120 DEF FNU(T)=INT(640*(T-TMIN)/(TMAX-TMIN))
130 DEF FNV(Y)=INT(400*(YMAX-Y)/(YMAX-YMIN))
140 LINE (FNU(0),0)-(FNU(0),400)
150 LINE (0,FNV(0))-(640,FNV(0))
160 DELU=640*DELT/(TMAX-TMIN)
170 DELV=400*DELY/(YMAX-YMIN)
180 N=INT(TMAX/DELT):M=INT(-TMIN/DELT)
190 FOR I=-M TO N
200 LINE (FNU(0)+INT(I*DELU),FNV(0)-3)-(FNU(0)+INT(I
*DELU),FNV(0)+3)
210 NEXT I
220 N=INT(YMAX/DELY):M=INT(-YMIN/DELY)
230 FOR I=-M TO N
240 LINE (FNU(0)-3,FNV(0)-INT(I*DELV))-(FNU(0)+3,FNV
(0)-INT(I*DELV))
250 NEXT I
```

```
260 A=2:S=1:T0=0
270 Y(1,0)=0:Y(2,0)=2:Y(3,0)=10:Y(4,0)=6:Y(5,0)=12:Y
(6,0)=8:Y(7,0)=8:Y(8,0)=Y(7,0)
280 U0=FNU(0):DT=TMAX/(640-U0)
290 FOR I=U0 TO 640
300 FOR K=2 TO 7
310 Y(K,1)=Y(K,0)+A*DT*(Y(K+1,0)+Y(K-1,0)-2*Y(K,0))/S
320 NEXT K
330 T=T0+DT
340 IF T<=8 THEN Y(1,1)=6-1.5#*ABS(T-4) ELSE Y(1,1)=0
350 Y(8,1)=Y(7,1)
360 FOR K=1 TO 7 STEP 6
370 LINE (FNU(T0),FNV(Y(K,0)))-(FNU(T),FNV(Y(K,1)))
380 NEXT K
390 FOR K=1 TO 8
400 Y(K,0)=Y(K,1):NEXT K
410 T0=T
420 NEXT I
```

40 行で，配列 **Y(8, 1)** を定義して，利用する。

(**1, 2, 3, …, 7, 8**) (**0, 1**) ← (新，旧の電位をこれで区別する。)

(今回は，$y_8=y_7$ となる仮想のコンデンサー **8** が必要となる。)

60～110 行で，$\mathbf{T_{max}=30}$，$\mathbf{T_{min}=-3}$，$\mathbf{\Delta\overline{T}=4}$，$\mathbf{Y_{max}=12}$，$\mathbf{Y_{min}=-3}$，$\mathbf{\Delta\overline{Y}=2}$ を代入した。

120～250 行は，ty 座標系を作成するプログラムで，これは演習問題 **5(P26)** のプログラムと同じである。

260 行で，コンダクタンス **A＝2**，電気容量 **S＝1**，初めの時刻 $t_0=0$ を代入した。

270 行で，**1** と **8** も仮想的に含めた **8** つのコンデンサーの電位を **Y(1, 0)＝0**，

(y_1 は別に与えられているが，$t=0$ のとき $y_1=0$ となるので，これは **Y(1, 0)＝0** とした。)

Y(2, 0)＝2，…，**Y(7, 0)＝8**，**Y(8, 0)＝Y(7, 0)** として代入した。

(つねに，$y_8=y_7$ とする。)

280 行で，**X**＝**0** に対応する u 座標を u_0 として，$u_0 = fnu(0)$ とし，微小時間 Δt(＝**DT**) を u_0 から **640** までの **1** 画素の大きさに対応させるようにした。

290～**420** 行の **FOR**～**NEXT**(**I**)文により，**I**＝u_0，u_0+1，…，**640** までループ計算を行う。この大きなループ計算の中に，**3** つの小さな **FOR**～**NEXT**(**K**)文が含まれている。

まず，**300**～**320** 行で一般式を用いて，実際に存在する **6** つのコンデンサーの電位 y_k (k＝**2**，**3**，…，**7**) を更新して **Y**(**K**，**1**) (**K**＝**2**，**3**，…，**7**) とする。

330 行で，時刻 t も $t_0 + \Delta t$ により更新する。

340 行で，入力信号を論理 **IF** 文も用いて，与えられた関数により更新して **Y**(**1**，**1**) とする。

350 行では，**Y**(**8**，**1**)＝**Y**(**7**，**1**) として，仮想コンデンサー **8** の電位も更新する。

360～**380** 行の **FOR**～**NEXT**(**K**)文により，y_1 と y_7 の t_0 と $t\,(=t_0+\Delta t)$ の間の微小な線分を引く。**360** 行の **FOR K=1 TO 7 STEP 6** により **K**＝**1** と **7** のみが実行される。（これで，**2**，**3**，…，**6** を飛ばす。）

390，**400** 行の **FOR**～**NEXT**(**K**)文で，新電位 **Y**(**K**，**1**) を旧電位 **Y**(**K**，**0**) (**K**＝**1**，**2**，…，**8**) に代入して **Y**(**K**，**0**) を更新した後，**410** 行で t も t_0 に代入して大きな **FOR**～**NEXT**(**I**)文の最初の **300** 行に戻って，同様の計算を **I**＝**640** になるまで繰り返して入力電位 y_1 と出力電位 y_7 の経時変化のグラフを描く。

それでは，このプログラムを実行して得られる入力電位 y_1 と出力電位 y_7 の経時変化のグラフを右図に示す。山形の入力信号 y_1 に対して，出力信号 y_7 は，初め変動するが，次第に **0** に近づいていくのが分かる。

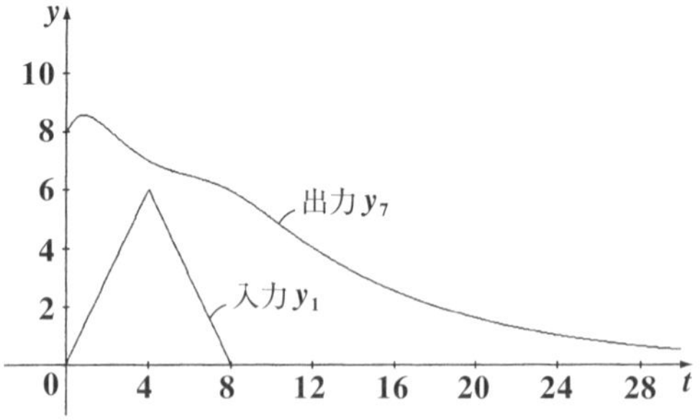

(2) 6つのコンデンサーの電位 y_k ($k=2, 3, \cdots, 7$) など，条件は同じで異なるのは，入力電位 $y_1=2\sin\frac{\pi t}{4}+4$ ($0 \leqq t$) と，時間範囲 $0 \leqq t \leqq 45$ だけなので，(1) のプログラムの内，次の部分のみを変更すればいい。

```
60 TMAX=50
70 TMIN=-3
80 DELT=8
......................
260 A=2:S=1:T0=0:PI=3.14159#
270 Y(1,0)=4:Y(2,0)=2:Y(3,0)=10:Y(4,0)=6:Y(5,0)=12:Y
(6,0)=8:Y(7,0)=8:Y(8,0)=Y(7,0)
......................
340 Y(1, 1)=2*sin(PI*T/4)+4
```

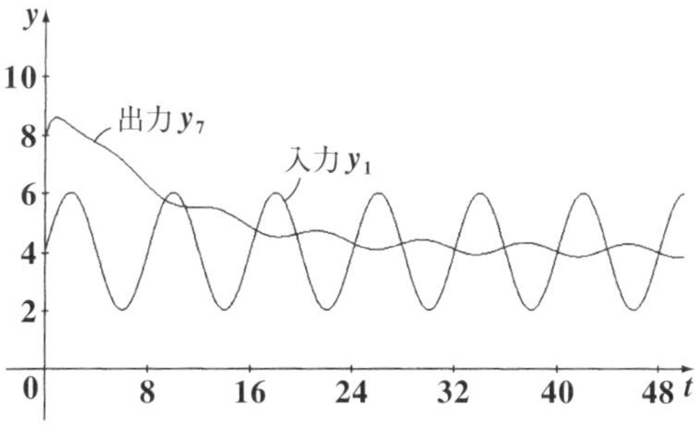

それでは，このプログラムを実行して得られる入力電位 y_1 と出力電位 y_7 の経時変化のグラフを右に示す。入力信号の電位 y_1 が，今回はサイン曲線で与えられているので，出力信号の電位 y_7 は，初めは少し複雑な動きを見せるが，大体24秒後以降には，振幅も小さく，時間遅れも認められるが，同様の波形のグラフになることが分かる。

演習問題 18 ● 1 次元熱伝導方程式（放熱）(Ⅰ) ●

温度 $y(x,\ t)$（x：位置，t：時刻）について，次の 1 次元熱伝導方程式が与えられている。

$$\frac{\partial y}{\partial t} = \frac{\partial^2 y}{\partial x^2} \quad \cdots\cdots ① \quad (0 < x < 4,\ t > 0) \quad \leftarrow \boxed{\text{定数 } \alpha = 1}$$

境界条件：$y(0,\ t) = y(4,\ t) = 0$ ← 放熱条件

初期条件：$y(x,\ 0) = \begin{cases} 10 & (2 \leqq x \leqq 3) \\ 0 & (0 \leqq x < 2,\ 3 < x \leqq 4) \end{cases}$

①を差分方程式（一般式）で表し，$\Delta x = 2\times 10^{-2}$，$\Delta t = 4\times 10^{-5}$ として，数値解析により，時刻 $t = 0.005,\ 0.01,\ 0.02,\ 0.04,\ 0.08,\ 0.16,\ 0.32,\ 0.64,\ 1.28,\ 2.56,\ 5.12$（秒）における温度 y の分布のグラフを xy 平面上に図示せよ。

ヒント！ 今回は，$0 \leqq x \leqq 4$ に存在する棒状の物体の温度分布の問題と考えたらいいよ。①は，一般の 1 次元熱伝導方程式 $y_t = \alpha y_{xx}$ の定数 α が $\alpha = 1$ の場合なんだね。初期条件より，時刻 $t = 0$ における温度の初期分布を右図に示す。境界条件により，$x = 0$ と 4 の端点の温度は常に 0(℃) に設定されているので，この両端点から熱が放熱されて温度 y は時刻 t の経過と共に 0(℃) の一様分布に近づいていくはずだね。この様子を，時刻 $t = 0.005,\ 0.01,\ \cdots,\ 5.12$ 秒のときの温度分布のグラフを数値解析を用いて求めることにより，明らかにできる。今回の問題と同じ問題を実は**「演習 フーリエ解析キャンパス・ゼミ」**でも解いている。この本をお持ちの方は，フーリエ級数により解析的に解いたものと，数値解析で解いたものが一致することが分かって興味深いと思う。

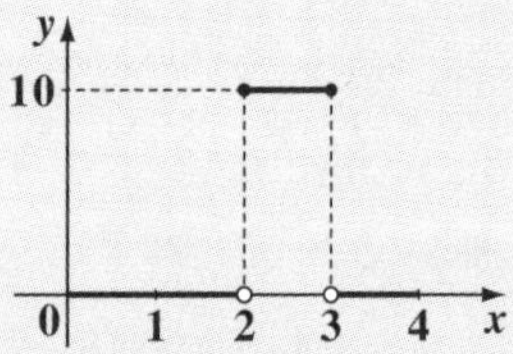

解答＆解説

1 次元熱伝導方程式：$\dfrac{\partial y}{\partial t} = \dfrac{\partial^2 y}{\partial x^2}$ ……① を差分方程式に変形して，

$$\frac{y_i(t+\Delta t) - y_i(t)}{\Delta t} = \frac{1}{(\Delta x)^2}\{y_{i+1}(t) + y_{i-1}(t) - 2y_i(t)\} \text{ より，}$$

$$\underbrace{y_i(t+\Delta t)}_{\text{新温度}}=\underbrace{y_i(t)}_{\text{旧温度}}+\frac{\Delta t}{(\Delta x)^2}\{\underbrace{y_{i+1}(t)+y_{i-1}(t)-2y_i(t)}_{\text{旧温度}}\}\ \cdots\cdots②$$

今回は，**11** 本の y の分布曲線を引くが，**1** 本ずつ個別に引いていくため，②では同じ y_i を使って，旧から新に更新していけばいい。よって，②を一般式として示すと，次のようにシンプルな式になる。

$$\underbrace{y_i}_{\text{新温度}}=\underbrace{y_i}_{\text{旧温度}}+\frac{\Delta t}{(\Delta x)^2}(\underbrace{y_{i+1}+y_{i-1}-2y_i}_{\text{旧温度}})\ \cdots\cdots③\ (\Delta x=2\times10^{-2},\ \Delta t=4\times10^{-5})$$

($i=1,\ 2,\ 3,\ \cdots,\ 199$) となる。

> $0\leqq x\leqq4$，$\Delta x=2\times10^{-2}$ より，
> $\frac{4}{\Delta x}=\frac{4}{2\times10^{-2}}=2\times10^2=200$ となって，
> 区間 $0\leqq x\leqq4$ を **200** 等分して考えていることになる。

ここで，$\frac{\Delta t}{(\Delta x)^2}$ は，

$$\frac{\Delta t}{(\Delta x)^2}=\frac{4\times10^{-5}}{(2\times10^{-2})^2}=\frac{4\times10^{-5}}{4\times10^{-4}}=10^{-1}=\frac{1}{10}$$ となる。

それでは，③の一般式を用いて，①の **1** 次元熱伝導方程式を数値解析により解くためのプログラムを次に示す。

```
10 REM ----------------------------------------
20 REM   1次元熱伝導方程式(放熱) 6-1
30 REM ----------------------------------------
40 DIM Y(200)
50 CLS 3
60 XMAX=4.3#
70 XMIN=-.4#
80 DELX=1
90 YMAX=12
100 YMIN=-3
110 DELY=2
120 DEF FNU(X)=INT(640*(X-XMIN)/(XMAX-XMIN))
130 DEF FNV(Y)=INT(400*(YMAX-Y)/(YMAX-YMIN))
```

```
140 LINE (FNU(0),0)-(FNU(0),400)
150 LINE (0,FNV(0))-(640,FNV(0))
160 DELU=640*DELX/(XMAX-XMIN)
170 DELV=400*DELY/(YMAX-YMIN)
180 N=INT(XMAX/DELX):M=INT(-XMIN/DELX)
190 FOR I=-M TO N
200 LINE (FNU(0)+INT(I*DELU),FNV(0)-3)-(FNU(0)+INT(I
*DELU),FNV(0)+3)
210 NEXT I
220 N=INT(YMAX/DELY):M=INT(-YMIN/DELY)
230 FOR I=-M TO N
240 LINE (FNU(0)-3,FNV(0)-INT(I*DELV))-(FNU(0)+3,FNV
(0)-INT(I*DELV))
250 NEXT I
260 T=0:DT=4/100000:DX=.02
270 FOR I=0 TO 200
280 Y(I)=0:NEXT I
290 FOR I=100 TO 150
300 Y(I)=10:NEXT I
310 PSET (FNU(0),FNV(Y(0)))
320 FOR I=1 TO 200
330 LINE -(FNU(I*DX),FNV(Y(I)))
340 NEXT I
350 N=128000
360 FOR K=1 TO N
370 FOR I=1 TO 199
380 Y(I)=Y(I)+(Y(I+1)+Y(I-1)-2*Y(I))*DT/(DX)^2
390 NEXT I
400 T=T+DT
410 FOR J=0 TO 10
420 IF K=(2^J)*125 THEN GOTO 460
430 NEXT J
440 NEXT K
```

```
450 STOP:END
460 PSET (FNU(0),FNV(Y(0)))
470 FOR I=1 TO 200
480 LINE -(FNU(I*DX),FNV(Y(I)))
490 NEXT I:GOTO 440
```

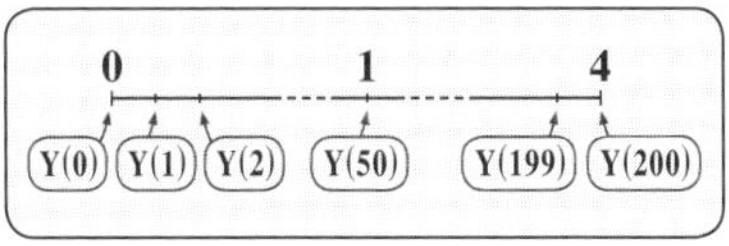

まず，**40** 行で，配列 **Y(200)** を定義し，**Y(0)**，**Y(1)**，**Y(2)**，…，**Y(200)** により，$0 \leqq x \leqq 4$ の区間を **200** 等分して温度を調べることにする。

60～110 行 で，$X_{max}=4.3$，$X_{min}=-0.4$，$\Delta\overline{X}=1$，$Y_{max}=12$，$Y_{min}=-3$，$\Delta\overline{Y}=2$ を代入した。**120～250** 行は，xy 座標系を作るプログラムで，**P22** で示した **110～240** 行のプログラムと同じものである。

260 行で，初めの時刻 $t=0$ と微小時間 $\Delta t(=\mathrm{DT})=4\times10^{-5}$，微小な $\Delta x=2\times10^{-2}\left(=\dfrac{4}{200}\right)$ を代入した。

X=0　X=4

270，**280** 行で，まず $y_i=0$ $(i=0,\ 1,\ 2,\ \cdots,\ 200)$ とし，次に **290**，**300** 行で，

X=2　X=3

$y_i=10$ $(i=100,\ 101,\ \cdots,\ 150)$ として，初期条件の温度分布 $y=10$ $(2\leqq x\leqq3)$，$y=0$ $(0\leqq x<2,\ 3<x\leqq4)$ をプログラム上で表現した。**310** 行で，$[x,\ y]=[0,\ 0]$ に対応する uv 座標の点 $(fnu(0),\ fnv(0))$ をまず表示させ，**320～340** 行の **FOR～NEXT(I)** 文を用いて，**330** 行の **LINE** 文により，順次短い線分を連結して，温度 y の初期分布のグラフを描く。**350** 行で，その後の大きな **FOR～NEXT(K)** 文の繰り返し計算の回数 **N** を **N=128000** とした。これは $\Delta t=4\times10^{-5}$ であり，$0\leqq t\leqq5.12$ により，$\mathrm{N}=\dfrac{5.12}{\Delta t}=\dfrac{5.12}{4\times10^{-5}}=128000$ から導き出したものである。

360～440 行の **FOR～NEXT(K)** 文により，**K=1, 2, …, N** となるまで繰り返し計算を行う。この中には，**2** つの小さな **FOR～NEXT** 文が入っている。**370～390** 行の **FOR～NEXT(I)** 文により，**I=1，2，…，199** と変化させながら $y_i(=\mathrm{Y(I)})$ の値を一般式を用いて更新する。ここで，y_0 と y_{200} は更新することなく，**0** のままにする。これは，境界条件：$y(0,\ t)=y(4,\ t)=0$ を満足させるためである。

400 行で，時刻 t も $t=t+\Delta t$ により更新する。

410～**430** 行の **FOR～NEXT(J)** 文により，**J**=**0**，**1**，**2**，…，**10** のとき，**420** 行で，$K=1\times125,\ 2\times125,\ 2^2\times125,\ \cdots,\ 2^{10}\times125=125,\ 250,\ 500,\ \cdots,$ **128000** のとき，すなわち，時刻 $t=K\times\Delta t=\dfrac{4K}{10^5}=0.005,\ 0.01,\ 0.02,\ \cdots,$ **5.12** のときのみ，**FOR～NEXT(K)** 文のループ計算を飛び出して，**460** 行に行かせる。

460 行では，まず **1** 点 $(fnu(0),\ fnv(y(0)))$ をとり，この後の **FOR～NEXT(I)** 文の中の **480** 行の **LINE** 文により，順次短い線分を連結していくことで，この時刻における温度 y の分布のグラフを描かせる。グラフを作成した後，**490** 行の **GOTO** 文により，**FOR～NEXT(K)** の最後の **440** 行に戻って，このループ計算の続きを行う。

そして，**360**～**440** 行の **FOR～NEXT(K)** 文のループ計算がすべて終了したら **450** 行の **STOP** 文と **END** 文で，このプログラムを停止・終了する。

それでは，このプログラムを実行した結果得られる温度 y の分布のグラフを右図に示そう。

$t=0,\ 0.005,\ 0.01,\ 0.02,\ \cdots,\ 5.12$ (秒) と，時刻の経過と共に温度 y が **0**(℃) の一様分布に近づいていく様子が，これから分かる。

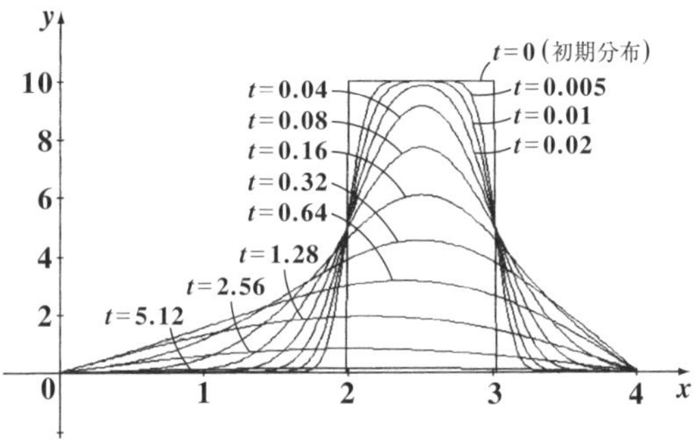

そして，このグラフは「**演習 フーリエ解析キャンパス・ゼミ**」で，フーリエ解析により解いた結果とほぼ完全に一致している。読者ご自身の目で確認されるといい。

演習問題 19 ● **1次元熱伝導方程式(断熱)(Ⅱ)** ●

温度 $y(x,\ t)$ (x：位置，t：時刻) について，次の 1 次元熱伝導方程式が与えられている。

$$\frac{\partial y}{\partial t} = \frac{\partial^2 y}{\partial x^2} \quad \cdots\cdots ① \quad (0 < x < 4,\ t > 0)$$ ← 定数 $\alpha = 1$

境界条件：$\dfrac{\partial y(0,\ t)}{\partial x} = \dfrac{\partial y(4,\ t)}{\partial x} = 0$ ← 断熱条件

初期条件：$y(x,\ 0) = \begin{cases} 10 & (2 \leqq x \leqq 3) \\ 0 & (0 \leqq x < 2,\ 3 < x \leqq 4) \end{cases}$

①を差分方程式(一般式)で表し，$\Delta x = 2\times10^{-2}$，$\Delta t = 4\times10^{-5}$ として，数値解析により，時刻 $t = 0.005$，0.01，0.02，0.04，0.08，0.16，0.32，0.64，1.28，2.56，5.12 (秒) における温度 y の分布のグラフを xy 平面上に図示せよ。

ヒント！ 境界条件を除いて，演習問題 18(P82) と同じ設定の 1 次元熱伝導方程式の問題だね。今回の境界条件は，両端点の $x=0$ と 4 において，$\dfrac{\partial y}{\partial x} = 0$ となる，すなわち，温度勾配が 0 で，外部との熱の出入りがない，断熱条件での温度 y の分布の経時変化を調べる問題になっている。この場合，数値解析プログラムでは，$y(0,\ t) = y(1,\ t)$ かつ $y(200,\ t) = y(199,\ t)$ とすればいいんだね。偏微分方程式がとても身近に感じられると思う。

解答＆解説

境界条件が，$\dfrac{\partial y(0,\ t)}{\partial x} = \dfrac{\partial y(4,\ t)}{\partial x} = 0$ (断熱条件) となっていること以外，演習問題 18(P82) とまったく同じ設定の 1 次元熱伝導方程式の問題なので，これを数値解析で解くプログラムも，40〜340 行まで，P83，P84 のプログラムと同じなので，これを省略して示す。

```
10 REM ------------------------------------------
20 REM   1次元熱伝導方程式(断熱) 6-2
30 REM ------------------------------------------
```

40〜340 行は省略する。(P83，P84 を参照)

```
350 N=128000
360 FOR K=1 TO N
370 FOR I=1 TO 199
380 Y(I)=Y(I)+(Y(I+1)+Y(I-1)-2*Y(I))*DT/(DX)^2
390 NEXT I
400 Y(0)=Y(1):Y(200)=Y(199):T=T+DT
410 FOR J=0 TO 10
420 IF K=(2^J)*125 THEN GOTO 460
430 NEXT J
440 NEXT K
450 STOP:END
460 PSET (FNU(0),FNV(Y(0)))
470 FOR I=1 TO 200
480 LINE -(FNU(I*DX),FNV(Y(I)))
490 NEXT I:GOTO 440
```

40～**340** 行は演習問題 **18** のプログラムと同じで，与えられた $\mathbf{X_{max}}$，$\mathbf{X_{min}}$，…などの値を基に xy 座標系を作り，$t=0$ のときの温度 y の初期条件で，与えられた分布を描く。

350 行で，**360**～**440** 行の大きな **FOR**～**NEXT(K)** 文の繰り返し計算の回数 **N** を $\mathbf{N}=\mathbf{128000}\left(=\dfrac{\mathbf{5.12}}{\Delta t}\right)$ として代入する。

360～**440** 行の大きな **FOR**～**NEXT(K)** 文の中に **2** つの小さな **FOR**～**NEXT** 文が存在する。まず **370**～**390** 行で $y_i(=\mathbf{Y(I)})$ $(i=1,\ 2,\ 3,\ \cdots,\ 199)$ の値を一般式により，更新する。

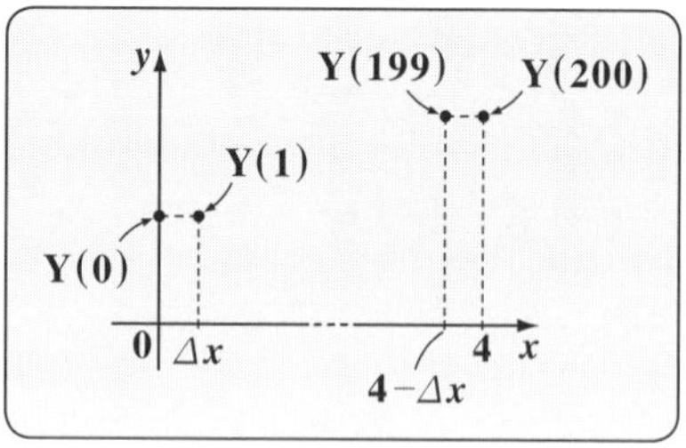

そして，**400** 行で，断熱条件としての境界条件，$x=0$ と **4** で $\dfrac{\partial y}{\partial x}=0$ を満足させるために，右図に示すように，$x=0$ と **4** 付近での温度勾配を **0** とするため $\mathbf{Y(0)=Y(1)}$，$\mathbf{Y(200)}$ $\mathbf{=Y(199)}$ とする。また，時刻 t も

$t = t + \Delta t$ により更新する。

410～430行の**FOR～NEXT(J)**文では，**K＝125，250，…，128000**のとき，すなわち t**＝0.005，0.01，…，5.12**のときのみ，この**FOR～NEXT(K)**文の計算ループを飛び出して，**460**行以降の処理により，これらの時刻における温度 y_i の分布のグラフを描く。その後，再び**440**行に飛んで，**FOR～NEXT(K)**文の計算ループに戻る。この計算ループが終わると，**450**行の**STOP**文と**END**文により，このプログラムを停止・終了する。

では，このプログラムを実行した結果得られる温度 y の分布のグラフを右図に示す。今回は両端点 $x=0$ と**4**で断熱されているので，t**＝0，0.005，0.01，0.02，…，5.12**(秒)と時刻の経過に伴って，温度 y が**2.5**(℃)$\left(= \frac{10}{4}\right)$の一様分布に近づいていく様子が，これらのグラフから分かる。

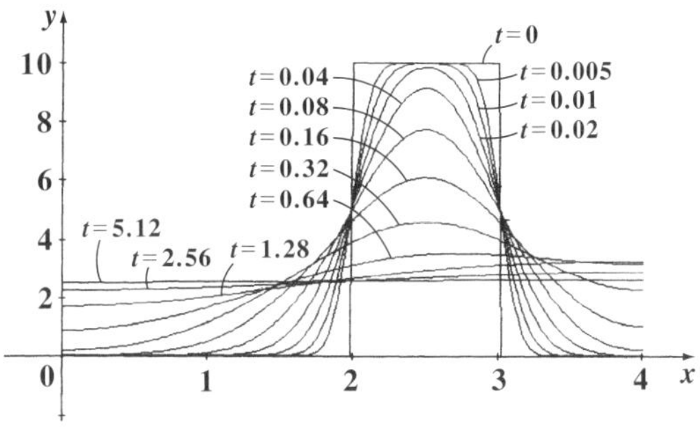

そして，このグラフも「**演習 フーリエ解析キャンパス・ゼミ**」で，フーリエ解析を使って，解析的に解いた結果とほぼ完全に一致している。このように，正しい計算手法を用いれば，まったく異なるアプローチで計算しても同じ結果が得られることが分かったんだね。

演習問題 20　● 1 次元熱伝導方程式(放熱)(Ⅲ) ●

温度 $y(x,\ t)$ (x : 位置，t : 時刻) について，次の 1 次元熱伝導方程式が与えられている。

$$\frac{\partial y}{\partial t} = \frac{\partial^2 y}{\partial x^2} \quad \cdots\cdots ① \quad (0 < x < 6,\ t > 0) \quad \leftarrow \text{定数}\ \alpha = 1$$

境界条件：$y(0,\ t) = y(6,\ t) = 0$　←放熱条件

$$\text{初期条件：} y(x,\ 0) = \begin{cases} 5 & (1 \leqq x \leqq 2) \\ 10 & (4 \leqq x \leqq 5) \\ 0 & (0 \leqq x < 1,\ 2 < x < 4,\ 5 < x \leqq 6) \end{cases}$$

①を差分方程式(一般式)で表し，$\Delta x = \frac{1}{30}$，$\Delta t = 4 \times 10^{-5}$ として，数値解析により，時刻 $t = 0.005,\ 0.01,\ 0.02,\ 0.04,\ 0.08,\ 0.16,\ 0.32,\ 0.64,\ 1.28,\ 2.56,\ 5.12$ (秒) における温度 y の分布のグラフを xy 平面上に図示せよ。

ヒント！ 今回は，$0 \leqq x \leqq 6$ で定義された棒状の物体の温度分布の経時変化の問題だと考えよう。初期条件より，$t = 0$ における温度 y の初期分布は右図のようになる。今回の境界条件は，両端点 $x = 0$，6 における温度が $y(0,\ t) = y(6,\ t) = 0$ より放熱条件になっている。①の差分方程式(一般式)を用いて，プログラムを組んでみよう。

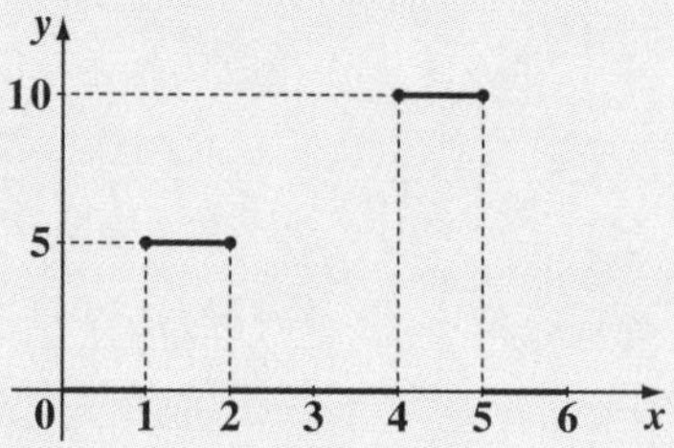

解答＆解説

①の差分方程式(一般式)は次のようになる。

$$\underbrace{y_i}_{\text{新温度}} = \underbrace{y_i}_{\text{旧温度}} + \frac{\Delta t}{(\Delta x)^2}(\underbrace{y_{i+1} + y_{i-1} - 2y_i}_{\text{旧温度}}) \quad \cdots\cdots ② \quad (i = 1,\ 2,\ \cdots,\ 179)$$

$\left(\Delta x = \frac{1}{30},\ 0 \leqq x \leqq 6 \text{ より，} \frac{6}{\Delta x} = 180 \quad \therefore y_i\ (i = 0,\ 1,\ 2,\ \cdots,\ 180) \text{となる。}\right)$

一般式②を用いて，この**1**次元熱伝導方程式を数値解析により解くためのプログラムを下に示す。

```
10 REM ------------------------------------------------
20 REM   1次元熱伝導方程式(放熱) 6-3
30 REM ------------------------------------------------
40 DIM Y(180)
50 CLS 3
60 XMAX=6.5#
70 XMIN=-.5#
80 DELX=1
90 YMAX=12
100 YMIN=-3
110 DELY=2
```

120～**250**行は，*xy*座標を作成するプログラムで，これは演習問題**18(P83, 84)**の**120**～**250**行のプログラムと同じである。

```
260 T=0:DT=4/100000:DX=1/30
270 FOR I=0 TO 180
280 Y(I)=0:NEXT I
290 FOR I=30 TO 60:Y(I)=5:NEXT I
300 FOR I=120 TO 150:Y(I)=10:NEXT I
310 PSET (FNU(0),FNV(Y(0)))
320 FOR I=1 TO 180
330 LINE -(FNU(I*DX),FNV(Y(I)))
340 NEXT I
350 N=128000
360 FOR K=1 TO N
370 FOR I=1 TO 179
380 Y(I)=Y(I)+(Y(I+1)+Y(I-1)-2*Y(I))*DT/(DX)^2
390 NEXT I
400 T=T+DT
```

```
410 FOR J=0 TO 10
420 IF K=(2^J)*125 THEN GOTO 460
430 NEXT J
440 NEXT K
450 STOP:END
460 PSET (FNU(0),FNV(Y(0)))
470 FOR I=1 TO 180
480 LINE -(FNU(I*DX),FNV(Y(I)))
490 NEXT I:GOTO 440
```

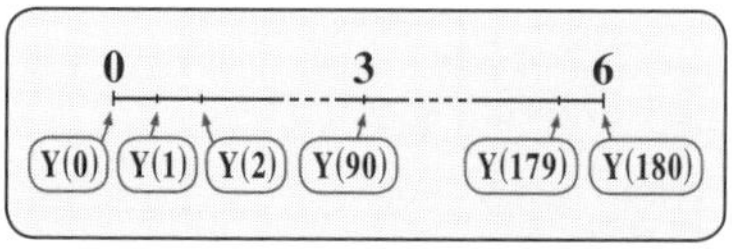

40行で，配列**Y(180)**を定義し，**Y(0)**，**Y(1)**，…，**Y(180)**により$0 \leqq x \leqq 6$を**180**等分して，その温度分布を調べる。

60～**110**行で$X_{max}=6.5$，$X_{min}=-0.5$，$\Delta\overline{X}=1$，$Y_{max}=12$，$Y_{min}=-3$，$\Delta\overline{Y}=2$を代入した。**120**～**250**行で，xy座標系を作成する。**260**行で，初めの時刻$t=0$，微小時間$\Delta t(=DT)=4\times10^{-5}$，微小な$\Delta x(=DX)=\frac{1}{30}$を代入した。これから，一般式における係数$\frac{\Delta t}{(\Delta x)^2}=\frac{4\times10^{-5}}{\left(\frac{1}{30}\right)^2}=0.036$となる。

270，**280**行で，まず，$y_i=0\ (i=0,\ 1,\ 2,\ \cdots,\ 180)$とした後，**290**行で$y_i=5\ (i=30,\ 31,\ \cdots,\ 60)$を代入し，**300**行で$y_i=10\ (i=120,\ 121,\ \cdots,\ 150)$として，温度$y_i$の初期分布を作る。

310行で，y_iの初期分布の最初の点$(fnu(0),\ fnv(y_0))$を表示した後，**320**～**340**行の**FOR**～**NEXT(I)**文で短い線分を連結して，y_iの初期分布のグラフを描く。

350行で，**N**=**128000**を代入して，その後の**FOR**～**NEXT(K)**文の繰り返し計算の回数とする。これは，$0 \leqq t \leqq 5.12$より，$N=\frac{5.12}{\Delta t}=\frac{5.12}{4\times10^{-5}}=128000$より導かれた回数である。

360～**440**行の大きな**FOR**～**NEXT(K)**文により，**K**=**1**，**2**，…，**128000**となるまで繰り返し計算を行う。この中には，**2**つの小さな**FOR**～**NEXT**文が含

まれている。

まず，**370～390** 行の **FOR～NEXT(I)** 文により，**I=1，2，…，179** と変化させながら y_i(=**Y(I)**)の値を一般式を使って更新する。ここで，y_0 と y_{180} の端点の温度は **270，280** 行で **0**(℃)を代入したまま更新することはない。これで放熱条件をみたす。**400** 行で，時刻 t を更新する。

410～430 行の **FOR～NEXT(J)** 文により，**J=0，1，2，…，10**，すなわち時刻 $t=\mathbf{K}\times\Delta t=0.005,\ 0.01,\ 0.02,\ \cdots,\ 5.12$(秒)のときのみ，この計算ループを飛び出して，**460** 行に行き，**460～490** 行で，そのときの温度 y_i の分布のグラフを描く。グラフを描いた後，**490** 行の **GOTO** 文により，**FOR～NEXT(K)** 文の最後の行に行って元の計算ループに復帰する。

この計算ループが終わると，**450** 行の **STOP** 文と **END** 文で，このプログラムを停止･終了する。

それでは，このプログラムを実行した結果得られる各時刻の温度 y の分布のグラフを右図に示す。$t=0$，**0.005，0.01，0.02，…，5.12**(秒)と，時刻の経過と共に，少し複雑な分布の形状を経るが最終的には $y=0$(℃)の一様分布に近づいていく様子が分かる。

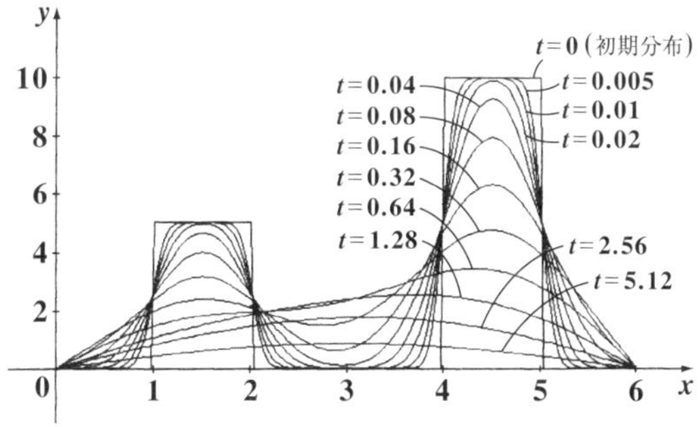

演習問題 21 ●1次元熱伝導方程式(断熱)(Ⅳ)●

温度 $y(x, t)$ (x：位置，t：時刻) について，次の1次元熱伝導方程式が与えられている。

$$\frac{\partial y}{\partial t} = \frac{\partial^2 y}{\partial x^2} \quad \cdots\cdots ① \quad (0 < x < 6,\ t > 0)$$ ←(定数 $\alpha = 1$)

境界条件：$\dfrac{\partial y(0, t)}{\partial x} = \dfrac{\partial y(6, t)}{\partial x} = 0$ ←(断熱条件)

初期条件：$y(x, 0) = \begin{cases} 5 & (1 \leqq x \leqq 2) \\ 10 & (4 \leqq x \leqq 5) \\ 0 & (0 \leqq x < 1,\ 2 < x < 4,\ 5 < x \leqq 6) \end{cases}$

①を差分方程式(一般式)で表し，$\Delta x = \dfrac{1}{30}$，$\Delta t = 4 \times 10^{-5}$ として，数値解析により，時刻 $t = 0.005$，0.01，0.02，0.04，0.08，0.16，0.32，0.64，1.28，2.56，5.12 (秒) における温度 y の分布のグラフを xy 平面上に図示せよ。

ヒント！ 境界条件が放熱条件から，断熱条件に変わっていること以外，演習問題 20 (P90) の1次元熱伝導方程式とまったく同じ設定の問題だね。すなわち $x = 0$ と 6 の両端点において $\dfrac{\partial y}{\partial x} = 0$ の断熱条件から，配列 Y(180) の中の両端点の温度 Y(0) と Y(180) をそれぞれこれより1つ内側の温度と等しくすればよい。つまり，Y(0) = (1)，Y(180) = Y(179) とすれば，これで数値解析プログラムの中では断熱条件を考慮したことになるんだね。

解答＆解説

境界条件が，$\dfrac{\partial y(0, t)}{\partial x} = \dfrac{\partial y(6, t)}{\partial x} = 0$ (断熱条件) となっていること以外，演習問題 20 (P90) と同じ設定の問題なので，この数値解析プログラムの内，40～340 行は前問のものと同じである。よって，これを省略して示す。

```
10 REM ---------------------------------------------
20 REM   1次元熱伝導方程式(断熱) 6-4
30 REM ---------------------------------------------
```

40～340 行は，**P91** のものと同じなので，省略する。

```
350 N=128000
360 FOR K=1 TO N
370 FOR I=1 TO 179
380 Y(I)=Y(I)+(Y(I+1)+Y(I-1)-2*Y(I))*DT/(DX)^2
390 NEXT I
400 Y(0)=Y(1):Y(180)=Y(179):T=T+DT
410 FOR J=0 TO 10
420 IF K=(2^J)*125 THEN GOTO 460
430 NEXT J
440 NEXT K
450 STOP:END
460 PSET (FNU(0),FNV(Y(0)))
470 FOR I=1 TO 180
480 LINE -(FNU(I*DX),FNV(Y(I)))
490 NEXT I:GOTO 440
```

40～340 行で，xy 座標系を作成し $t=0$ における温度 y_i(＝**Y(I)**) の初期分布のグラフを描かせた。また，配列 **Y(180)** を定義して，初めの時刻 $t=0$，微小時間 Δt(＝**DT**)$=4\times10^{-5}$，微小な Δx(＝**DX**)$=\dfrac{1}{30}$ を代入した。

350 行で，次の大きな **FOR～NEXT(K)** 文の繰り返し計算の回数 **N** を $N=\dfrac{5.12}{\Delta t}=128000$ として代入した。

360～440 行の大きな **FOR～NEXT(K)** 文の中には **2** つの小さな **FOR～NEXT** 文が含まれている。

370～390 行の **FOR～NEXT(I)** 文により，温度 y_i(＝**Y(I)**) ($i=1, 2, 3, \cdots, 179$) の値を更新した。**400** 行で断熱条件をみたすように **Y(0)＝Y(1)**，**Y(180)＝Y(179)** とし，時刻 t も，$t=t+\Delta t$ (**T＝T＋DT**) により更新した。

410～430 行の **FOR～NEXT(J)** 文により，**J＝0，1，2，…，10** と動かし，これに対応する **K**，すなわち t＝**0.005，0.01，0.02，…，5.12**（秒）のときのみ，この計算ループから飛び出して **460** 行に行き，これ以降の処理によって，それぞれの時刻における温度 y の分布グラフを描く。各グラフを描く毎に **490** 行の **GOTO** 文で，大きな **FOR～NEXT(K)** 文の最後の行に戻り，この後，ループ計算を行う。このループ計算が **K＝N**（＝**128000**）回まで行なわれると，次の **450** 行に移り，**STOP** 文と **END** 文で，このプログラムを停止・終了する。

それでは，このプログラムを実行した結果得られる各時刻の温度 y の分布のグラフを右図に示す。t＝**0**，**0.005**，**0.01**，**0.02**，…，**5.12**（秒）と，時刻の経過と共に，少し複雑な形状を経て，y＝**2.5**（℃）の一様分布 $\left(\frac{5\times1+10\times1}{6}=\frac{5}{2}\right)$ に近づいていくことが分かる。

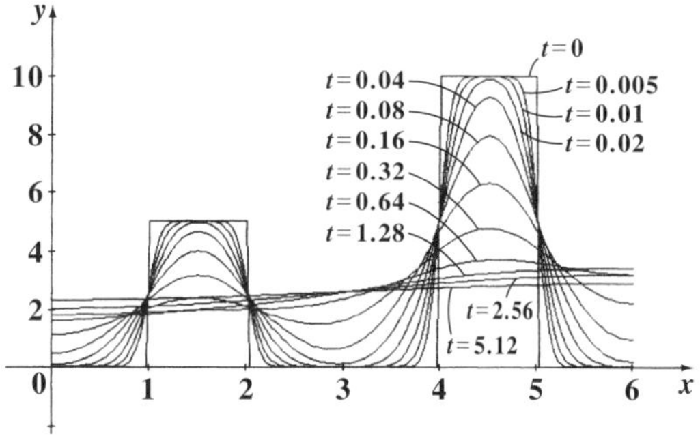

これらのグラフは，「**演習 フーリエ解析キャンパス・ゼミ**」でフーリエ解析により解析的に解いた結果のグラフと完全に一致している。これも，興味のある方は確認されるといいと思う。

演習問題 22　● 1次元熱伝導方程式（放熱・断熱）(V) ●

温度 $y(x,\ t)$ （x：位置，t：時刻）について，次の **1** 次元熱伝導方程式が与えられている。

$$\frac{\partial y}{\partial t}=\frac{5}{4}\cdot\frac{\partial^2 y}{\partial x^2}\ \cdots\cdots①\quad(0<x<5,\ t>0)$$　← 定数 $\alpha=\frac{5}{4}$

境界条件：$y(0,\ t)=0,\ \frac{\partial y(5,\ t)}{\partial x}=0$　← $x=0$ で放熱条件　$x=5$ で断熱条件

初期条件：$$y(x,\ 0)=\begin{cases}5(x-1) & (1\leqq x\leqq 3)\\ 10(4-x) & (3<x\leqq 4)\\ 0 & (0\leqq x<1,\ 4<x\leqq 5)\end{cases}$$

①を差分方程式（一般式）で表し，$\Delta x=\frac{1}{40}$，$\Delta t=\frac{1}{20000}$ として，数値解析により，時刻 $t=$ **0.005，0.01，0.02，0.04，0.08，0.16，0.32，0.64，1.28，2.56，5.12**（秒）における温度 y の分布のグラフを xy 平面上に図示せよ。

ヒント！ $0\leqq x\leqq 5$ で定義された棒状の物体の温度分布の経時変化を調べる問題だと考えよう。まず，初期条件より，時刻 $t=0$ における温度 y の初期分布を右図に示す。今回の境界条件は，(i) $x=0$ の端点では，放熱条件より，$y=0$ であり，また，(ii) $x=5$ の端点では，断熱条件より，$\frac{\partial y}{\partial x}=0$ となる。

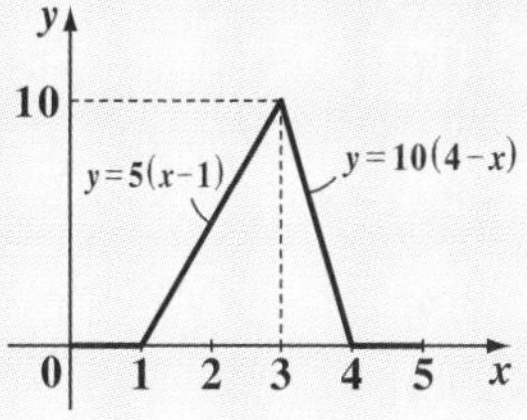

$\Delta x=\frac{1}{40}$，$0\leqq x\leqq 5$ より，$\frac{5}{\Delta x}=200$ より，今回は配列 $Y(200)$ を定義して利用しよう。

解答＆解説

①の差分方程式は $\frac{y_i(t+\Delta t)-y_i(t)}{\Delta t}=\frac{5}{4}\cdot\frac{1}{(\Delta x)^2}(y_{i+1}+y_{i-1}-2y_i)$ より，

$$\underbrace{y_i}_{\text{新温度}} = \underbrace{y_i}_{\text{旧温度}} + \frac{5\cdot\Delta t}{4\cdot(\Delta x)^2}(\underbrace{y_{i+1}+y_{i-1}-2y_i}_{\text{旧温度}}) \quad \cdots\cdots ②$$

となる。

②を，温度 $y_i(=\mathbf{Y(I)})$ を更新する一般式として用いる。②の右辺第 **2** 項の係数 $\frac{5\cdot\Delta t}{4\cdot(\Delta x)^2}$ は，$\Delta x = \frac{1}{40}$，$\Delta t = \frac{1}{20000}$ より，

$$\frac{5\cdot\Delta t}{4\cdot(\Delta x)^2} = \frac{5\cdot\frac{1}{20000}}{4\cdot\left(\frac{1}{40}\right)^2} = \frac{5}{4}\cdot\frac{40^2}{20000} = \frac{5\times400}{20000} = \frac{1}{10}$$

である。

それでは，今回の **1** 次元熱伝導方程式を数値解析により解くための **BASIC** プログラムを下に示す。

```
10 REM -------------------------------------------------
20 REM   1次元熱伝導方程式(放熱·断熱) 6-5
30 REM -------------------------------------------------
40 DIM Y(200)
50 CLS 3
60 XMAX=5.5#
70 XMIN=-.5#
80 DELX=1
90 YMAX=12
100 YMIN=-3
110 DELY=2
```

120〜**250** 行は，xy 座標系を作成するプログラムで，これは演習問題 **18** **(P83，84)** の **120**〜**250** 行のプログラムと同じである。

```
260 T=0:DT=1/20000:DX=1/40:A=5/4
270 FOR I=0 TO 200
280 Y(I)=0:NEXT I
290 FOR I=40 TO 120:Y(I)=5*(I/40-1):NEXT I
300 FOR I=120 TO 160:Y(I)=10*(4-I/40):NEXT I
```

```
310 PSET (FNU(0),FNV(Y(0)))
320 FOR I=1 TO 200
330 LINE -(FNU(I*DX),FNV(Y(I)))
340 NEXT I
350 N=102400
360 FOR K=1 TO N
370 FOR I=1 TO 199
380 Y(I)=Y(I)+A*(Y(I+1)+Y(I-1)-2*Y(I))*DT/(DX)^2
390 NEXT I
400 Y(200)=Y(199):T=T+DT
410 FOR J=0 TO 10
420 IF K=(2^J)*100 THEN GOTO 460
430 NEXT J
440 NEXT K
450 STOP:END
460 PSET (FNU(0),FNV(Y(0)))
470 FOR I=1 TO 200
480 LINE -(FNU(I*DX),FNV(Y(I)))
490 NEXT I:GOTO 440
```

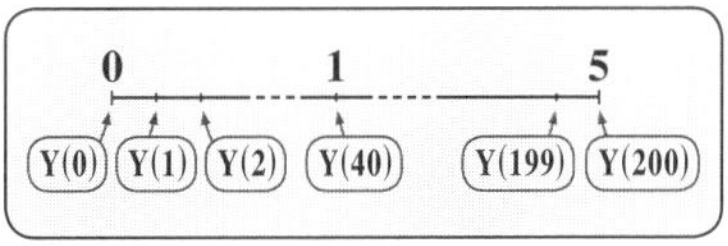

まず，**40** 行で **Y(200)** を定義して **Y(0)**，**Y(1)**，**Y(2)**，**Y(3)**，…，**Y(200)** により，$0 \leqq x \leqq 5$ の区間を **200** 等分して，それぞれの温度分布を調べることにする。

60～**110** 行で $X_{max} = 5.5$，$X_{min} = -0.5$，$\Delta\overline{X} = 1$，$Y_{max} = 12$，$Y_{min} = -3$，$\Delta\overline{Y} = 2$ を代入した。

120～**250** 行の xy 座標系を作成するプログラムは，演習問題 **18** のものと同じである。

260 行で初めの時刻 $t = 0$ と，微小時間 $\Delta t(=\mathrm{DT}) = \frac{1}{20000}$，微小な $\Delta x(=\mathrm{DX}) = \frac{1}{40}$ と，定数 $a = \frac{5}{4}$ を代入した。

270，280 行で，$y_i=0$ $(i=0, 1, 2, \cdots, 200)$ として，まず，すべての y_i $(=\mathrm{Y(I)})$ を 0 とした。

290 行で，$y_i=5\left(\frac{i}{40}-1\right)$ $(i=40, 41, 42, \cdots, 120)$ とし，

300 行で $y_i=10\left(4-\frac{i}{40}\right)$ $(i=120, 121, 122, \cdots, 160)$ として，右図に示すように y_i $(=\mathrm{Y(I)})$ の初期分布を作った。

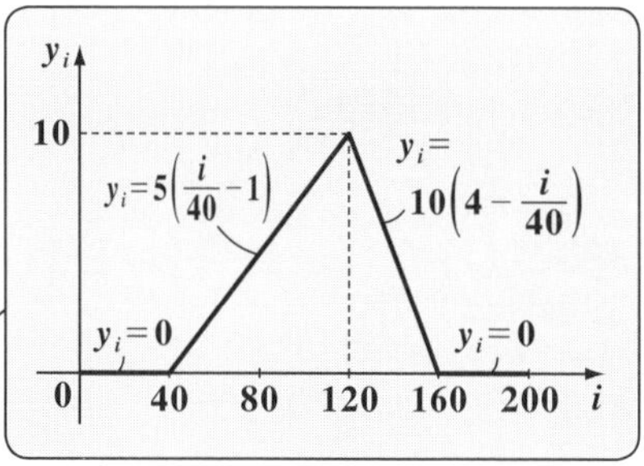

310 行で，初期分布の最初の点 $(fnu(0), fnv(y_0))$ を表示し，320～340 行の FOR～NEXT(I) 文により短い線分を連結して，y の初期分布を xy 平面上に描いた。

350 行で，その次の大きな FOR～NEXT(K) 文のループ計算の繰り返しの回数 N を N＝102400 として，代入した。これは，$\Delta t=\dfrac{1}{20000}$，$0 \leqq t \leqq 5.12$ より，$\mathrm{N}=\dfrac{5.12}{\Delta t}=5.12\times 20000$ から求めたものである。

360～440 行の大きな FOR～NEXT(K) 文により，K＝1，2，3，…，N となるまでループ計算を行う。この中には，2 つの小さな FOR～NEXT 文が存在している。

370～390 行の FOR～NEXT(I) 文により，Δt 毎に，一般式を用いて，温度 y_i $(i=1, 2, 3, \cdots, 199)$ の更新を行う。

400 行で，Y(200)＝Y(199) とし，時刻 t も $t=t+\Delta t$ により更新する。これは，右図に示すように，$x=0$ における放熱条件により，y_0 は常に $y_0=0$ $(\mathrm{Y(0)=0})$ に保存され，$x=5$ における断熱条件により，常に $y_{200}=y_{199}$ $(\mathrm{Y(200)=Y(199)})$ が満たされるようにしたものである。

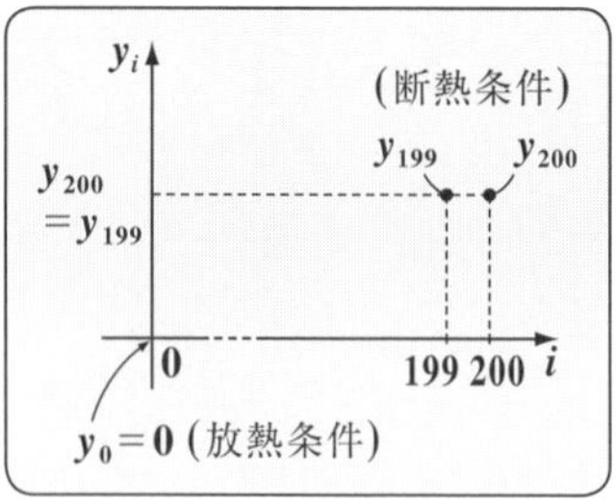

410～430 行の **FOR～NEXT(J)** 文により，**J＝0，1，2，…，10** のとき，すなわち **420** 行で **K＝1×100，2×100，4×100，…，1024×100** のとき，さらにこれは，$t=\mathbf{K}\times\Delta t=\frac{\mathbf{K}}{20000}=$ **0.005，0.01，0.02，…，5.12**(秒)のときのみ，この **FOR～NEXT(K)** の計算ループから飛び出して，**460** 行に行く。**460～490** 行で，それぞれの時刻における温度 y の分布のグラフを xy 平面上に描く。グラフを描いた後，**490** 行の **GOTO** 文により，**FOR～NEXT(K)** 文の最後の行である **440** 行に戻り，この計算ループに復帰する。**FOR～NEXT(K)** 文が **K＝N(＝102400)** まで計算を終了すると，**450** 行の **STOP** 文と **END** 文により，このプログラム全体を停止・終了する。

それでは，このプログラムを実行した結果得られる各時刻の温度 y の分布のグラフを右図に示す。$t=0$，**0.005，0.01，0.02，…，5.12**(秒)と時刻が経過していくと，$x=5$ の端点では断熱(保温)されているためある程度，温度は保たれるが，$x=0$ の端点で熱が放出されていくため，最終的には，$y=0$ (℃) の一様分布に近づいていく様子が分かる。

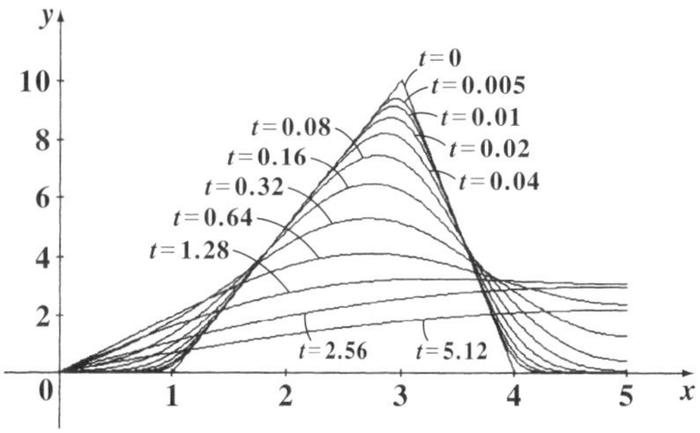

このように，数値解析を利用すれば，端点毎に，放熱条件と断熱条件が別々に設定されても，容易に計算して結果を示すことができる。

講義 Lecture 3 2次元熱伝導方程式 methods & formulae

§1. 3次元座標系のグラフの作成

右図に示すように，まず，BASICの uv 座標平面 $(0 \leqq u \leqq 640,\ 0 \leqq v \leqq 400)$ 上に，OXYZ座標系を描き，各軸の目盛り $\varDelta\overline{X}$, $\varDelta\overline{Y}$, $\varDelta\overline{Z}$ 毎に短い目盛り線を入れることにする。

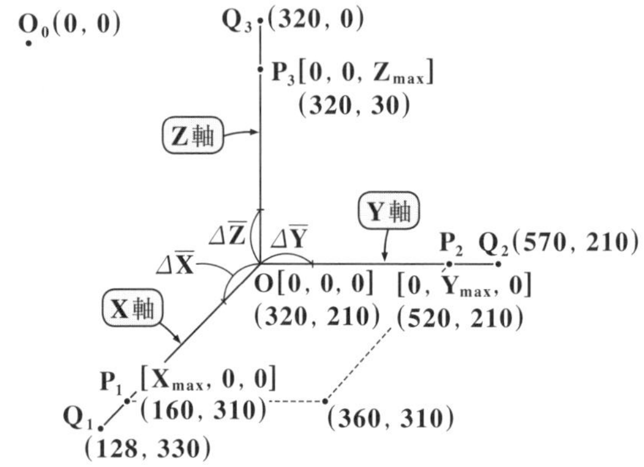

右図は，uv 座標上の点は $(u_1,\ v_1)$ のように示し，これを xyz 座標で表すときは，$[X_1,\ Y_1,\ Z_1]$ のように表していこう。原点 O[0, 0, 0] を点 (320, 210) にとり，X軸を OQ_1，Y軸を OQ_2，Z軸を OQ_3 で表す。このとき，$Q_1(128,\ 330)$，$Q_2(570,\ 210)$，$Q_3(320,\ 0)$ とした。

次に，3次元のグラフを表す範囲を，$0 \leqq X \leqq X_{max}$，$0 \leqq Y \leqq Y_{max}$，$0 \leqq Z \leqq Z_{max}$ とする。このとき，点 $P_1[X_{max},\ 0,\ 0]$，$P_2[0,\ Y_{max},\ 0]$，$P_3[0,\ 0,\ Z_{max}]$ は uv 座標で順に (160, 310)，(520, 210)，(320, 30) にとることにする。

このとき，XYZ座標系の任意の点 R を R[X, Y, Z] とおき，これを uv 座標で表すことにする。まず，O(320, 210) を基準点に考えると，

$$\overrightarrow{OR} = [X,\ Y,\ Z] = \frac{X}{X_{max}}\underbrace{\overrightarrow{OP_1}}_{(-160,\ 100)} + \frac{Y}{Y_{max}}\underbrace{\overrightarrow{OP_2}}_{(200,\ 0)} + \frac{Z}{Z_{max}}\underbrace{\overrightarrow{OP_3}}_{(0,\ -180)} \quad \cdots\cdots①$$ である。 ← $(u,\ v)$ 成分表示

ここで，uv 平面の原点 $O_0(0,\ 0)$ を基準点として，$\overrightarrow{O_0R}$ を求めると，

$$\overrightarrow{O_0R} = \underbrace{\overrightarrow{O_0O}}_{(320,\ 210)} + \overrightarrow{OR} \quad \cdots\cdots②$$ となる。②に①を代入して，

$$\overrightarrow{O_0R} = (\underline{u},\ \underline{\underline{v}}) = (320,\ 210) + \frac{X}{X_{max}}(-160,\ 100) + \frac{Y}{Y_{max}}(200,\ 0) + \frac{Z}{Z_{max}}(0,\ -180)$$

$$= \left(\underline{320 - \frac{160X}{X_{max}} + \frac{200Y}{Y_{max}}},\ \underline{\underline{210 + \frac{100X}{X_{max}} - \frac{180Z}{Z_{max}}}}\right)$$

これから，(u, v) を $\mathbf{R}[\mathbf{X}, \mathbf{Y}, \mathbf{Z}]$ で表すと，

$u(\mathbf{X}, \mathbf{Y}) = 320 - \dfrac{160\mathbf{X}}{\mathbf{X}_{max}} + \dfrac{200\mathbf{Y}}{\mathbf{Y}_{max}}$，$v(\mathbf{X}, \mathbf{Z}) = 210 + \dfrac{100\mathbf{X}}{\mathbf{X}_{max}} - \dfrac{180\mathbf{Z}}{\mathbf{Z}_{max}}$ となるので，

BASIC プログラムでは，これらを **FNU(X, Y), FNV(X, Z)** と定義して利用する。

これから，たとえば，**X** 軸上の目盛りを付ける点 $[i \times \Delta\overline{\mathbf{X}}, 0, 0]$ $(i = 1, 2, \cdots)$

を uv 座標で表すと，$(\mathbf{FNU}(\underbrace{i \times \Delta\overline{\mathbf{X}}}_{\mathbf{X}}, \underbrace{0}_{\mathbf{Y}}), \mathbf{FNV}(\underbrace{i \times \Delta\overline{\mathbf{X}}}_{\mathbf{X}}, \underbrace{0}_{\mathbf{Z}}))$ $(i = 1, 2, \cdots)$ となる。

よって，この上下に **3** 画素分ずつとった短い線分を引いて目盛り線とする。

Y 軸，**Z** 軸の目盛り線も同様に付けることにする。

§2. 2次元熱伝導方程式

2 次元平面上の物体の温度 $z(x, y, t)$ $(x, y$：位置，t：時刻$)$ とおくと，これは，次の **2** 次元熱伝導方程式で表すことができる。

$\dfrac{\partial z}{\partial t} = \alpha\left(\dfrac{\partial^2 z}{\partial x^2} + \dfrac{\partial^2 z}{\partial y^2}\right)$ ……③ (α：正の定数 (温度伝導率))

③の **2** 次元熱伝導方程式を離散的に変形すると，

$$\frac{\overbrace{z_{i,j}(t+\Delta t)}^{\text{新温度}} - \overbrace{z_{i,j}(t)}^{\text{旧温度}}}{\Delta t} = \alpha\left(\frac{z_{i+1,j} + z_{i-1,j} - 2z_{i,j}}{(\Delta x)^2} + \frac{z_{i,j+1} + z_{i,j-1} - 2z_{i,j}}{\underbrace{(\Delta y)^2}_{(\Delta x)^2\ (\because \Delta x = \Delta y \text{とする})}}\right) \text{より，}$$

ここで，$\Delta x = \Delta y$ とおくと，③の差分方程式：

$$\underbrace{z_{i,j}}_{\text{新温度}} = \underbrace{z_{i,j}}_{\text{旧温度}} + \frac{\alpha \cdot \Delta t}{(\Delta x)^2}(z_{i+1,j} + z_{i-1,j} + z_{i,j+1} + z_{i,j-1} - 4z_{i,j}) \quad \cdots\cdots④ \text{ が導ける。}$$

2 次元熱伝導方程式では，xy 平面上の物体の温度分布の経時変化を調べるため，z は **3** 変数 x, y, t の関数であり，これを数値解析プログラムで解く際，たとえば，配列 $z(40, 40)$ のように **2** 次元の配列を利用する。よって，この場合，$z_{i,j} = z(\mathbf{I}, \mathbf{J})$ $(i = 0, 1, 2, \cdots, 40,\ j = 0, 1, 2, \cdots, 40)$ になる。したがって，④を **BASIC** プログラムの形で表すと，

$$\underbrace{\mathbf{Z(I, J)}}_{\text{新温度}} = \underbrace{\mathbf{Z(I, J)}}_{\text{旧温度}} + \mathbf{A*(Z(I+1, J) + Z(I-1, J) + Z(I, J+1) + Z(I, J-1) -}$$

4*Z(I, J))*DT/(DX)^2 ……④´ となる。

(ただし，α は **A** で，Δt は **DT** で，Δx は **DX** で表している。)

差分方程式を基に④´の一般式を用いることにより，温度 $z_{i,j}=z(\mathbf{I},\ \mathbf{J})$ を計算して，更新する。

この一般式④´における係数 $\dfrac{\mathbf{A*DT}}{\mathbf{(DX)^{\wedge 2}}}$ について，この値が大きいと数値計算による誤差が大きくなるので，これは大体 $\dfrac{1}{10}$ 以下となるように取ると良い。

(ex)　$\mathbf{A}=\dfrac{1}{2}$，$\mathbf{DX}=\dfrac{1}{40}$ のとき，微小時間 **DT** は，

$$\frac{\mathbf{A\cdot DT}}{(\varDelta x)^2}=\frac{\frac{1}{2}\cdot\mathbf{DT}}{\left(\frac{1}{40}\right)^2}=800\cdot\mathbf{DT}\leqq\frac{1}{10}$$ より，$\mathbf{DT}\leqq\dfrac{1}{8000}$ となるようにする。

たとえば，この場合，$\mathbf{DT}=10^{-4}$ などとすればいい。

2 次元熱伝導方程式：$\dfrac{\partial z}{\partial t}=\alpha\left(\dfrac{\partial^2 z}{\partial x^2}+\dfrac{\partial^2 z}{\partial y^2}\right)$ ……③ を解く場合，

1 次元の熱伝導方程式のときと同様に，境界条件と初期条件が与えられ，これらを基に数値解析により解いていく。

(ex)　$\dfrac{\partial z}{\partial t}=\dfrac{\partial^2 z}{\partial x^2}+\dfrac{\partial^2 z}{\partial y^2}$ ……ⓐ $(0<x<4,\ 0<y<4,\ t>0)$ ← 定数 $\alpha=1$

境界条件：$z(0,\ y,\ t)=z(4,\ y,\ t)=z(x,\ 0,\ t)=z(x,\ 4,\ t)=0$

境界の温度がすべて **0** より，これは放熱条件である。

初期条件：$z(x,\ y,\ 0)=\begin{cases}-5x+15 & (1<x<3,\ 0<y<2)\\ 0 & \left(\begin{array}{l}0\leqq x\leqq 4\quad 0\leqq y\leqq 4\ \text{の内}\\ \text{上記以外の範囲}\end{array}\right)\end{cases}$

この ⓐ の境界条件が

$\dfrac{\partial z(0,\ y,\ t)}{\partial x}=\dfrac{\partial z(4,\ y,\ t)}{\partial x}=0$ かつ

$\dfrac{\partial z(x,\ 0,\ t)}{\partial y}=\dfrac{\partial z(x,\ 4,\ t)}{\partial y}=0$ のとき，これは断熱条件である。

数値解析を用いれば，境界が長方形などの規則的な形だけでなく，三角形や凹多角形など不規則な形の場合でも，解くことができる。

§3. 2次元ラプラスの方程式

2次元熱伝導方程式：$\underbrace{\frac{\partial z}{\partial t}}_{0} = \alpha\left(\frac{\partial^2 z}{\partial x^2} + \frac{\partial^2 z}{\partial y^2}\right)$ ……③ において，時刻 t に関わらず z が定常状態になると，$\frac{\partial z}{\partial t} = 0$ となる。これを③に代入して，両辺を $\alpha(>0)$ で割ると，

$\frac{\partial^2 z}{\partial x^2} + \frac{\partial^2 z}{\partial y^2} = 0$ ……⑤ が導ける。

このとき，z はもはや時刻 t の関数ではなく，x と y のみの2変数関数 $z(x, y)$ となる。

この⑤の微分方程式を“**ラプラスの方程式**”と呼び，これを満たす関数 $z = f(x, y)$ のことを**調和関数**（ちょうわ）という。

⑤の差分方程式を求めてみると，

$$\frac{z_{i+1,j} + z_{i-1,j} - 2z_{i,j}}{(\Delta x)^2} + \frac{z_{i,j+1} + z_{i,j-1} - 2z_{i,j}}{\underbrace{(\Delta y)^2}_{(\Delta x)^2}} = 0 \quad \cdots\cdots ⑥$$

ここで，$\Delta x = \Delta y$ とおき，⑥の両辺に $(\Delta x)^2\left(=(\Delta y)^2\right)$ をかけると，

$z_{i+1,j} + z_{i-1,j} + z_{i,j+1} + z_{i,j-1} - 4z_{i,j} = 0$ より，

$z_{i,j} = \frac{1}{4}\left(z_{i+1,j} + z_{i-1,j} + z_{i,j+1} + z_{i,j-1}\right)$

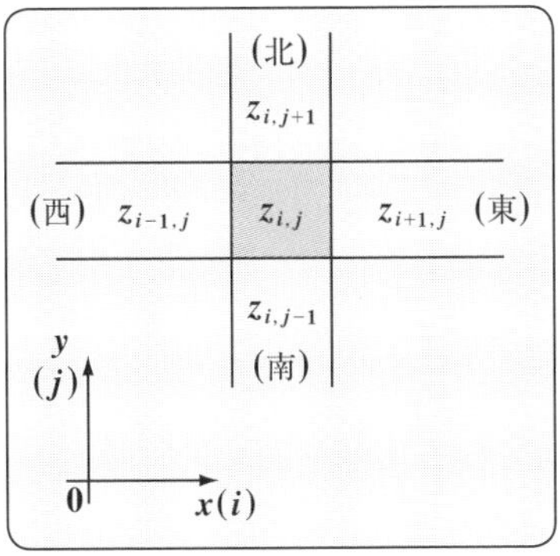

が導ける。これは $z_{i,j}$ の値が右図に示すように，常に東・西・南・北の4つの z の値をたして4で割ったもの，つまり，まわりの4つの関数の値の相加平均が $z_{i,j}$ になることを示している。

したがって，⑤のラプラスの方程式をみたす関数 z は滑らかでなだらかな曲面のグラフを描くことになる。これから，ラプラスの方程式をみたす関数 $z(x, y)$ が調和関数と呼ばれる理由が，ご理解頂けたと思う。

この調和関数 $z(x, y)$ も数値解析を利用して求めることができる。

演習問題 23　● xyz 座標系の作成 ●

右図に示すように，BASIC の画面上の uv 座標系 $(0 \leqq u \leqq 640,\ 0 \leqq v \leqq 400)$ に，目盛り幅 $\Delta\overline{X}$ の目盛りと最大値 X_{max} の付いた X 軸と，目盛り幅 $\Delta\overline{Y}$ の目盛りと Y_{max} の付いた Y 軸，および目盛り幅 $\Delta\overline{Z}$ の目盛りと最大値 Z_{max} の付いた Z 軸からなる XYZ 座標系を，次の与えられた X_{max}，$\Delta\overline{X}$，Y_{max}，$\Delta\overline{Y}$，Z_{max}，$\Delta\overline{Z}$ の値を基にして描け。

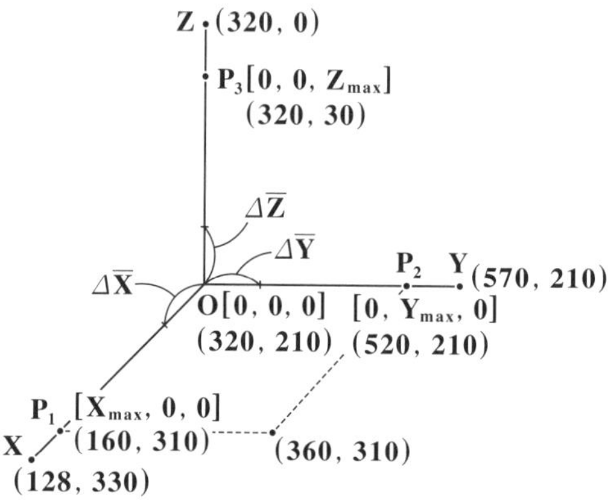

(ただし，上図の点の内，XYZ 座標系の点は [X, Y, Z] などと表し，uv 座標系の点は $(u,\ v)$ などと表している。)

(1) $X_{max}=4$，$\Delta\overline{X}=1$，$Y_{max}=5$，$\Delta\overline{Y}=1$，$Z_{max}=6$，$\Delta\overline{Z}=1$

(2) $X_{max}=10$，$\Delta\overline{X}=2$，$Y_{max}=8$，$\Delta\overline{Y}=2$，$Z_{max}=9$，$\Delta\overline{Z}=3$

ヒント！ uv 平面上に，XYZ 座標系を描く問題だね。ここで $[X,\ Y,\ Z] \rightarrow (u,\ v)$ の変換公式は，$fnu(X,\ Y)=320-\dfrac{160X}{X_{max}}+\dfrac{200Y}{Y_{max}}$，$fnv(X,\ Z)=210+\dfrac{100X}{X_{max}}-\dfrac{180Z}{Z_{max}}$ を利用して，目盛り付きの XYZ 座標系を作成しよう。

解答＆解説

XYZ 座標系の任意の点 R[X, Y, Z] を uv 座標系で表す。

まず，O(320, 210) を基準点として，$\overrightarrow{OR}$ は，

$$\overrightarrow{OR}=[X,\ Y,\ Z]=\frac{X}{X_{max}}\overrightarrow{OP_1}+\frac{Y}{Y_{max}}\overrightarrow{OP_2}+\frac{Z}{Z_{max}}\overrightarrow{OP_3} \quad \cdots\cdots ①$$ となる。

uv 平面の原点を O_0 とおき，O_0 を基準点として $\overrightarrow{O_0R}=(u,\ v)$ を求めると，① より，

$$\overrightarrow{O_0R} = (u,\ v) = \underbrace{\overrightarrow{O_0O}}_{(320,\ 210)} + \underbrace{\overrightarrow{OR}}_{(①より)}$$

$$= (320,\ 210) + \frac{X}{X_{max}}\underbrace{\overrightarrow{OP_1}}_{(-160,\ 100)} + \frac{Y}{Y_{max}}\underbrace{\overrightarrow{OP_2}}_{(200,\ 0)} + \frac{Z}{Z_{max}}\underbrace{\overrightarrow{OP_3}}_{(0,\ -180)}$$

$$= (320,\ 210) + \left(-\frac{160X}{X_{max}},\ \frac{100X}{X_{max}}\right) + \left(\frac{200Y}{Y_{max}},\ 0\right) + \left(0,\ -\frac{180Z}{Z_{max}}\right)$$

$$= \left(320 - \frac{160X}{X_{max}} + \frac{200Y}{Y_{max}},\ 210 + \frac{100X}{X_{max}} - \frac{180Z}{Z_{max}}\right)$$

以上より，**XYZ**座標系の点**[X，Y，Z]**をuv平面の点$(u,\ v)$に変換する公式を$fnu(X,\ Y)$と$fnv(X,\ Z)$とおくと，これらは**BASIC**では次のように定義して用いることができる。

DEF FNU(X，Y)＝320−160*X/XMAX＋200*Y/YMAX

DEF FNV(X，Z)＝210＋100*X/XMAX−180*Z/ZMAX

それでは，これらの式も利用して，uv平面上に**XYZ**座標系を描いてみよう。

(1) $X_{max}=4$，$\Delta \overline{X}=1$，$Y_{max}=5$，$\Delta \overline{Y}=1$，$Z_{max}=6$，$\Delta \overline{Z}=1$のとき，**XYZ**座標系を作成するプログラムを下に示す。

```
10 REM ------------------------------
20 REM  演習 3次元座標系
30 REM ------------------------------
40 XMAX=4
50 DELX=1
60 YMAX=5
70 DELY=1
80 ZMAX=6
90 DELZ=1
100 CLS 3
110 DEF FNU(X,Y)=320-160*X/XMAX+200*Y/YMAX
120 DEF FNV(X,Z)=210+100*X/XMAX-180*Z/ZMAX
```

```
130 LINE (320,210)-(320,0)    ←Z軸
140 LINE (320,210)-(128,330) ←X軸
150 LINE (320,210)-(570,210) ←Y軸
160 LINE (160,310)-(360,310),,,2
170 LINE (520,210)-(360,310),,,2
180 N=INT(XMAX/DELX)
190 FOR I=1 TO N
200 LINE (FNU(I*DELX,0),FNV(I*DELX,0)-3)-(FNU(I*DELX,
0),FNV(I*DELX,0)+3)
210 NEXT I
220 N=INT(YMAX/DELY)
230 FOR I=1 TO N
240 LINE (FNU(0,I*DELY),FNV(0,0)-3)-(FNU(0,I*DELY),FNV
(0,0)+3)
250 NEXT I
260 N=INT(ZMAX/DELZ)
270 FOR I=1 TO N
280 LINE (FNU(0,0)-3,FNV(0,I*DELZ))-(FNU(0,0)+3,FNV(0,
I*DELZ))
290 NEXT I
```

40～**90**行で，$X_{max}=4$，$\Delta\overline{X}=1$，$Y_{max}=5$，$\Delta\overline{Y}=1$，$Z_{max}=6$，$\Delta\overline{Z}=1$を代入して，**100**行で画面をクリアにし，**110**，**120**行で**XYZ**座標系の点**[X，Y，Z]**を***uv***座標系の点(***u***，***v***)に変換する関数***fnu***(**X**，**Y**)と***fnv***(**X**，**Z**)を定義した。

130行で**Z**軸を引き，**140**行で**X**軸を引き，**150**行で**Y**軸を引いた。

160，**170**行では，点[X_{max}，**0**，**0**]から**Y**軸に平行な点線を引き，点[**0**，Y_{max}，**0**]から**X**軸に平行な点線をそれぞれ引いた。

180行で，**X**軸に付ける目盛りの個数**N**を求め，**190**～**210**行の**FOR**～**NEXT**(**I**)文で，**X**軸の目盛りの位置に上下**3**画素分ずつの短い線分を引いて目盛りとした。

220行で，**Y**軸に付ける目盛りの個数**N**を求め，**230**～**250**行の**FOR**～**NEXT**(**I**)文で，**Y**軸の目盛りの位置に上下**3**画素分ずつの短い線分を引いて目盛りとした。

260行で，**Z**軸に付ける目盛りの個数**N**を求め，**270**～**290**行の**FOR**～**NEXT**(**I**)文で，**Z**軸の目盛りの位置に左右**3**画素分ずつの短い線分を引いて目盛りとした。

それでは，このプログラムを実行した結果得られる **XYZ** 座標系を右図に示す。(ただし，矢印と x，y，z と数値は後で書き加えたものである。)

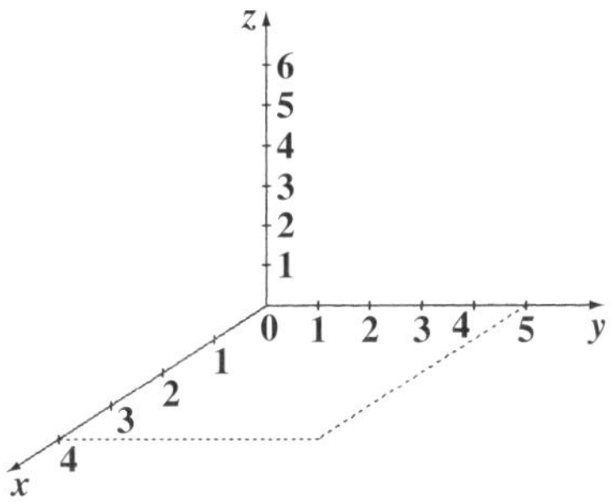

(2) $X_{max} = 10$，$\Delta\overline{X} = 2$，$Y_{max} = 8$，$\Delta\overline{Y} = 2$，$Z_{max} = 9$，$\Delta\overline{Z} = 3$ のとき，**XYZ** 座標系を作成するプログラムは，これらを代入するための **40**～**90** 行を以下のように変更すればよい。他は，**(1)** のプログラムとまったく同じである。

```
40 XMAX=10
50 DELX=2
60 YMAX=8
70 DELY=2
80 ZMAX=9
90 DELZ=3
```

それでは，このプログラムを実行した結果得られる **XYZ** 座標系を右図に示す。(ただし，矢印と x，y，z と数値は後で書き加えたものである。)

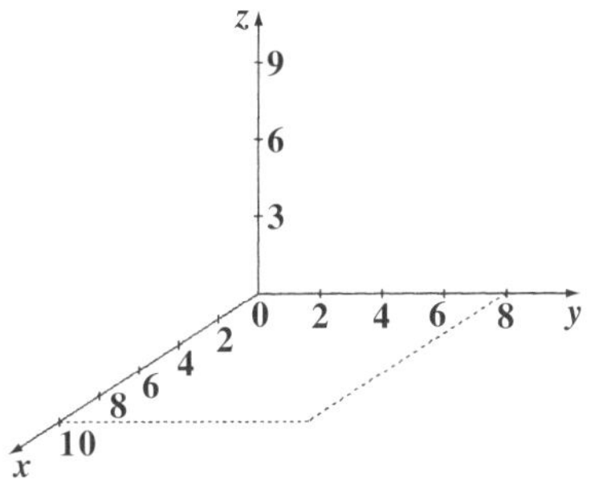

[これで，$z = f(x, y)$ の形のグラフも自由に描けるようになったんだね。さらに，**2** 次元熱伝導方程式の温度分布の経時変化も，この **XYZ** 座標系を使って表すことができる。]

演習問題 24　● 陽関数 $z=f(x, y)$ のグラフ ●

次の 2 変数関数 $z=f(x, y)$ $(0 \leqq x \leqq 4,\ 0 \leqq y \leqq 4,\ 0 \leqq z \leqq 5)$ のグラフの概形を xyz 座標系に描け。

(1) $f(x, y)=\dfrac{3}{2}e^{1-x^2-y^2}$　　(2) $f(x, y)=3-\log(1+x^2+y^2)$

(3) $f(x, y)=\dfrac{3}{5}\cos\dfrac{3xy}{4}+3$

ヒント！ まず，演習問題 23(P106) のプログラムにより，xyz 座標系を作る。(1)(2)(3) の各 2 変数関数 $f(x, y)$ を DEF FNF(X, Y) によって定義して，$0 \leqq x \leqq 4$ の区間は 90 等分し，$0 \leqq y \leqq 4$ の区間は 100 等分して，yz 平面に平行な 31 本の曲線を引くことにより，これらのグラフの概形を図示することにしよう。

解答＆解説

(1) 関数 $z=f(x, y)=\dfrac{3}{2}e^{1-x^2-y^2}$ $(0 \leqq x \leqq 4,\ 0 \leqq y \leqq 4)$ の表す曲面を xyz 座標空間上に表示するためのプログラムを下に示す。

```
10 REM ------------------------------------------------
20 REM   演習 3 次元座標系と陽関数のグラフ
30 REM ------------------------------------------------
35 DEF FNF(X,Y)=1.5#*EXP(1-X^2-Y^2)
40 XMAX=4
50 DELX=1
60 YMAX=4
70 DELY=1
80 ZMAX=5
90 DELZ=1
100 CLS 3
110 DEF FNU(X,Y)=320-160*X/XMAX+200*Y/YMAX
120 DEF FNV(X,Z)=210+100*X/XMAX-180*Z/ZMAX
```

```
130 LINE (320,210)-(320,0)
140 LINE (320,210)-(128,330)
150 LINE (320,210)-(570,210)
160 LINE (160,310)-(360,310),,,2
170 LINE (520,210)-(360,310),,,2
180 N=INT(XMAX/DELX)
190 FOR I=1 TO N
200 LINE (FNU(I*DELX,0),FNV(I*DELX,0)-3)-(FNU(I*DELX,
0),FNV(I*DELX,0)+3)
210 NEXT I
220 N=INT(YMAX/DELY)
230 FOR I=1 TO N
240 LINE (FNU(0,I*DELY),FNV(0,0)-3)-(FNU(0,I*DELY),
FNV(0,0)+3)
250 NEXT I
260 N=INT(ZMAX/DELZ)
270 FOR I=1 TO N
280 LINE (FNU(0,0)-3,FNV(0,I*DELZ))-(FNU(0,0)+3,FNV
(0,I*DELZ))
290 NEXT I
300 FOR I=0 TO 90 STEP 3
310 FOR J=0 TO 99
320 X=I*XMAX/90:Y=J*YMAX/100:Z=FNF(X,Y)
330 Y1=(J+1)*YMAX/100:Z1=FNF(X,Y1)
340 LINE (FNU(X,Y),FNV(X,Z))-(FNU(X,Y1),FNV(X,Z1))
350 NEXT J:NEXT I
```

まず，**35**行で，与えられた陽関数$f(x, y)$を**BASIC**上では，**FNF(X, Y)**として定義した。

40～90行で，$\mathbf{X_{max}=4}$，$\mathbf{\Delta\overline{X}=1}$，$\mathbf{Y_{max}=4}$，$\mathbf{\Delta\overline{Y}=1}$，$\mathbf{Z_{max}=5}$，$\mathbf{\Delta\overline{Z}=1}$を代入して，**100～290**行は，$xyz$座標系を作成するためのプログラムで，これは演習問題**23(P107，108)**の**100～290**行のプログラムとまったく同じである。

300～350行の**FOR～NEXT(I，J)**文により，**31**本の曲線を用いてxyz座標空間上に$z=f(x, y)=\dfrac{3}{2}e^{1-x^2-y^2}$のグラフの概形を描く。

300行の FOR I=0 TO 90 STEP 3 により，I=0，3，6，…，90と変化させて，繰り返し計算を行い，次に，310行により，J=0，1，2，…，99と変化させて，繰り返し計算を行う。つまり，I=0のとき，J=0，1，2，…，99と変化させ，I=3のとき，I=6のとき，…，同様に，J=0，1，2，…，99と変化させて計算する。

320行で，$x=i\times\frac{X_{max}}{90}$ $(i=0,\ 3,\ 6,\ \cdots,\ 90)$，$y=j\times\frac{Y_{max}}{100}$ $(j=0,\ 1,\ 2,\ \cdots,\ 99)$ として，これらから，$z=f(x,\ y)$ の値を求める。

330行で，x は上記のままで，$y1=(j+1)\times\frac{Y_{max}}{100}$ $(j=0,\ 1,\ 2,\ \cdots,\ 99)$ として，この x と y_1 から $z1=f(x,\ y1)$ として，z 座標を求める。

これで，xyz 座標平面上の2点 [X, Y, Z] と [X, Y1, Z1] が求められたので，340行で，これらを uv 座標に変換して，短い線分で連結する。つまり，

・I=0のとき，J=0，1，2，…，99と変化させることにより，
 $X=0\times\frac{4}{90}=0$ のときの1本目の曲線が引ける。

・I=3のとき，J=0，1，2，…，99と変化させることにより，
 $X=3\times\frac{4}{90}=\frac{4}{30}$ のときの2本目の曲線が引ける。

………………………………………………(同様にして)

・I=90のとき，J=0，1，2，…，99と変化させることにより，
 $X=90\times\frac{4}{90}=4$ のときの31本目の曲線が引ける。

以上31本の曲線により，$z=f(x,\ y)$ のグラフの概形が描ける。

それでは，このプログラムを実行することにより得られる $z=f(x,\ y)=\frac{3}{2}e^{1-x^2-y^2}$ のグラフの概形を右図に示す。

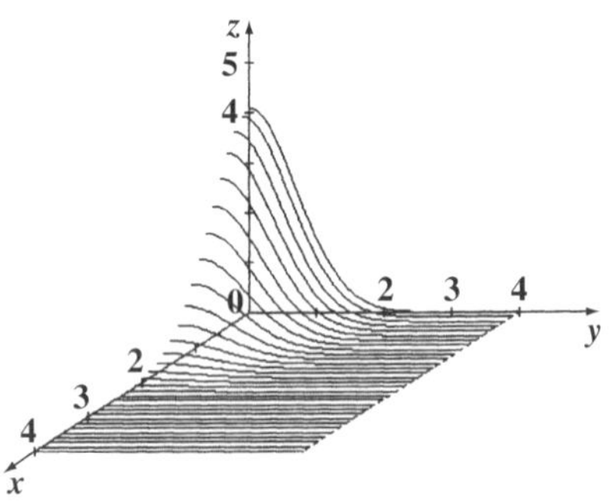

(2) 関数 $f(x,\ y)=3-\log(1+x^2+y^2)$ $(0 \leqq x \leqq 4,\ 0 \leqq y \leqq 4)$ の表す曲面を xyz 座標空間上に表すプログラムは，(1) のプログラムの 35 行のみを次のように変換すればよい。

35 DEF FNF(X, Y)=3−LOG(1+X^2+Y^2)

それでは，このプログラムを実行することにより得られる $z=f(x,\ y)=3-\log(1+x^2+y^2)$ のグラフの概形を右図に示す。

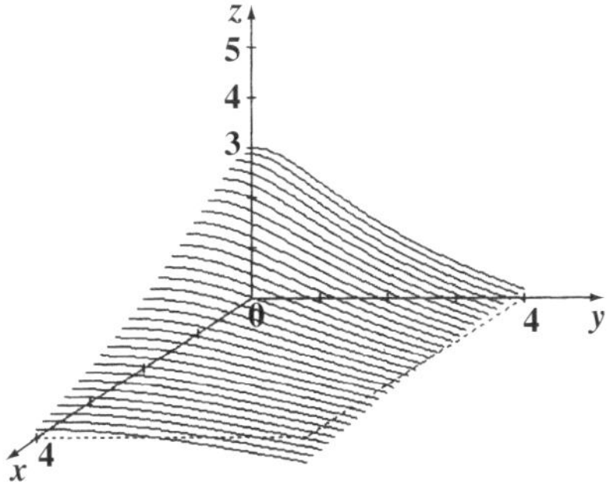

(3) 関数 $f(x,\ y)=\dfrac{3}{5}\cos\dfrac{3xy}{4}+3$ $(0 \leqq x \leqq 4,\ 0 \leqq y \leqq 4)$ の表す曲面を xyz 座標空間上に表すプログラムは，(1) のプログラムの 35 行のみを次のように書き換えればよい。

35 DEF FNF(X, Y)=0.6*COS(0.75*X*Y)+3

それでは，このプログラムを実行することにより得られる $z=f(x,\ y)=\dfrac{3}{5}\cos\dfrac{3xy}{4}+3$ のグラフの概形を右図に示す。

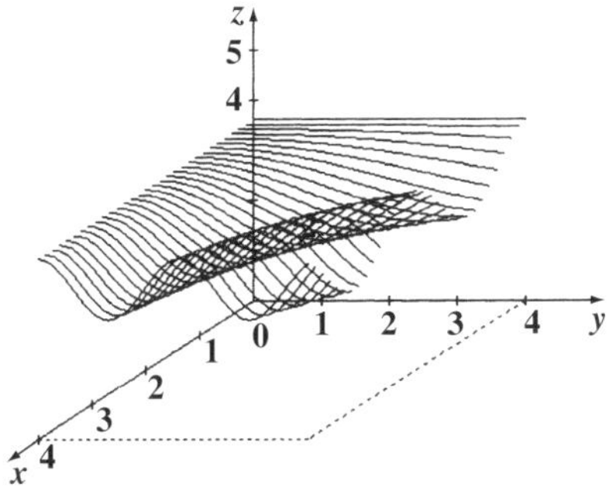

演習問題 25　● 2 次元熱伝導方程式 (放熱) (Ⅰ) ●

温度 $z(x, y, t)$ (x, y：位置，t：時刻) について，次の 2 次元熱伝導方程式が与えられている。

$$\frac{\partial z}{\partial t} = \frac{\partial^2 z}{\partial x^2} + \frac{\partial^2 z}{\partial y^2} \cdots\cdots ① \quad (0 < x < 4,\ 0 < y < 4,\ t > 0)$$ ←定数 $\alpha = 1$

境界条件：$z(0, y, t) = z(4, y, t) = 0$，かつ
$z(x, 0, t) = z(x, 4, t) = 0$ ←放熱条件

初期条件：$z(x, y, 0) = \begin{cases} -5x+15 & (1 \leqq x \leqq 3,\ 0 < y \leqq 2) \\ 0 & \left(\begin{array}{l} 0 \leqq x \leqq 4 \quad 0 \leqq y \leqq 4 \text{ の内,} \\ \text{上記以外の範囲} \end{array}\right) \end{cases}$

①を差分方程式 (一般式) で表し，$\Delta x = \Delta y = 10^{-1}$，$\Delta t = 10^{-3}$ として，数値解析により，時刻 $t = 0$，0.001，0.01，0.1，0.5，1 (秒) における温度 z の分布のグラフを xyz 座標空間上に図示せよ。

ヒント！ xy 平面上に，$0 \leqq x \leqq 4$，$0 \leqq y \leqq 4$ の領域に板状の物体があり，その平面上の物体の各点の温度が $z(x, y, t)$ (時刻：$t \geqq 0$) で与えられていると考えればいいんだね。①は，温度伝導率 $\alpha = 1$ の 2 次元熱伝導方程式で，この差分方程式は，$\dfrac{z_{i,j}(t+\Delta t) - z_{i,j}(t)}{\Delta t} = \dfrac{z_{i+1,j} + z_{i-1,j} - 2z_{i,j}}{(\Delta x)^2} + \dfrac{z_{i,j+1} + z_{i,j-1} - 2z_{i,j}}{(\Delta y)^2}$ から求めればいいんだね。今回の境界条件では，境界線である正方形の 4 辺の温度がすべて 0(℃) となっているので，熱はここから放出されていく放熱条件になっている。$\Delta x = \Delta y = 0.1$ となっているので，$0 \leqq x \leqq 4$，$0 \leqq y \leqq 4$ の領域は，$\dfrac{4}{\Delta x} = \dfrac{4}{\Delta y} = 40$ より，温度 z の分布を表すために，配列 $z(40, 40)$ を用いて数値解析することにしよう。

解答＆解説

①を差分方程式で表すと，

$$\frac{\overbrace{z_{i,j}(t+\Delta t)}^{\text{新温度}} - \overbrace{z_{i,j}(t)}^{\text{旧温度}}}{\Delta t} = \underset{①}{A}\left(\frac{z_{i+1,j} + z_{i-1,j} - 2z_{i,j}}{(\Delta x)^2} + \frac{z_{i,j+1} + z_{i,j-1} - 2z_{i,j}}{\underset{(\Delta x)^2}{(\Delta y)^2}}\right)$$ より，

$$\underbrace{z_{i,j}}_{\text{新温度}} = \underbrace{z_{i,j}}_{\text{旧温度}} + \frac{A\cdot\Delta t}{(\Delta x)^2}\left(z_{i+1,j}+z_{i-1,j}+z_{i,j+1}+z_{i,j-1}-4z_{i,j}\right) \cdots\cdots②$$

となる。（括弧内の各項：旧温度）

ここで，②の右辺第2項の係数 $\frac{A\cdot\Delta t}{(\Delta x)^2}$ は，$A=1$，$\Delta x=10^{-1}$，$\Delta t=10^{-3}$ より，

$$\frac{A\cdot\Delta t}{(\Delta x)^2}=\frac{1\cdot10^{-3}}{(10^{-1})^2}=\frac{10^{-3}}{10^{-2}}=10^{-1}=0.1$$ となる。

また，領域 $0 \leqq x \leqq \underbrace{4}_{X_{max}}$，$0 \leqq y \leqq \underbrace{4}_{Y_{max}}$ より，$\frac{X_{max}}{\Delta x}=\frac{Y_{max}}{\Delta y}=\frac{4}{10^{-1}}=40$ である。よって，$0 \leqq x \leqq 4$ および $0 \leqq y \leqq 4$ を共に40分割して，温度 $z_{i,j}$ $(i=0,\ 1,\ 2,\ \cdots,\ 40,\ j=0,\ 1,\ 2,\ \cdots,\ 40)$ を表すために配列 $z(40,\ 40)$ を定義して，利用する。

さらに，与えられた境界条件（放熱条件）と初期条件も考慮に入れた，今回の2次元熱伝導方程式の数値解析プログラムを下に示そう。

```
10 REM ----------------------------------------
20 REM   演習 2次元熱伝導方程式(放熱) 1-1
30 REM ----------------------------------------
40 XMAX=4
50 DELX=1
60 YMAX=4
70 DELY=1
80 ZMAX=10
90 DELZ=2
100 TMAX=0
110 DIM Z(40,40)
120 CLS 3
130 DEF FNU(X,Y)=320-160*X/XMAX+200*Y/YMAX
140 DEF FNV(X,Z)=210+100*X/XMAX-180*Z/ZMAX
150 LINE (320,210)-(320,0)
160 LINE (320,210)-(128,330)
```

```
170 LINE (320,210)-(570,210)
180 LINE (160,310)-(360,310),,,2
190 LINE (520,210)-(360,310),,,2
200 N=INT(XMAX/DELX)
210 FOR I=1 TO N
220 LINE (FNU(I*DELX,0),FNV(I*DELX,0)-3)-(FNU(I*DELX,
0),FNV(I*DELX,0)+3)
230 NEXT I
240 N=INT(YMAX/DELY)
250 FOR I=1 TO N
260 LINE (FNU(0,I*DELY),FNV(0,0)-3)-(FNU(0,I*DELY),
FNV(0,0)+3)
270 NEXT I
280 N=INT(ZMAX/DELZ)
290 FOR I=1 TO N
300 LINE (FNU(0,0)-3,FNV(0,I*DELZ))-(FNU(0,0)+3,FNV
(0,I*DELZ))
310 NEXT I
320 FOR J=0 TO 40
330 FOR I=0 TO 40
340 Z(I,J)=0
350 NEXT I:NEXT J
360 FOR J=1 TO 20
370 FOR I=10 TO 30
380 Z(I,J)=-5*I/10+15
390 NEXT I:NEXT J
400 DX=.1#:DY=.1#:T=0:DT=.001:A=1
410 N1=TMAX*1000
420 FOR I0=1 TO N1
430 FOR J=1 TO 39
440 FOR I=1 TO 39
450 Z(I,J)=Z(I,J)+A*(Z(I+1,J)+Z(I-1,J)+Z(I,J+1)+Z(I,
J-1)-4*Z(I,J))*DT/(DX)^2
```

```
460 NEXT I:NEXT J
470 T=T+DT
480 NEXT I0
490 PRINT "t=";TMAX
500 FOR I=0 TO 40 STEP 2
510 PSET (FNU(I*DX,0),FNV(I*DX,0))
520 FOR J=1 TO 40
530 LINE -(FNU(I*DX,J*DY),FNV(I*DX,Z(I,J)))
540 NEXT J:NEXT I
```

40～90行で，$\mathbf{X_{max}=4}$，$\mathbf{\varDelta\overline{X}=1}$，$\mathbf{Y_{max}=4}$，$\mathbf{\varDelta\overline{Y}=1}$，$\mathbf{Z_{max}=10}$，$\mathbf{\varDelta\overline{Z}=2}$を代入した。

100行で，$\mathbf{T_{max}=0}$を代入した。このとき，**430～460**行の**FOR～NEXT(J, I)**文は無視されるので，これにより，時刻$\boldsymbol{t=0}$のときの温度$\boldsymbol{z}$の初期分布のグラフを描くことができる。

問題文から，$\boldsymbol{t=0}$，**0.001**，**0.01**，**0.1**，**0.5**，**1**(秒)における温度$\boldsymbol{z}$の分布のグラフを表示しなければいけないので，この後，**100**行の$\mathbf{T_{max}}$の値を順次**0.001**，**0.01**，…，**1** に変更して，プログラムを実行していけばよい。

110行で，配列$\boldsymbol{z(40,\ 40)}$を定義して，$z_{i,j}=\boldsymbol{z(i,\ j)}$ $(\boldsymbol{i=0,\ 1,\ 2,\ \cdots,\ 40,\ j=0,\ 1,\ 2,\ \cdots,\ 40})$により，温度分布を離散的に計算する。

120～310行は，$\boldsymbol{xyz}$座標系を作成するプログラムで，これは演習問題**23(P107, 108)**の**100～290**行のプログラムとまったく同じものである。よって，この解説は省略する。

320～350行で，まず，すべての$z_{i,j}=\boldsymbol{z(i,\ j)}$ $(\boldsymbol{i=0,\ 1,\ 2,\ \cdots,\ 40,\ j=0,\ 1,\ 2,\ \cdots,\ 40})$に**0**を代入して，初期化した。

そして，**360～390**行の**FOR～NEXT(J, I)**文で，$\boldsymbol{x=\frac{i}{10}}$，$\boldsymbol{y=\frac{j}{10}}$とし，初期条件$\boldsymbol{z=-5x+15}$ $(\boldsymbol{1\leqq x\leqq 3,\ 0<y\leqq 2})$(これ以外はすべて**0**)を$z_{i,j}=\boldsymbol{z(i,\ j)=-5\times\frac{i}{10}+15}$ $(\boldsymbol{10\leqq i\leqq 30,\ 1\leqq j\leqq 20})$として代入する。

400行で，$\boldsymbol{\varDelta x}=\mathbf{DX=0.1}$，$\boldsymbol{\varDelta y}=\mathbf{DY=0.1}$，初めの時刻$\boldsymbol{t=0}$，微小時間$\boldsymbol{\varDelta t}=\mathbf{DT=0.001}$，定数(温度伝導率)$\boldsymbol{A=1}$を代入し，**410**行で，その後の**FOR～NEXT(I0)**文の計算ループの繰り返し回数**N1**を$\mathbf{N1=T_{max}\times\underbrace{1000}_{\frac{1}{\varDelta t}のこと}}$とした。

420～**480** 行の **FOR**～**NEXT**(**I0**) 文により，**I0**＝**1**，**2**，**3**，…，**N1** と変化させながら，ループ計算を行う。この中の **430**～**460** 行の **FOR**～**NEXT**(**J**，**I**) 文により，$z_{i,j}=z(\mathbf{I},\ \mathbf{J})$ ($i=1,\ 2,\ 3,\ \cdots,\ 39,\ j=1,\ 2,\ 3,\ \cdots,\ 39$) の値を，差分方程式から導いた一般式により，更新する。ここで，この正方形の領域の境界線上の $z_{i,j}$ は，放熱条件の境界条件により，常に **0**(℃) に保つために

・$i=0$ または **40** のとき，$j=0,\ 1,\ 2,\ \cdots,\ 40$，・$j=0$ または **40** のとき，$i=1,\ 2,\ 3,\ \cdots,\ 39$

更新しない。そして，**470** 行で，時刻 t も $t=t+\Delta t$ により更新する。

490 行で，$\mathbf{T_{max}}$ の値を $t=\mathbf{T_{max}}$ の形で表示する。

500～**540** 行の **FOR**～**NEXT**(**I**，**J**) 文により，$t=\mathbf{T_{max}}$ における温度 $z(=z_{i,j})$ の分布のグラフの概形を描く。**500** 行により，**I**＝**0**，**2**，**4**，…，**40** と変化させながら，繰り返し計算を **21** 回行い，**21** 本の曲線を用いて，温度 $z_{i,j}$ の分布曲面の概形を表示する。順に具体的に解説すると，

・**I**＝**0** のとき，**510** 行で，[**0**∗**DX**，**0**，**0**] に対応する点を uv 座標で表して，点 (fnu(**0**×**DX**，**0**)，fnv(**0**×**DX**，**0**)) を表示する。**520**～**540** 行の **FOR**～**NEXT**(**J**) 文により，この後 [**0**∗**DX**，**J**∗**DY**，z(**0**，**J**)] に対応する点を uv 座標で表し，これらを **530** 行の **LINE** 文で順次連結して，**I**＝**0** のときの **1** 本目の曲線を引く。

・**I**＝**1** のとき，**510** 行で，[**1**∗**DX**，**0**，**0**] に対応する点を uv 座標で表して，点 (fnu(**1**×**DX**，**0**)，fnv(**1**×**DX**，**0**)) を表示する。**520**～**540** 行の **FOR**～**NEXT**(**J**) 文により，この後 [**1**∗**DX**，**J**∗**DY**，**Z**(**1**，**J**)] に対応する点を uv 座標で表し，これらを **530** 行の **LINE** 文で順次連結して，**I**＝**1** のときの **2** 本目の曲線を引く。

………………………(以下同様にして)………

I＝**40** のときの **21** 本目の曲線を引いて，このプログラムは終了する。

それでは，$\mathbf{T_{max}}$＝**0**, **0.001**, **0.01**, **0.1**, **0.5**, **1** (秒) を順に **100** 行に代入して，このプログラムを実行して得られる温度 $z(x,\ y,\ \mathbf{T_{max}})$，すなわち $z_{i,j}=z(i,\ j)$ の分布のグラフを次ページに示そう。正方形の **4** 辺の境界線は **0**(℃) に保たれて，ここから熱が放出されていくので，初め時刻 $t=0$ のときの z の初期分布が時間の経過と共に $z=0$(℃) の一様分布に近づいていく様子が，この一連のグラフから読み取ることができる。

(ⅰ) $t=0$ (秒) のとき (z の初期分布)

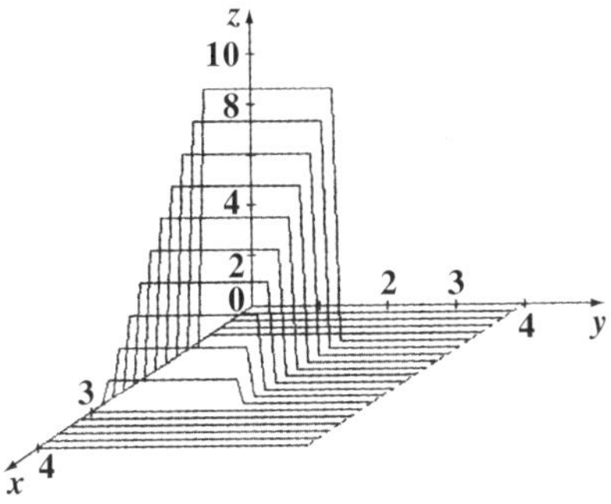

(ⅱ) $t=0.001$ (秒) のとき

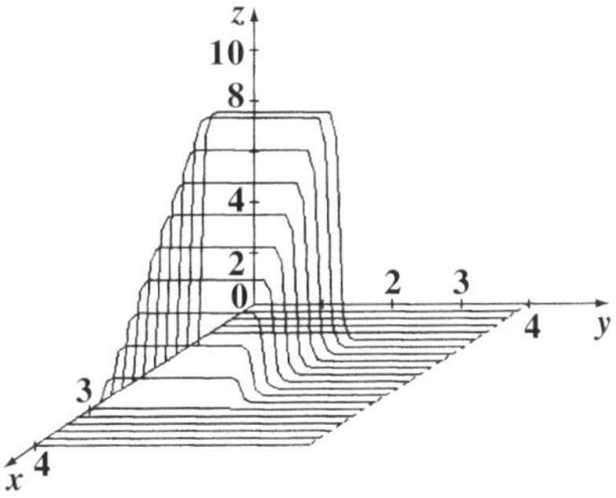

(ⅲ) $t=0.01$ (秒) のとき

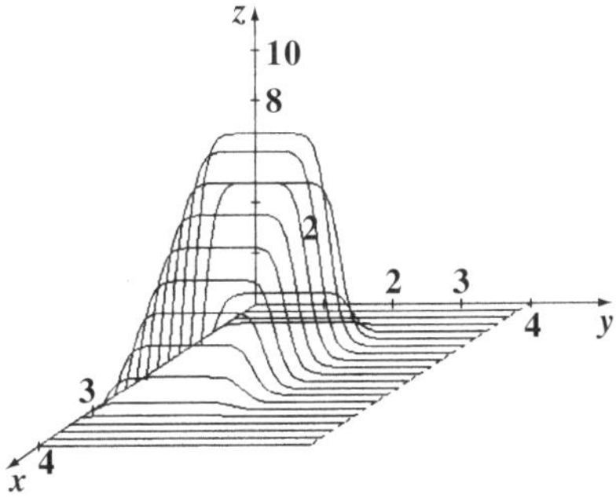

(ⅳ) $t=0.1$ (秒) のとき

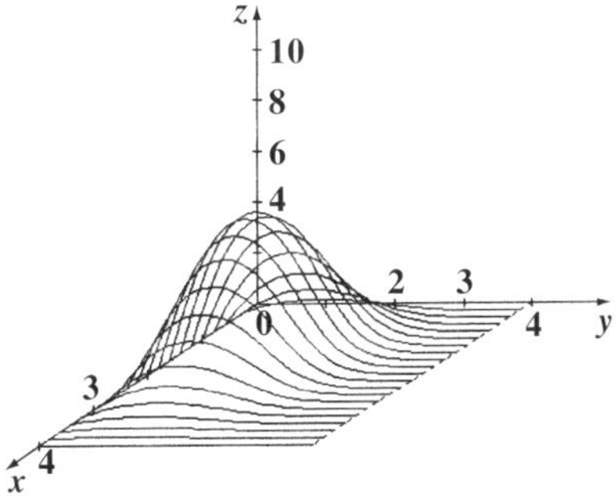

(ⅴ) $t=0.5$ (秒) のとき

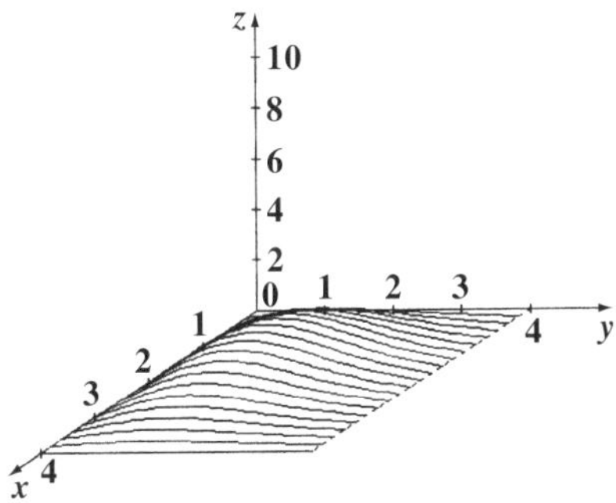

(ⅵ) $t=1$ (秒) のとき

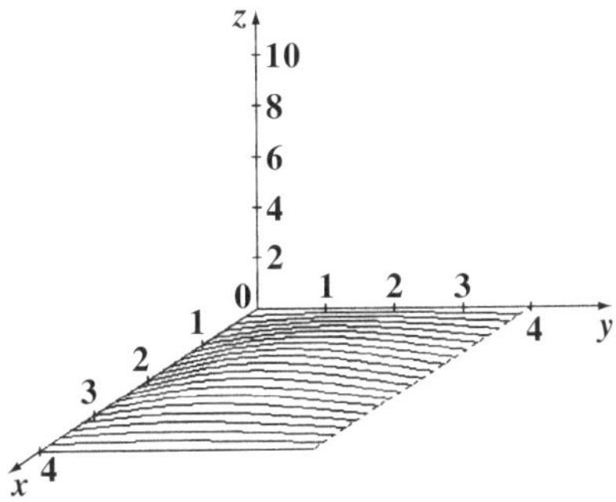

演習問題 26	● 2 次元熱伝導方程式 (断熱) (II) ●

温度 $z(x, y, t)$ (x, y：位置，t：時刻) について，次の 2 次元熱伝導方程式が与えられている。

$$\frac{\partial z}{\partial t}=\frac{\partial^2 z}{\partial x^2}+\frac{\partial^2 z}{\partial y^2} \cdots\cdots ① \quad (0<x<4,\ 0<y<4,\ t>0)$$ ← 定数 $\alpha=1$

境界条件：$\frac{\partial z(0, y, t)}{\partial x}=\frac{\partial z(4, y, t)}{\partial x}=0$，かつ

$\frac{\partial z(x, 0, t)}{\partial y}=\frac{\partial z(x, 4, t)}{\partial y}=0$ ← 断熱条件

初期条件：$z(x, y, 0)=\begin{cases} -5x+15 & (1 \leqq x \leqq 3,\ 0 \leqq y \leqq 2) \\ 0 & \left(\begin{array}{l} 0 \leqq x \leqq 4 \quad 0 \leqq y \leqq 4 \text{ の内,} \\ \text{上記以外の範囲} \end{array}\right) \end{cases}$

①を差分方程式 (一般式) で表し，$\Delta x=\Delta y=10^{-1}$，$\Delta t=10^{-3}$ として，数値解析により，時刻 $t=0$，0.01，0.1，0.5，1，3 (秒) における温度 z の分布のグラフを xyz 座標空間上に図示せよ。

ヒント！ 境界条件を除いて，演習問題 25(P114) と同じ設定条件の 2 次元熱伝導方程式の問題になっている。今回の境界条件は，正方形の 4 辺の境界線において断熱条件，すなわち $x=0$ と 4 において，$\frac{\partial z}{\partial x}=0$ であり，かつ $y=0$ と 4 において，$\frac{\partial z}{\partial y}=0$ なんだね。今回も温度分布を表す配列として，$z_{i,j}$ ($i=0, 1, 2, \cdots, 40$, $j=0, 1, 2, \cdots, 40$) を用いるけれど，この境界線における断熱条件を，離散的に表現するには，境界線上の温度と，それより 1 つ内側の配列の温度を等しくすればいいんだね。

解答＆解説

今回の数値解析でも $z_{i,j}$ ($i=1, 2, \cdots, 39$, $j=1, 2, \cdots, 39$) を更新する一般式は，

$$\underbrace{z_{i,j}}_{\text{新温度}}=\underbrace{z_{i,j}}_{\text{旧温度}}+\frac{A\cdot\Delta t}{(\Delta x)^2}\left(z_{i+1,j}+z_{i-1,j}+z_{i,j+1}+z_{i,j-1}-4z_{i,j}\right)$$

となる。(括弧内の各項：旧温度)

この一般式を用いて，与えられた断熱条件と初期条件の下で，①の **2** 次元熱伝導方程式を数値解析で解くためのプログラムを下に示す。

```
10 REM ----------------------------------------
20 REM   演習 2次元熱伝導方程式(断熱) 1-2
30 REM ----------------------------------------
40 XMAX=4
50 DELX=1
60 YMAX=4
70 DELY=1
80 ZMAX=10
90 DELZ=2
100 TMAX=0
110 DIM Z(40,40)
```

120～**310** 行は，*xyz* 座標系を作るプログラムで，これは演習問題 **25(P115, 116)** の **120**～**310** 行のものとまったく同じである。

```
320 FOR J=0 TO 40
330 FOR I=0 TO 40
340 Z(I,J)=0
350 NEXT I:NEXT J
360 FOR J=0 TO 20
370 FOR I=10 TO 30
380 Z(I,J)=-5*I/10+15
390 NEXT I:NEXT J
400 DX=.1#:DY=.1#:T=0:DT=.001:A=1
410 N1=TMAX*1000
420 FOR I0=1 TO N1
430 FOR J=1 TO 39
440 FOR I=1 TO 39
450 Z(I,J)=Z(I,J)+A*(Z(I+1,J)+Z(I-1,J)+Z(I,J+1)+Z
(I,J-1)-4*Z(I,J))*DT/(DX)^2
460 NEXT I:NEXT J
```

```
470 FOR I=1 TO 39
480 Z(I,0)=Z(I,1):Z(I,40)=Z(I,39)
490 Z(0,I)=Z(1,I):Z(40,I)=Z(39,I)
500 NEXT I
510 Z(0,0)=Z(1,1):Z(0,40)=Z(1,39)
520 Z(40,0)=Z(39,1):Z(40,40)=Z(39,39)
530 T=T+DT
540 NEXT I0
550 PRINT "t=";TMAX
560 FOR I=0 TO 40 STEP 2
570 LINE (FNU(I*DX,0),FNV(I*DX,0))-(FNU
(I*DX,0),FNV(I*DX,Z(I,0)))
580 FOR J=1 TO 40
590 LINE -(FNU(I*DX,J*DY),FNV(I*DX,Z(I,J)))
600 NEXT J
610 LINE -(FNU(I*DX,40*DY),FNV(I*DX,0))
620 NEXT I
```

40～**90** 行で，$\mathbf{X}_{\max}=\mathbf{4}$，$\mathit{\Delta}\overline{\mathbf{X}}=\mathbf{1}$，$\mathbf{Y}_{\max}=\mathbf{4}$，$\mathit{\Delta}\overline{\mathbf{Y}}=\mathbf{1}$，$\mathbf{Z}_{\max}=\mathbf{10}$，$\mathit{\Delta}\overline{\mathbf{Z}}=\mathbf{2}$ を代入した。

100 行で，$\mathbf{T}_{\max}=\mathbf{0}$ を代入した。この場合，**420**～**540** 行の **FOR**～**NEXT**(**I0**) 文による計算は一切行われることなく，**550** 行以降のプログラムにより，初期条件による温度 $z_{i,j}$ の初期分布のグラフが描かれる。この後，問題文の設定により，時刻 $t=0.01$，**0.1**，**0.5**，**1**，**3** (秒) における温度分布のグラフを描くために，**100** 行の $\mathbf{T}_{\max}$ にこれらの値を順次代入して，プログラムを実行すればよい。

110 行で，配列 $z(40,\ 40)$ を定義して，$0\leqq x\leqq 4$，$0\leqq y\leqq 4$ における温度 z を離散的に $z_{i,j}=z(i,\ j)$ ($i=0,\ 1,\ 2,\ \cdots,\ 40$，$j=0,\ 1,\ 2,\ \cdots,\ 40$) で表すことにする。

120～**310** 行は，xyz 座標系を作成するためのプログラムで，これは演習問題 **25**(**P115**，**116**) と同じものなので，解説を省略する。

320～**350** 行で，まず，すべての温度 $z_{i,j}$ を $z_{i,j}=0$ ($i=0,\ 1,\ 2,\ \cdots,\ 40$，$j=0,\ 1,\ 2,\ \cdots,\ 40$) とし，次に，**360**～**390** 行で，初期条件の温度分布を $z_{i,j}=-5*i/10+15$ ($10\leqq i\leqq 30$，$0\leqq j\leqq 20$) として代入する。今回は j の範囲が **0** を含む

ことに気を付けよう。これは断熱条件として $z(i, 0)=z(i, 1)$ ($i=10, 11, \cdots, 30$) をみたさないといけないからである。

400 行で，$\Delta x=\mathrm{DX}=0.1$，$\Delta y=\mathrm{DY}=0.1$，初めの時刻 $t=0$，微小時間 $\Delta t=\mathrm{DT}=0.001$，および，定数（温度伝導率）$A=1$ を代入した。

410 行で，次の FOR～NEXT (I0) 文による計算ループの繰り返し回数 N1 を $\mathrm{N1}=\dfrac{\mathrm{T_{max}}}{\Delta t}=\mathrm{T_{max}}\times 1000$ として，代入した。

420～540 行の大きな FOR～NEXT (I0) 文により，I0＝1, 2, 3, …, N1 まで，N1 回のループ計算を行う。この中の 430～460 行の FOR～NEXT (J, I) 文により，温度 $z_{i,j}$ ($i=1, 2, \cdots, 39$, $j=1, 2, \cdots, 39$) の値を 450 行の一般式を使って更新していく。これで境界線より内側の $z_{i,j}$ はすべて更新される。その後で右図の黒い点 "●" と太い線で示すように，470～500 行で，4 角（すみ）の点を除く，境界線上の点の温度をそれより 1 列だけ内側の点の温度と等しくなるようにする。510, 520 行で 4 角（すみ）の点の温度も，右図に示すようにそれよりも 1 つ内側の角（すみ）の点の温度と等しくする。これで，境界線における断熱条件をみたすことができる。530 行で，時刻 t も $t=t+\Delta t$ により更新する。

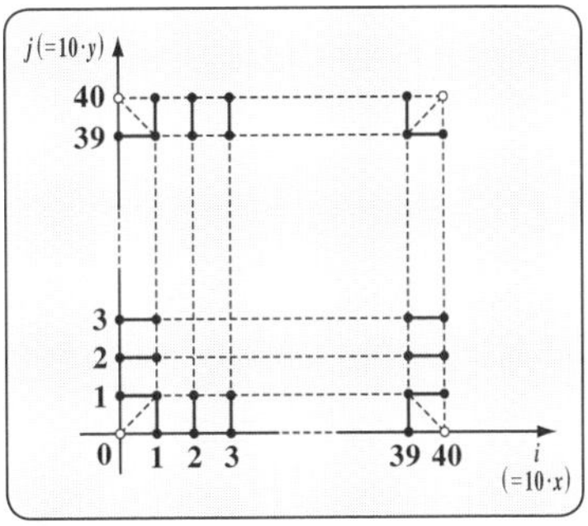

この操作を I0＝N1 となるまで行い，時刻 $t=\mathrm{T_{max}}$ における温度 $z_{i,j}$ ($i=0, 1, 2, \cdots, 40$, $j=0, 1, 2, \cdots, 40$) を求める。

550 行で，時刻 $\mathrm{T_{max}}$ を $t=\mathrm{T_{max}}$ の形で表示する。

560～620 行の FOR～NEXT (I, J) 文により，I＝0, 2, 4, …, 40 と変化させて，21 本の曲線により，$t=\mathrm{T_{max}}$ における温度 $z_{i,j}$ の分布のグラフを描く。まず，570 行で，2 点 [I*DX, 0, 0] と [I*DX, 0, Z(I, 0)] を uv 座標に変換して連結し，その後，580～600 行で，J＝1, 2, …, 40 と動かして点 [I*DX, J*DY, Z(I, J)] を uv 座標に変換して順次連結し，最後に 610 行で，2 点 [I*DX, 40*DY, Z(I, 40)] と [I*DX, 40*DY, 0] を uv 座標に変換し

て結んで**1**本の曲線(折れ線)を描き終える。**570**行と**610**行で行った線分の表示は，断熱条件では境界線で急に断崖絶壁のように温度が立ち上がるのを，明確に表すためである。以上と同様の操作を**21**回繰り返すことにより，**21**本の曲線(折れ線)を引き，これによって，$t = T_{max}$における温度$z_{i,j}$の分布のグラフの概形を表すことができる。

それでは，**100**行に，$T_{max} = 0$，0.01，0.1，0.5，1，3(秒)を順次代入した後，このプログラムを実行して得られる温度$z(x, y, T_{max})$，すなわち$z_{i,j} = z(i, j)$の分布のグラフをすべて示そう。

(i) $t = 0$(秒)のとき(zの初期分布)

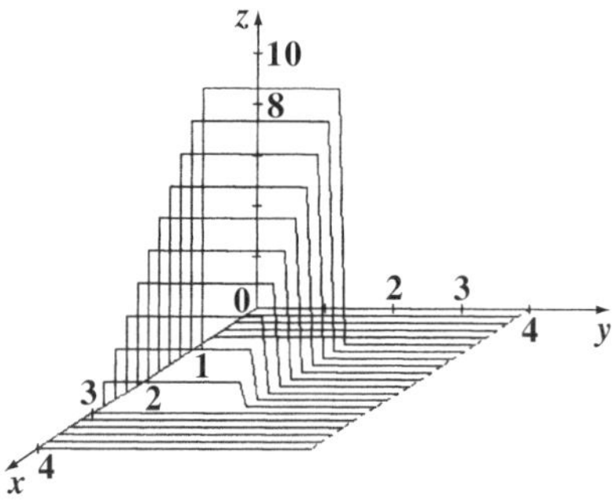

(ii) $t = 0.01$(秒)のとき

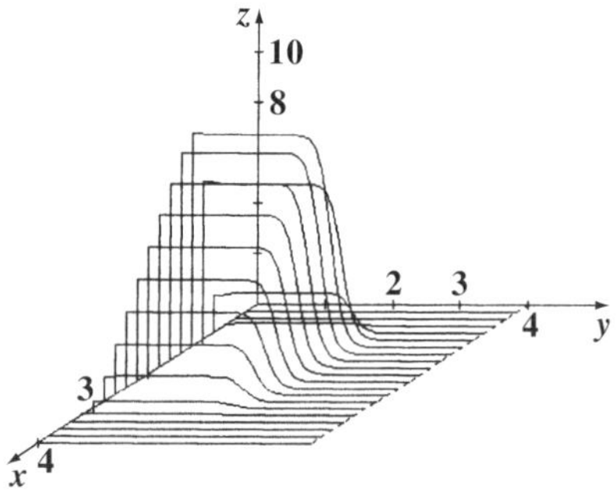

(iii) $t = 0.1$(秒)のとき

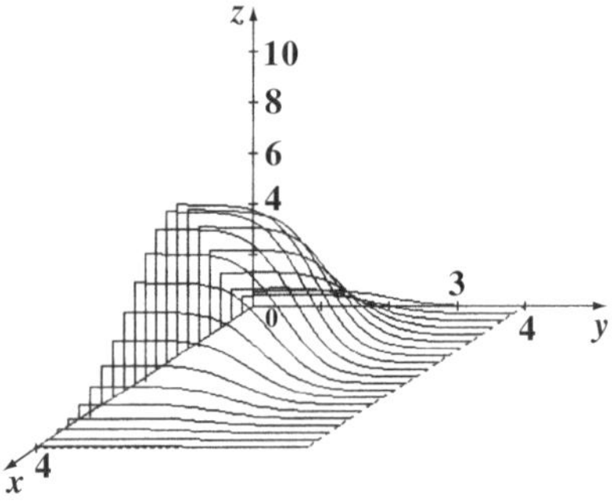

(iv) $t = 0.5$(秒)のとき

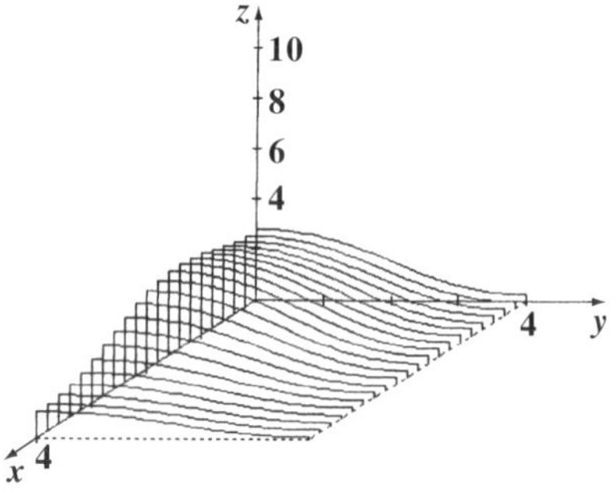

(v) $t = 1$(秒)のとき

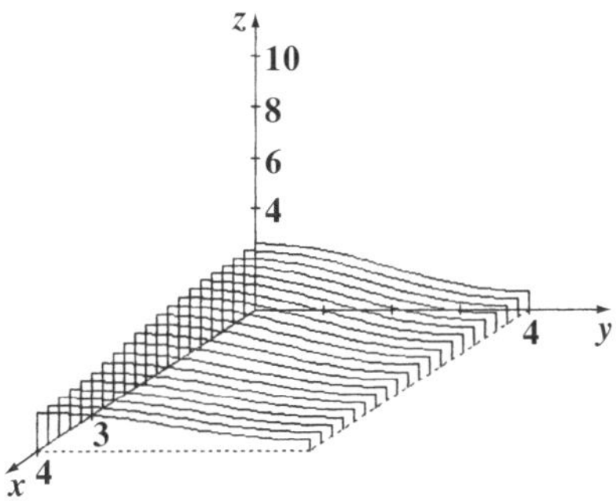

(vi) $t = 3$(秒)のとき

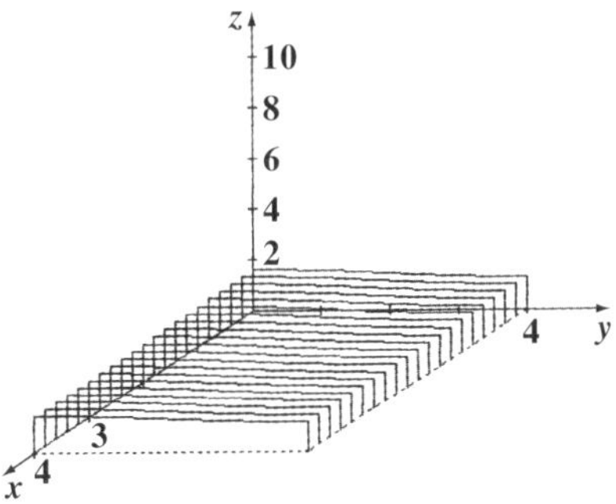

時刻の経過と共に z の温度分布がゆるやかな一様分布に近づいていく様子が分かる。今回は，正方形の **4** 辺の境界線がすべて断熱条件であるため，温度 z は $\mathbf{0}$(℃)の一様分布ではなく，$z = \mathbf{1.25}$(℃)の一様分布に収束していくことになる。

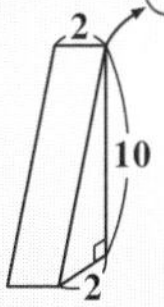

$$\frac{\frac{1}{2}\times 2\times 10\times 2}{4\times 4} = \frac{20}{16} = \frac{5}{4}$$

演習問題 27　● 2次元熱伝導方程式(放熱)(Ⅲ) ●

温度 $z(x,\ y,\ t)$ (x, y：位置, t：時刻) について, 次の 2 次元熱伝導方程式が与えられている。

$$\frac{\partial z}{\partial t}=\frac{1}{10}\left(\frac{\partial^2 z}{\partial x^2}+\frac{\partial^2 z}{\partial y^2}\right)\ \cdots\cdots ①\quad \left(\begin{cases}\cdot\ 0<x\leqq 1 \text{ のとき, } 0<y<4\\ \cdot\ 1<x<5 \text{ のとき, } 0<y<5-x\end{cases}\cdots ②\right)$$

← 定数 $\alpha=\frac{1}{10}$

境界条件：$z(0,\ y,\ t)=0$　　$(0\leqq y\leqq 4$ のとき$)$,

$z(x,\ 0,\ t)=0$　　$(0\leqq x\leqq 5$ のとき$)$,

$z(x,\ 4,\ t)=0$　　$(0\leqq x\leqq 1$ のとき$)$,　← 放熱条件

$z(x,\ 5-x,\ t)=0$　$(1<x\leqq 5$ のとき$)$

初期条件：$z(x,\ y,\ 0)=\begin{cases}10 & \left(\frac{1}{2}\leqq x\leqq 2,\ 1\leqq y\leqq 2\right)\\ 0 & \left(\text{等号を含む②の領域の内, 上記以外の領域}\right)\end{cases}$

①を差分方程式 (一般式) で表し, $\Delta x=\Delta y=10^{-1}$, $\Delta t=10^{-2}$ として, 数値解析により, 時刻 $t=0,\ 0.5,\ 1,\ 2,\ 4,\ 8$ (秒) における温度 z の分布のグラフを xyz 座標空間上に図示せよ。

ヒント！ 今回は, 境界線が右図のような台形で, 境界線上の温度はすべて 0(℃) の放熱条件での 2 次元熱伝導方程式の数値解析の問題なんだね。一般に, このように境界線が不規則な形をしているとき, これをフーリエ解析などを使って解析的に解くことはとても難しいけれど, 数値解析を使えば, 境界条件の表し方が多少大変かも知れないけれど, これまでと同様に容易に与えられた時刻における温度 z の分布のグラフを描くことができる。チャレンジしてみよう！

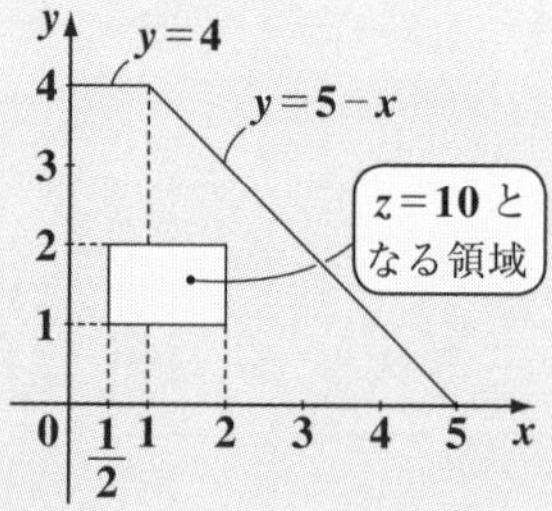

解答＆解説

①の差分方程式から一般式を導くと,

$$z_{i,j}=z_{i,j}+\frac{\alpha\cdot\Delta t}{(\Delta x)^2}\left(z_{i+1,j}+z_{i-1,j}+z_{i,j+1}+z_{i,j-1}-4z_{i,j}\right)\ \cdots\cdots ③\ \text{となる。}\left(\alpha=\frac{1}{10}\right)$$

また，③式の右辺第 **2** 項の定数係数 $\frac{\alpha\cdot\Delta t}{(\Delta x)^2}$ は，$\frac{\alpha\cdot\Delta t}{(\Delta x)^2}=\frac{\frac{1}{10}\cdot\cancel{10^{-2}}}{\cancel{(10^{-1})^2}}=\frac{1}{10}=0.1$ である。

そして，対象領域を少し大きくとって，$0\leqq x\leqq 5$，$0\leqq y\leqq 4$ とすると，$\Delta x=\Delta y=10^{-1}$ より，$\frac{5}{\Delta x}=50$，$\frac{4}{\Delta y}=40$ から，温度分布 $z_{i,j}=z(i,\ j)$ を表すために，配列 $z(50,\ 40)$ を定義して，利用することにしよう。

（今回，この配列メモリを全て使うわけではない。）

それでは，この問題を数値解析により解くためのプログラムを下に示そう。

```
10 REM  -----------------------------------
20 REM    演習 2次元熱伝導方程式(放熱) 2-1
30 REM  -----------------------------------
40 XMAX=5
50 DELX=1
60 YMAX=4
70 DELY=1
80 ZMAX=10
90 DELZ=2
100 TMAX=0
110 DIM Z(50,40)
```

120～**310** 行は，*xyz* 座標系を作るプログラムで，これは演習問題 **25**(**P115**, **116**) の **120**～**310** 行のものとほぼ同じである。(**180** 行と **190** 行の点線を引くもののみ異なる。)

```
320 FOR I=0 TO 10
330 FOR J=0 TO 40
340 Z(I,J)=0
350 NEXT J:NEXT I
360 FOR I=11 TO 50
370 FOR J=0 TO 50-I
380 Z(I,J)=0
390 NEXT J:NEXT I
```

```
400 FOR I=5 TO 20
410 FOR J=10 TO 20
420 Z(I,J)=10
430 NEXT J:NEXT I
440 DX=.1#:DY=.1#:T=0:DT=.01:A=.1#
450 N1=TMAX*100
460 FOR I0=1 TO N1
470 FOR I=1 TO 10
480 FOR J=1 TO 39
490 Z(I,J)=Z(I,J)+A*(Z(I+1,J)+Z(I-1,J)+Z(I,J+1)+Z(I,
J-1)-4*Z(I,J))*DT/(DX)^2
500 NEXT J:NEXT I
510 FOR I=11 TO 48
520 FOR J=1 TO 49-I
530 Z(I,J)=Z(I,J)+A*(Z(I+1,J)+Z(I-1,J)+Z(I,J+1)+Z(I,
J-1)-4*Z(I,J))*DT/(DX)^2
540 NEXT J:NEXT I
550 T=T+DT
560 NEXT I0
570 PRINT "t=";TMAX
580 FOR I=0 TO 8 STEP 2
590 PSET (FNU(I*DX,0),FNV(I*DX,0))
600 FOR J=1 TO 40
610 LINE -(FNU(I*DX,J*DY),FNV(I*DX,Z(I,J)))
620 NEXT J:NEXT I
630 FOR I=10 TO 50 STEP 2
640 PSET (FNU(I*DX,0),FNV(I*DX,0))
650 FOR J=1 TO 50-I
660 LINE -(FNU(I*DX,J*DY),FNV(I*DX,Z(I,J)))
670 NEXT J:NEXT I
```

40～90 行で，$X_{max}=5$，$\Delta\overline{X}=1$，$Y_{max}=4$，$\Delta\overline{Y}=1$，$Z_{max}=10$，$\Delta\overline{Z}=2$ を代入し，**100** 行で，$T_{max}=0$ を代入した。題意より，この後 $T_{max}=0.5$，1，2，4，8 を代入して，計算する。

110 行で，配列 $z(50, 40)$ を定義し，この全部のメモリを使うわけではないが，これを基に計算する。

120～310 行の xyz 座標系を作るプログラムは前問と同じなので，これは略す。

320～390 行の 2 つの FOR～NEXT(I, J) 文により，$z_{i,j}=0$ $(i=0, 1, \cdots, 10, j=0, 1, \cdots, 40)$ と $z_{i,j}=0$ $(i=11, 12, \cdots, 50, j=0, 1, \cdots, 50-i)$ を代入して，この領域の $z_{i,j}$ をまずすべて 0 に初期化する。

400～430 行の FOR～NEXT(I, J) 文により，$z_{i,j}=10$ $(i=5, 6, \cdots, 20, j=10, 11, \cdots, 20)$ として，初期条件 $z(x, y)=10$ $(0.5\leqq x\leqq 2, 1\leqq y\leqq 2)$ を離散的に $z_{i,j}$ で表した。

440 行で，$\Delta x=DX=0.1$，$\Delta y=DY=0.1$，初めの時刻 $t=0$，微小時間 $\Delta t=DT=0.01$，定数(温度伝導率)α：$A=0.1$ を代入した。

450 行で，この後の FOR～NEXT(I0) 文のループ計算の繰り返し回数 N1 を $N1=\dfrac{T_{max}}{\Delta t}=100\cdot T_{max}$ として代入した。

460～560 行の大きな FOR～NEXT(I0) 文により，$I0=1, 2, \cdots, N1$ となるまでループ計算を行って，$t=T_{max}$ のときの温度 $z_{i,j}$ の値を求める。

470～540 行で，右図に示すように，この境界線の内部のすべての点についての温度 $z_{i,j}$ の値を，**490** と **530** 行の一般式により，更新した。また，境界線上のすべての点は更新されることなく，常に 0(℃) に保たれている。これは，今回の問題の境界条件が放熱条件であることに対応している。

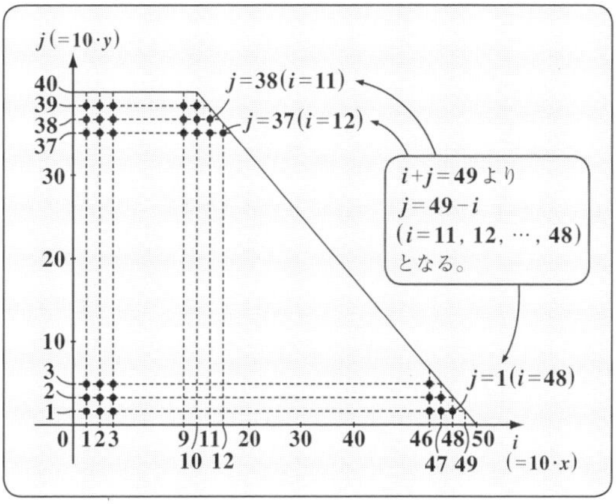

550 行で，時刻 t も $t=t+\Delta t$ により更新した。

以上の計算を，**I0＝N1** となるまで繰り返し計算した結果，$t=\mathrm{T_{max}}$ における $z_{i,j}$ が求められる。

570 行で，$\mathrm{T_{max}}$ を $t=\mathrm{T_{max}}$ の形で表示する。

580〜**620** 行の **FOR**〜**NEXT (I, J)** 文により，温度 $z_{i,j}$ の $i=0, 2, 4, 6, 8$ のときについて **5** 本の曲線を描く。まず，**590** 行で，点 **[I×DX, 0, 0]** を uv 座標に変換して表示する。次に，**600**〜**620** 行の **FOR**〜**NEXT (J)** 文により，点 **[I×DX, J×DY, Z(I, J)] (J＝1, 2, …, 40)** を uv 座標に変換して，順次連結して，$z_{i,j}$ を表す曲線を引く。これで，**5** 本の曲線が描ける。

630〜**670** 行の **FOR**〜**NEXT (I, J)** 文により，温度 $z_{i,j}$ の $i=10, 12, 14, \cdots, 50$ のときについて，**21** 本の曲線を描く。まず，**640** 行で，点 **[I×DX, 0, 0]** を uv 座標に変換して表示する。次に，**650**〜**670** 行の **FOR**〜**NEXT (J)** 文により，点 **[I×DX, J×DY, Z(I, J)] (J＝1, 2, …, 50−I)** を uv 座標に変換して，順次これらを連結して，$z_{i,j}$ を表す曲線を引く。ここでは，**21** 本の曲線を描く。

以上，**580**〜**670** 行により，トータルで **26** 本の曲線を引くことによって，$t=\mathrm{T_{max}}$ における温度 $z_{i,j}$ の分布のグラフの概形を表すことができる。

それでは，**100** 行で，$\mathrm{T_{max}}=0, 0.5, 1, 2, 4, 8$ (秒) を順に代入して，このプログラムを実行して得られる温度 $z(x, y, \mathrm{T_{max}})$ のグラフの概形を示す。

(i) $t=0$ (秒) のとき (z の初期分布)

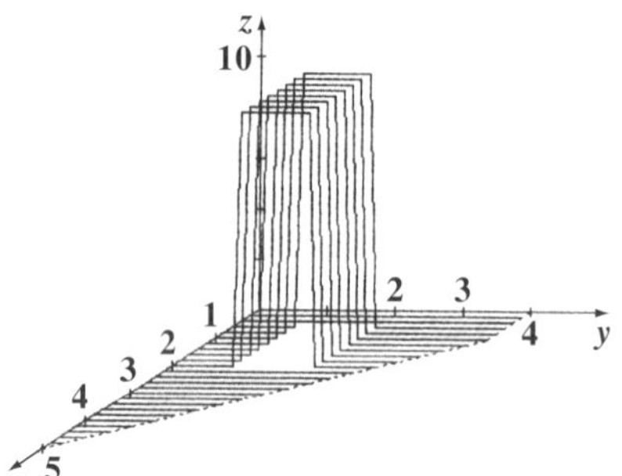

(ii) $t=0.5$ (秒) のとき

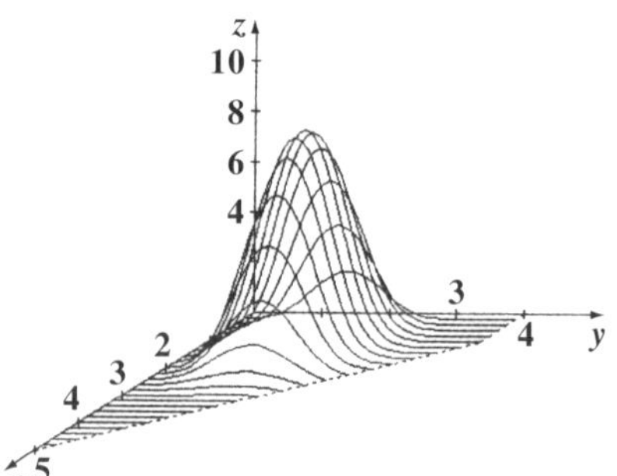

(iii) $t=\mathbf{1}$ (秒) のとき

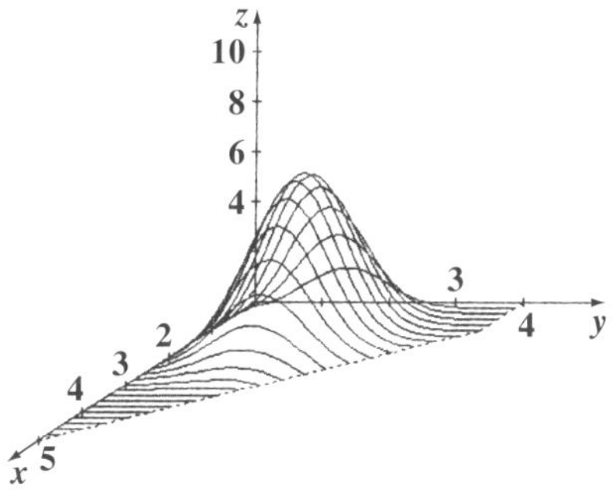

(iv) $t=\mathbf{2}$ (秒) のとき

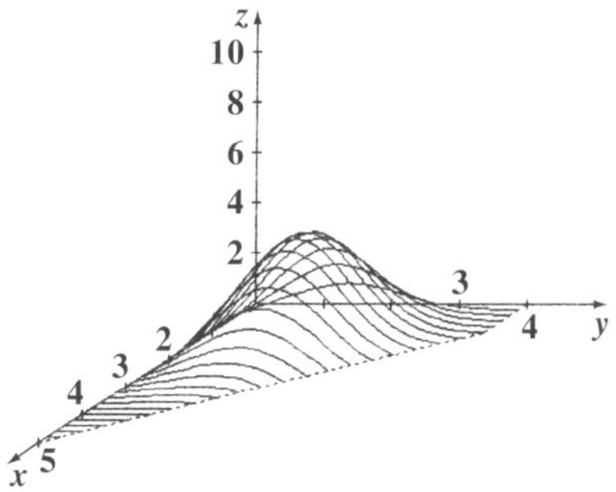

(v) $t=\mathbf{4}$ (秒) のとき

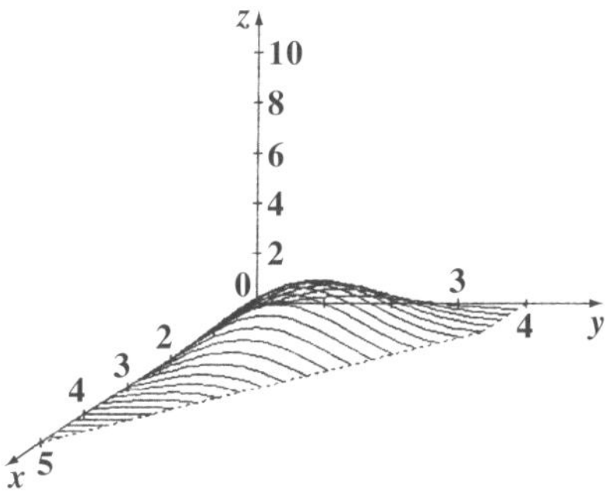

(vi) $t=\mathbf{8}$ (秒) のとき

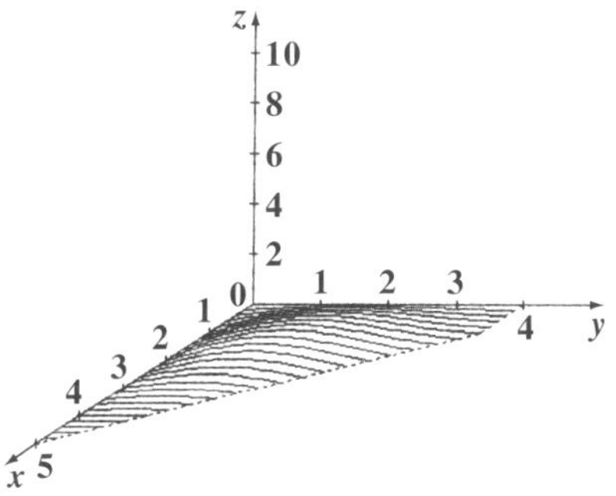

今回の問題は，境界線上のすべての点が放熱条件として $\mathbf{0}$ (℃) に保たれているため，ここから熱が放出されていく。従って，時刻の経過と共に z の温度分布は $z=\mathbf{0}$ (℃) の一様分布に近づいていくことが分かる。

この台形の境界条件のように不規則な形状の熱伝導方程式についても，数値解析を用いれば，近似解ではあるんだけれど，比較的容易に解けることが分かって，面白かったと思う。

演習問題 28 ● 2 次元熱伝導方程式 (断熱) (IV) ●

温度 $z(x, y, t)$ (x, y：位置，t：時刻) について，次の 2 次元熱伝導方程式が与えられている。

$$\frac{\partial z}{\partial t} = \frac{1}{10}\left(\frac{\partial^2 z}{\partial x^2} + \frac{\partial^2 z}{\partial y^2}\right) \cdots\cdots ① \quad \left(\begin{cases} \cdot\, 0 < x \leqq 1 \text{ のとき，} 0 < y < 4 \\ \cdot\, 1 < x < 5 \text{ のとき，} 0 < y < 5 - x \end{cases} \cdots ②\right)$$

← 定数 $\alpha = \frac{1}{10}$

境界条件：

$$\frac{\partial z(0, y, t)}{\partial x} = 0 \quad (0 \leqq y \leqq 4), \quad \frac{\partial z(x, 0, t)}{\partial y} = 0 \quad (0 \leqq x \leqq 5),$$

$$\frac{\partial z(x, 4, t)}{\partial y} = 0 \quad (0 \leqq x \leqq 1), \quad \frac{\partial z(x, 5-x, t)}{\partial y} = 0 \quad (1 \leqq x \leqq 5)$$

← 断熱条件

初期条件：$z(x, y, 0) = \begin{cases} 10 & \left(\frac{1}{2} \leqq x \leqq 2,\ 1 \leqq y \leqq 2\right) \\ 0 & \left(\text{等号を含む②の領域の内，上記以外の領域}\right) \end{cases}$

①を差分方程式 (一般式) で表し，$\Delta x = \Delta y = 10^{-1}$，$\Delta t = 10^{-2}$ として，数値解析により，時刻 $t = 0, 0.5, 1, 2, 4, 8, 16, 32$ (秒) における温度 z の分布のグラフを xyz 座標空間上に図示せよ。

ヒント！ 境界条件が，今回は断熱条件になっているけれど，それ以外の問題の設定は，演習問題 27 (P126) のものと同じ問題だね。したがって，不規則な台形の境界条件の問題なので，今回の問題も解析的に解くことは，とても難しい。ここでは，$\Delta x = \Delta y = 10^{-1}$，$\Delta t = 10^{-2}$ として数値解析により与えられた時刻における，温度 $z(x, y, t)$ のグラフの概形を描いていく。断熱条件を満たすために，境界線上のすべての点の温度は，それよりも 1 列だけ内側にある点の温度と等しくなるようにすればいいんだね。頑張ろう！

解答＆解説

①の差分方程式から，領域②のすべての点における温度 $z_{i,j}$ を更新する一般式は，次のようになる。

$$\underbrace{z_{i,j}}_{\text{新温度}} = \underbrace{z_{i,j}}_{\text{旧温度}} + \underbrace{\frac{\alpha\cdot\Delta t}{(\Delta x)^2}}_{\mathbf{0.1}}(\underbrace{z_{i+1,j}+z_{i-1,j}+z_{i,j+1}+z_{i,j-1}-4z_{i,j}}_{\text{旧温度}})$$ となる。

この一般式を用いて与えられた断熱条件と初期条件の下で，この **2** 次元熱伝導方程式を数値解析で解くためのプログラムを下に示す。

```
10 REM ----------------------------------------------------------
20 REM   演習 2 次元熱伝導方程式(断熱) 2−2
30 REM ----------------------------------------------------------
40 XMAX=5
50 DELX=1
60 YMAX=4
70 DELY=1
80 ZMAX=10
90 DELZ=2
100 TMAX=0
110 DIM Z(50,40)
```

120〜**310** 行の xyz 座標系を作るプログラムは前問と同じなので省略する。

```
320 FOR I=0 TO 10
330 FOR J=0 TO 40
340 Z(I,J)=0
350 NEXT J:NEXT I
360 FOR I=11 TO 50
370 FOR J=0 TO 50-I
380 Z(I,J)=0
390 NEXT J:NEXT I
400 FOR I=5 TO 20
410 FOR J=10 TO 20
420 Z(I,J)=10
430 NEXT J:NEXT I
440 DX=.1#:DY=.1#:T=0:DT=.01:A=.1#
```

```
450 N1=TMAX*100
460 FOR I0=1 TO N1
470 FOR I=1 TO 10
480 FOR J=1 TO 39
490 Z(I,J)=Z(I,J)+A*(Z(I+1,J)+Z(I-1,J)+Z(I,J+1)+Z
(I,J-1)-4*Z(I,J))*DT/(DX)^2
500 NEXT J:NEXT I
510 FOR I=11 TO 48
520 FOR J=1 TO 49-I
530 Z(I,J)=Z(I,J)+A*(Z(I+1,J)+Z(I-1,J)+Z(I,J+1)+Z
(I,J-1)-4*Z(I,J))*DT/(DX)^2
540 NEXT J:NEXT I
550 FOR I=1 TO 48:Z(I,0)=Z(I,1):NEXT I
560 FOR I=1 TO 10:Z(I,40)=Z(I,39):NEXT I
570 FOR I=11 TO 48:Z(I,50-I)=Z(I,49-I):NEXT I
580 FOR J=1 TO 39:Z(0,J)=Z(1,J):NEXT J
590 Z(0,0)=Z(1,1):Z(0,40)=Z(1,39)
600 Z(50,0)=Z(48,1):Z(49,0)=Z(48,1):Z(49,1)=Z(48,1)
610 T=T+DT
620 NEXT I0
630 PRINT "t=";TMAX
640 FOR I=0 TO 8 STEP 2
650 LINE (FNU(I*DX,0),FNV(I*DX,0))-(FNU(I*DX,0),
FNV(I*DX,Z(I,0)))
660 FOR J=1 TO 40
670 LINE -(FNU(I*DX,J*DY),FNV(I*DX,Z(I,J)))
680 NEXT J:LINE -(FNU(I*DX,40*DY),FNV(I*DX,0)):
NEXT I
690 FOR I=10 TO 50 STEP 2
700 LINE (FNU(I*DX,0),FNV(I*DX,0))-(FNU(I*DX,0),FNV
(I*DX,Z(I,0)))
710 FOR J=1 TO 50-I
720 LINE -(FNU(I*DX,J*DY),FNV(I*DX,Z(I,J)))
730 NEXT J:LINE -(FNU(I*DX,(50-I)*DY),FNV(I*DX,0))
:NEXT I
```

40～90 行で，$X_{max}=5$，$\Delta\overline{X}=1$，$Y_{max}=4$，$\Delta\overline{Y}=1$，$Z_{max}=10$，$\Delta\overline{Z}=2$ を代入した。

100 行で，$T_{max}=0$ を代入した。題意より，この後 $T_{max}=0.5$，1，2，…，32 を代入して，それぞれの時刻における温度 z の分布のグラフを描く。

110 行で，配列 $z(50, 40)$ を定義して，これを温度 $z_{i,j}=z(\mathrm{I}, \mathrm{J})$ として利用する。

120～310 行は，xyz 座標系を作るプログラムで，これは演習問題 **25** のものとほぼ同じである。

320～430 行で，温度 $z_{i,j}$ の初期分布を入力し，**440** 行で，$\Delta x=\mathrm{DX}=0.1$，$\Delta y=\mathrm{DY}=0.1$，初めの時刻 $t=0$，微小時間 $\Delta t=\mathrm{DT}=0.01$，定数 $\alpha=A=1$ を代入した。

450 行で，その後の大きな **FOR～NEXT (I0)** のループ計算の繰り返し回数 **N1** を $\mathrm{N1}=\dfrac{T_{max}}{\Delta t}=100\cdot T_{max}$ として代入した。

460～620 行の **FOR～NEXT (I0)** 文では，**I0＝1，2，…，N1** までループ計算を行い，時刻 T_{max} ($T_{max}=0$ のときだけは，**N1＝0** となるので，このループ計算は **1** 回も行われない。) における温度 $z_{i,j}$ の値を算出する。

470～500 行と **510～540** 行の **2** つの **FOR～NEXT (I, J)** 文により，境界線の内部のすべての点における $z_{i,j}$ の値を **490** 行と **530** 行の一般式により，更新する。ここまでは，前問 (演習問題 **27**) のプログラムと同様である。

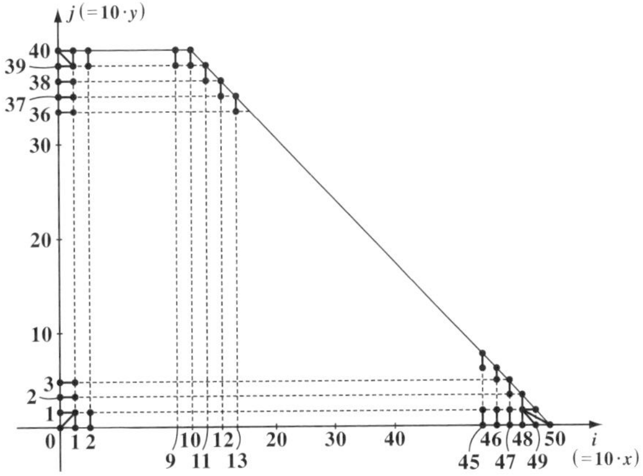

550～600 行は，境界における断熱条件をみたすために，境界線上の点の温度は，それより **1** つ内側の点の温度と等しくした。右図でその状況を "●-●" や "●|●" などの形で表した。

これにより，境界線から熱が放出されることはない。**610** 行では時刻 t も $t=t+\Delta t$ により更新した。

以上の操作を，**I0＝N1** となるまで繰り返し計算することにより，時刻 t＝$\mathrm{T_{max}}$ における温度 $z_{i,j}$ の値が求められる。

630 行で，$\mathrm{T_{max}}$ を $t=\mathrm{T_{max}}$ の形で表示する。

640～680 行の **FOR～NEXT(I)** 文により，**I＝0，2，4，6，8** と変化させて，$z_{i,j}$ を表す **5** 本の曲線（折れ線）を描く。まず，**650** 行で，**2** 点 **[I×DX，0，0]** と **[I×DX，0，Z(I，0)]** を uv 座標に変換して連結する。次に，**660～680** 行の **FOR～NEXT(J)** 文により，点 **[I×DX，J×DY，Z(I，J)]**（**J＝1，2，…，40**）を uv 座標に変換して，順次連結していき，最後に，**680** 行で，**[I×DX，40×DY，Z(I，40)]** と **[I×DX，40×DY，0]** を uv 座標に変換して連結する。

690～730 行の **FOR～NEXT(I)** 文により，**I＝10，12，14，…，50** と変化させて，$z_{i,j}$ を表す **21** 本の曲線（折れ線）を描く。まず，**700** 行で，**2** 点 **[I×DX，0，0]** と **[I×DX，0，Z(I，0)]** を uv 座標に変換して連結する。次に，**710～730** 行の **FOR～NEXT(J)** 文により，点 **[I×DX，J×DY，Z(I，J)]**（**J＝1，2，…，50－I**）を uv 座標に変換して次々に連結し，最後に，**730** 行で，**[I×DX，(50－I)×DY，Z(I，50－I)]** と **[I×DX，(50－I)×DY，0]** を uv 座標に変換して連結する。

それでは，$\mathrm{T_{max}}$＝**0，0.5，1，2，4，8，16，32**（秒）のとき，このプログラムを実行して得られる温度 z の分布のグラフを以下に示そう。今回は断熱条件なので，時刻の経過と共に $x=\dfrac{5}{4}\left(=\dfrac{1.5\times1\times10}{\frac{1}{2}(1+5)4}=\dfrac{15}{12}\right)$ の一様分布に近づく。

（i）$t=0$（秒）のとき（z の初期分布）

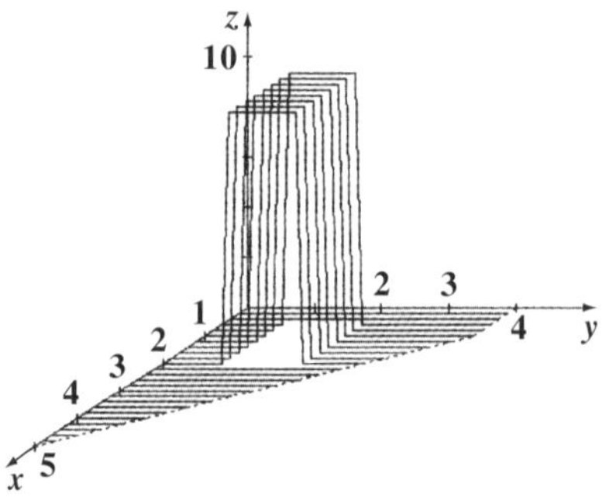

（ii）$t=0.5$（秒）のとき

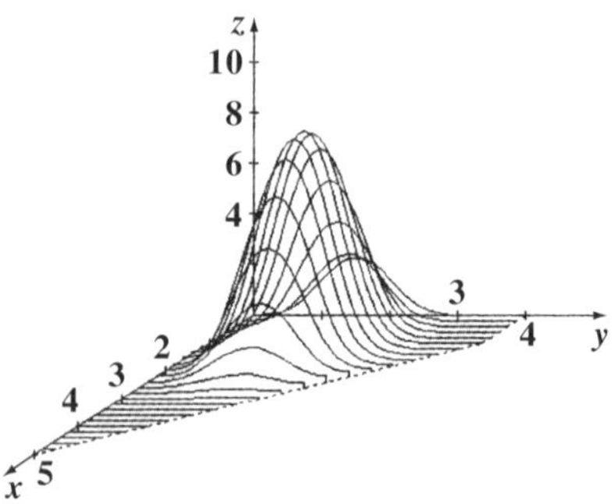

(iii) $t = \mathbf{1}$ (秒) のとき

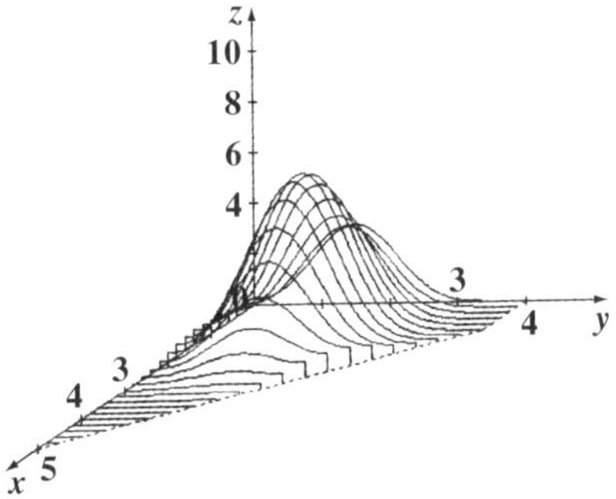

(iv) $t = \mathbf{2}$ (秒) のとき

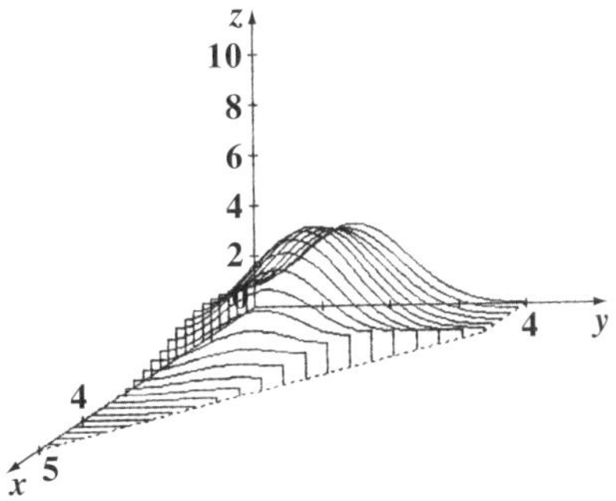

(v) $t = \mathbf{4}$ (秒) のとき

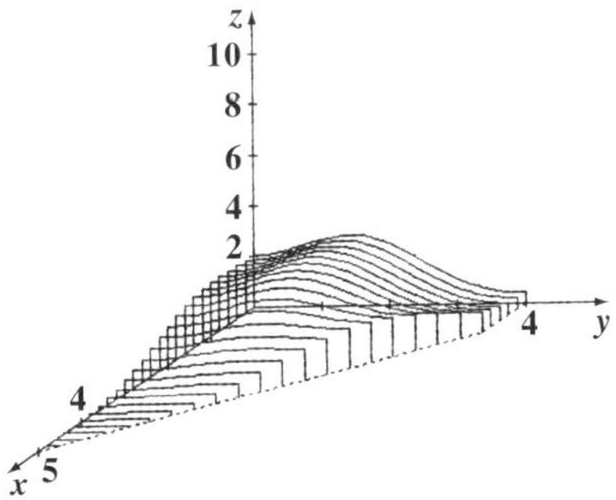

(vi) $t = \mathbf{8}$ (秒) のとき

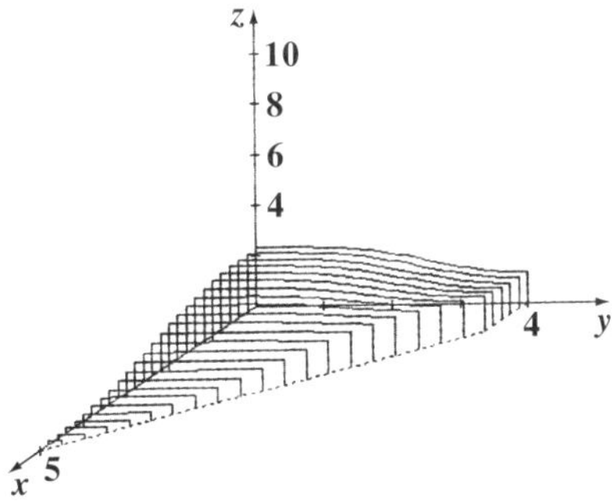

(vii) $t = \mathbf{16}$ (秒) のとき

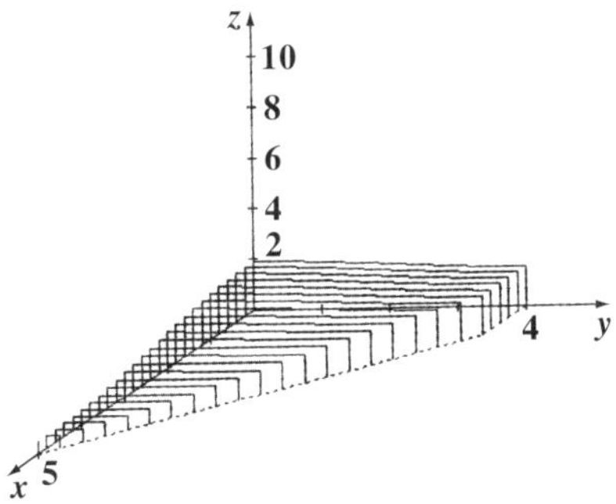

(viii) $t = \mathbf{32}$ (秒) のとき

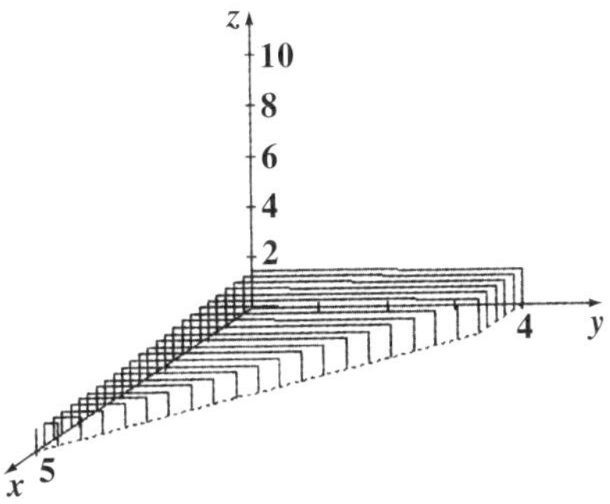

演習問題 29　● 2次元熱伝導方程式（放熱）(V) ●

温度 $z(x, y, t)$ (x, y：位置，t：時刻) について，次の2次元熱伝導方程式が与えられている。

$$\frac{\partial z}{\partial t} = \frac{1}{10}\left(\frac{\partial^2 z}{\partial x^2} + \frac{\partial^2 z}{\partial y^2}\right) \cdots\cdots ① \quad \left(\begin{cases} \cdot\, 0 < x \leqq 3 \text{ のとき，} 0 < y < 4 \\ \cdot\, 3 < x < 5 \text{ のとき，} 2 < y < 4 \end{cases} \cdots ②\right)$$

境界条件：$z(0, y, t) = 0 \ (0 \leqq y \leqq 4)$，$z(3, y, t) = 0 \ (0 \leqq y \leqq 2)$，
$z(5, y, t) = 0 \ (2 \leqq y \leqq 4)$，$z(x, 0, t) = 0 \ (0 \leqq x \leqq 3)$，
$z(x, 2, 0) = 0 \ (3 \leqq x \leqq 5)$，$z(x, 4, t) = 0 \ (0 \leqq x \leqq 5)$

$$\text{初期条件：} z(x, y, 0) = \begin{cases} 10 & \left(\begin{cases} \frac{1}{2} \leqq x \leqq 2, \text{ かつ } \frac{1}{2} \leqq y \leqq 3 \\ 2 < x \leqq 4, \text{ かつ } \frac{5}{2} \leqq y \leqq 3 \end{cases} \cdots ③\right) \\ 0 & \left(\begin{array}{l} \text{等号を含む②の領域の内，} \\ \text{③以外の領域} \end{array}\right) \end{cases}$$

①を差分方程式（一般式）で表し，$\Delta x = \Delta y = 10^{-1}$，$\Delta t = 10^{-2}$ として，数値解析により，時刻 $t = 0, 0.5, 1, 2, 4, 8$ (秒) における温度 z の分布のグラフを xyz 座標空間上に図示せよ。

ヒント！ 今回は，境界線が右図のように，切り欠きのある長方形で不規則な形をしている。境界条件が放熱条件となっているので，この境界線上のすべての点の温度 z は $z = 0$ (°C) に保たれるんだね。また，初期条件として，$z = 10$ (°C) となる領域も右図に赤網部で示している。この2次元熱伝導方程式の問題もフーリエ解析などで解析的に解くことは難しいけれど，数値解析であればこれまでと同様に近似解を求めることができる。

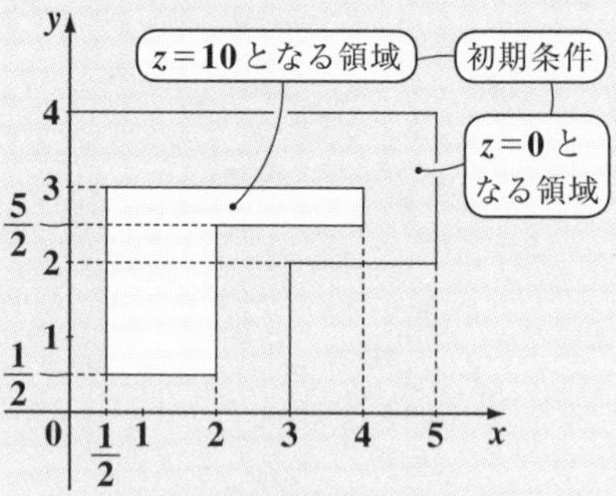

解答＆解説

①の差分方程式から一般式を導くと，

$z_{i,j}=z_{i,j}+\underbrace{\frac{\alpha\cdot\Delta t}{(\Delta x)^2}}_{\frac{0.1\cdot 10^{-2}}{(10^{-1})^2}=0.1}(z_{i+1,j}+z_{i-1,j}+z_{i,j+1}+z_{i,j-1}-4z_{i,j})$ ……④ となる。また，①の領域を大きめにとって，$0\leqq x\leqq 5$，$0\leqq y\leqq 4$ である。また，$\Delta x=\Delta y=10^{-1}$ より，$\frac{5}{\Delta x}=50$，$\frac{4}{\Delta y}=40$ となるので，今回，温度を表す配列として，$z(50, 40)$ を定義して利用する。それでは，この2次元熱伝導方程式を解くための数値解析プログラムを下に示す。

```
10 REM  ------------------------------------------
20 REM   演習 2次元熱伝導方程式(放熱) 3-1
30 REM  ------------------------------------------
40 XMAX=5
50 DELX=1
60 YMAX=4
70 DELY=1
80 ZMAX=10
90 DELZ=2
100 TMAX=0
110 DIM Z(50,40)
```

120～330行は，xyz座標系を作るプログラムで，以下に示す180～210行を除いて，演習問題25のものとほぼ同じである。これは，xy平面上の②の領域の切り欠き部分を点線で表すためのものである。

```
180 LINE (FNU(3,0),FNV(3,0))-(FNU(3,2),FNV(3,0)),,,2
190 LINE (FNU(3,2),FNV(3,0))-(FNU(5,2),FNV(5,0)),,,2
200 LINE (FNU(5,2),FNV(5,0))-(FNU(5,4),FNV(5,0)),,,2
210 LINE (FNU(5,4),FNV(5,0))-(FNU(0,4),FNV(0,0)),,,2
```

```
340 FOR I=0 TO 30
350 FOR J=0 TO 40
360 Z(I,J)=0:NEXT J:NEXT I
```

```
370 FOR I=31 TO 50
380 FOR J=20 TO 40
390 Z(I,J)=0:NEXT J:NEXT I
400 FOR I=5 TO 20
410 FOR J=5 TO 30
420 Z(I,J)=10:NEXT J:NEXT I
430 FOR I=21 TO 40
440 FOR J=25 TO 30
450 Z(I,J)=10:NEXT J:NEXT I
460 DX=.1#:DY=.1#:T=0:DT=.01:A=.1#
470 N1=TMAX*100
480 FOR I0=1 TO N1
490 FOR I=1 TO 29
500 FOR J=1 TO 39
510 Z(I,J)=Z(I,J)+A*(Z(I+1,J)+Z(I-1,J)+Z(I,J+1)+Z(I,
J-1)-4*Z(I,J))*DT/(DX)^2
520 NEXT J:NEXT I
530 FOR I=30 TO 49
540 FOR J=21 TO 39
550 Z(I,J)=Z(I,J)+A*(Z(I+1,J)+Z(I-1,J)+Z(I,J+1)+Z(I,
J-1)-4*Z(I,J))*DT/(DX)^2
560 NEXT J:NEXT I
570 T=T+DT
580 NEXT I0
590 PRINT "t=";TMAX
600 FOR I=0 TO 28 STEP 2
610 PSET (FNU(I*DX,0),FNV(I*DX,0))
620 FOR J=1 TO 40
630 LINE -(FNU(I*DX,J*DY),FNV(I*DX,Z(I,J)))
640 NEXT J:NEXT I
```

```
650 FOR I=30 TO 50 STEP 2
660 PSET (FNU(I*DX,2),FNV(I*DX,0))
670 FOR J=21 TO 40
680 LINE -(FNU(I*DX,J*DY),FNV(I*DX,Z(I,J)))
690 NEXT J:NEXT I
```

40～**90** 行で，$\mathbf{X_{max}=5}$，$\Delta\overline{\mathbf{X}}=\mathbf{1}$，$\mathbf{Y_{max}=4}$，$\Delta\overline{\mathbf{Y}}=\mathbf{1}$，$\mathbf{Z_{max}=10}$，$\Delta\overline{\mathbf{Z}}=\mathbf{2}$ を代入し，**100** 行で，$\mathbf{T_{max}=0}$ を代入した。題意より，この後 $\mathbf{T_{max}=0.5}$，**1**，**2**，**4**，**8** を順次代入して，プログラムを実行し，それぞれの時刻における温度 z の分布のグラフを描く。

110 行で，配列 $z(\mathbf{50},\ \mathbf{40})$ を定義して，これを各点の温度 $z_{i,j}=z(i,\ j)$ として用いる。

120～**330** 行は xyz 座標系を作るプログラムで，**180**～**210** 行での長方形の切り欠き部分を点線で表すプログラムを除いて，演習問題 **25** の **120**～**310** 行のプログラム (**P115**，**116**) と同じものである。

340～**390** 行の **2** つの **FOR**～**NEXT**(**I**，**J**) 文により，等号を含む②の領域に対応する温度 $z_{i,j}$($i=\mathbf{0}$，**1**，…，**30** のとき，$j=\mathbf{0}$，**1**，…，**40**，および $i=$ **31**，**32**，…，**50** のとき，$j=\mathbf{20}$，**21**，…，**40**) を $z_{i,j}=\mathbf{0}$(℃) として初期化した。

400～**450** 行の **2** つの **FOR**～**NEXT**(**I**，**J**) 文により，z の初期分布 $z_{i,j}$ を $z_{i,j}=\mathbf{10}$ ($i=\mathbf{5}$，**6**，…，**20** のとき，$j=\mathbf{5}$，**6**，…，**30**，および $i=\mathbf{21}$，**22**，…，**40** のとき，$j=\mathbf{25}$，**26**，…，**30**) として代入した。

460 行で，$\Delta x=\mathbf{DX}=\mathbf{0.1}$，$\Delta y=\mathbf{DY}=\mathbf{0.1}$，初めの時刻 $t=\mathbf{0}$，微小時間 $\Delta t=\mathbf{DT}=\mathbf{0.01}$，定数 $\alpha=A=\mathbf{1}$ を代入した。

470 行で，その後の大きな **FOR**～**NEXT**(**I0**) 文のループ計算の繰り返し回数 **N1** を $\mathbf{N1}=\dfrac{\mathbf{T_{max}}}{\Delta t}=\dfrac{\mathbf{T_{max}}}{\mathbf{10^{-2}}}=\mathbf{100\,T_{max}}$ として代入した。

480～**580** 行の **FOR**～**NEXT**(**I0**) 文では，$\mathbf{I0=1}$，**2**，…，**N1** までループ計算を行い，$t=\mathbf{T_{max}}$ ($\mathbf{T_{max}=0}$ のときは，$\mathbf{N1=0}$ となるので，このループ計算は **1** 度も行われることはない。) における領域内の各点における温度 $z_{i,j}$ の値を算出する。

490～**560** 行の **2** つの **FOR**～**NEXT**(**I**，**J**) 文により，②に対応する境界線の内部のすべての点の温度 $z_{i,j}$ の値を Δt(秒) 毎に更新する。この計算の様子を図を使って解説しよう。

右図に示すように，**490～520** 行の **FOR～NEXT(I, J)** 文の中の **510** 行の一般式により，$z_{i,j}$(i=**1, 2, …, 29** のとき，j=**1, 2, …, 39**) の値を更新する。

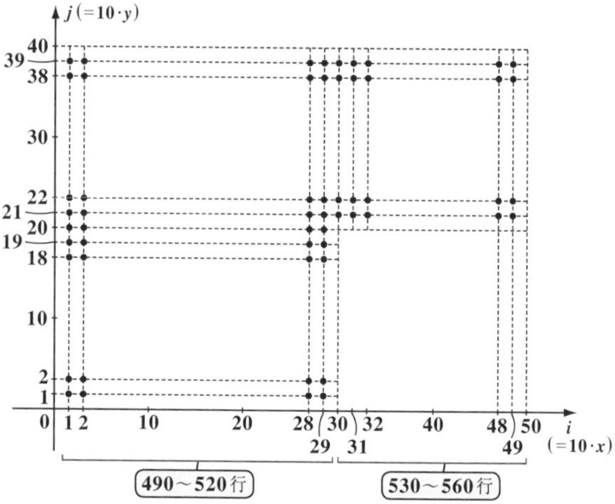

次に，**530～560** 行の **FOR～NEXT(I, J)** 文の中の **550** 行の一般式により，$z_{i,j}$(i=**30, 31, …, 49** のとき，j=**21, 22, …, 39**) の値を更新する。

570 行で，時刻 t も $t=t+\Delta t$ により更新する。

この計算を **I0＝N1** となるまで繰り返して，$t=\mathrm{T_{max}}$ における $z_{i,j}$ の温度分布の値をすべて求める。ここで，境界線上の点の温度 $z_{i,j}$ は更新されることなく，$z_{i,j}=0$ (℃) のままである。これで，放熱条件の境界条件をみたしていることになる。

590 行で，$\mathrm{T_{max}}$ の値を $t=\mathrm{T_{max}}$ の形で表示する。

600～640 行の **FOR～NEXT(I)** 文により，**I＝0, 2, 4, …, 28** と変化させて，$z_{i,j}$ を表す **15** 本の曲線を描く。まず，**610** 行で，点 **[I×DX, 0, 0]** を uv 座標に変換して表示する。

次に，**620～640** 行の **FOR～NEXT(J)** 文により，点 **[I×DX, J×DY, Z(I, J)]** (**J＝1, 2, …, 40**) を uv 座標に変換して，順次連結して，$z_{i,j}$ を表す曲線を描く。

650～690 行の **FOR～NEXT(I)** 文により，**I＝30, 32, …, 50** と変化させて，$z_{i,j}$ を表す **11** 本の曲線を描く。まず，**660** 行で，**[I×DX, 2, 0]** を uv 座標に変換して表示する。

次に，**670～690** 行の **FOR～NEXT(J)** 文により，点 **[I×DX, J×DY, Z(I, J)]** (**J＝21, 22, …, 40**) を uv 座標に変換して，順次連結して，$z_{i,j}$ を表す曲線を描く。

それでは，$\mathrm{T_{max}}$=**0, 0.5, 1, 2, 4, 8** (秒) のとき，このプログラムを実行して得られる温度 z の分布のグラフを次に示す。今回は，放熱条件なので，時刻の経過と共に，z は $z=0$ (℃) の一様分布に近づいていくことが分かる。

(ⅰ) $t = \mathbf{0}$(秒)のとき（zの初期分布）

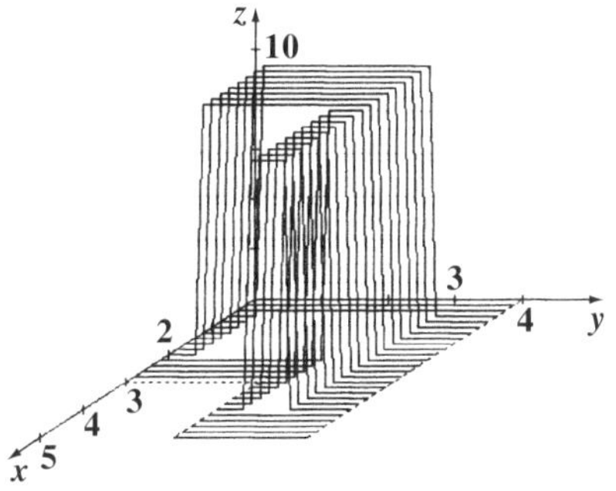

(ⅱ) $t = \mathbf{0.5}$(秒)のとき

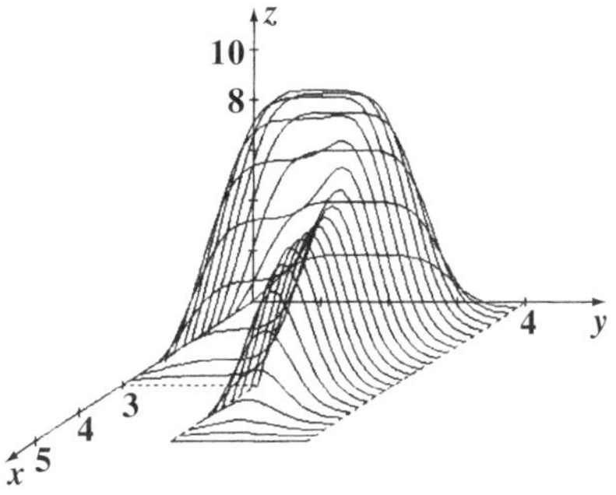

(ⅲ) $t = \mathbf{1}$(秒)のとき

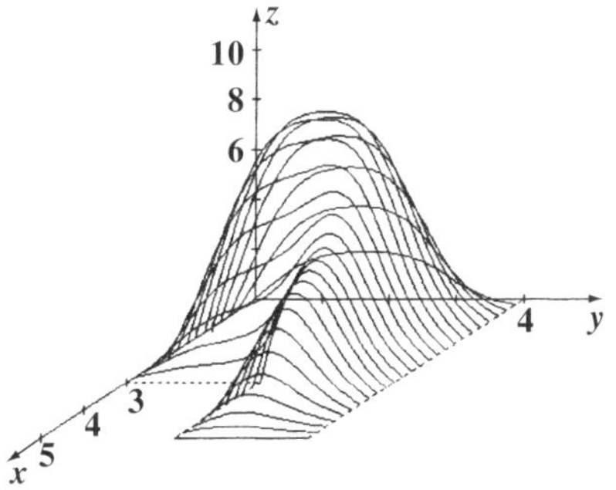

(ⅳ) $t = \mathbf{2}$(秒)のとき

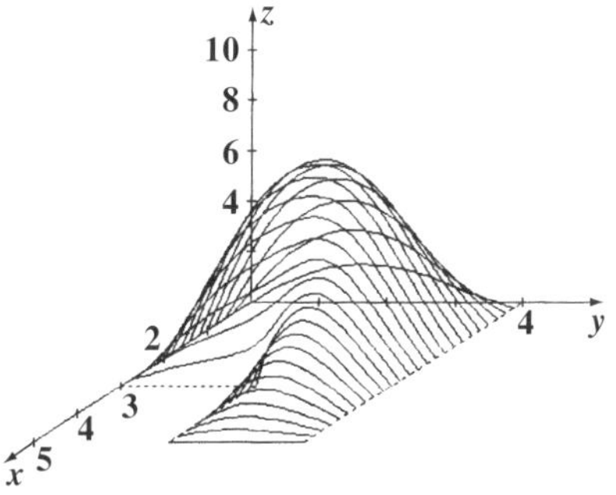

(ⅴ) $t = \mathbf{4}$(秒)のとき

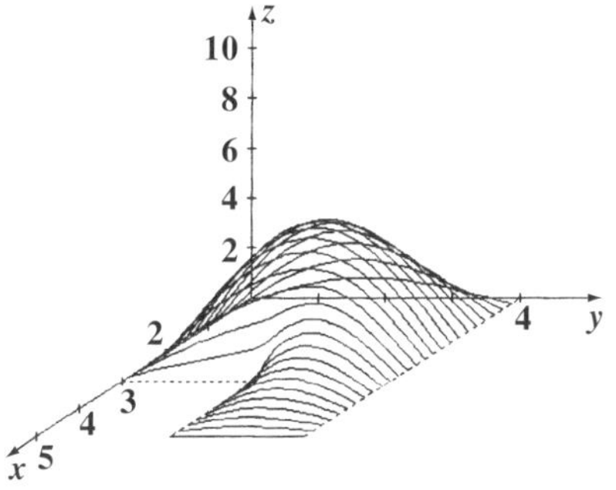

(ⅵ) $t = \mathbf{8}$(秒)のとき

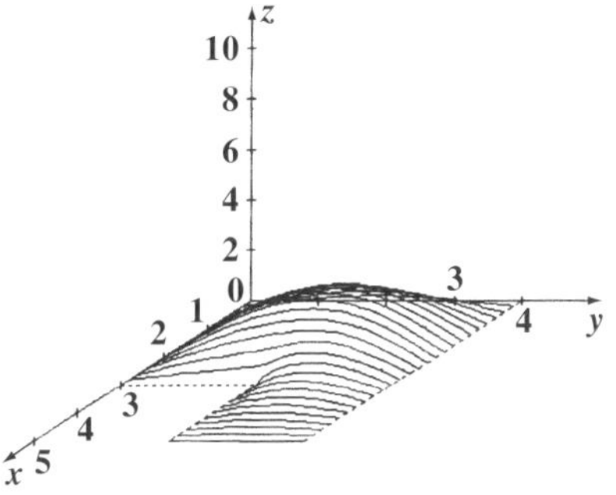

演習問題 30　●2次元ラプラス方程式(Ⅰ)●

関数 $z(x,\ y)$ $(x,\ y$：位置) について，次の2次元ラプラス方程式が与えられている。

$$\frac{\partial^2 z}{\partial x^2}+\frac{\partial^2 z}{\partial y^2}=0 \quad \cdots\cdots ① \quad (0<x<4,\ 0<y<4)$$

境界条件：$z(x,\ 0)=z(x,\ 4)=z(4,\ y)=0$,

$$z(0,\ y)=\begin{cases} y & (0<y\leqq 3) \\ -3y+12 & (3<y<4) \end{cases}$$

①を差分方程式(一般式)で表し，$\Delta x=\Delta y=0.1$ として，数値解析により，この調和関数 $z(x,\ y)$ のグラフの概形を xyz 座標空間上に描け。

ヒント！ ①のラプラス方程式を差分方程式で表すと，次式のようになる。

$$\frac{z_{i+1,j}+z_{i-1,j}-2z_{i,j}}{(\Delta x)^2}+\frac{z_{i,j+1}+z_{i,j-1}-2z_{i,j}}{(\Delta y)^2}=0$$ 両辺に $(\Delta x)^2\ (=(\Delta y)^2)$ をかけて，

一般式を求めると，右図に示すように，$z_{i,j}$ は，その東西南北 $(z_{i+1,j},\ z_{i-1,j},\ z_{i,j-1},\ z_{i,j+1})$ の相加平均として，$z_{i,j}=\dfrac{1}{4}(z_{i+1,j}+z_{i-1,j}+z_{i,j+1}+z_{i,j-1})\ \cdots ②$

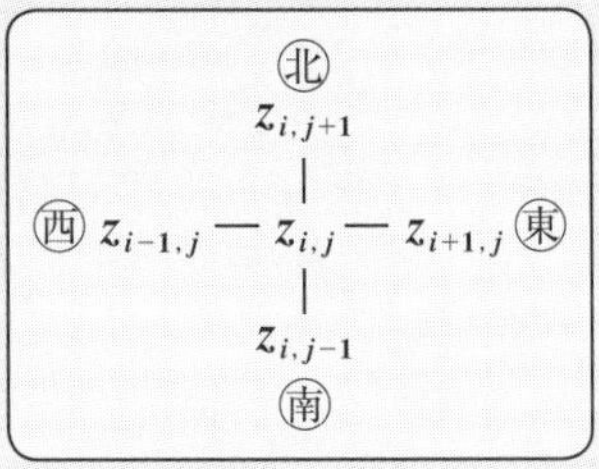

となる。$0\leqq x\leqq 4$，$0\leqq y\leqq 4$，$\Delta x=\Delta y=10^{-1}$ より，この領域内の点を配列 $z(40,\ 40)$ を用いて離散的に表すと，境界条件から，右図に示すように，境界線上の z の値は与えられている。よって，その内側の点 $z_{i,j}$ の値をまず，初めに，$z_{i,j}=0$ $(i=1,\ 2,\ \cdots,\ 39,\ j=1,\ 2,\ \cdots,\ 39)$ とおき，②の一般式を使って，これらすべての点の $z_{i,j}$ を1回更新する。さらに，これを2回，3回，…と更新し続けていくと，やがてこれらの値 $z_{i,j}$ は変化しなくなる。このときの $z_{i,j}$ $(i=0,\ 1,\ 2,\ \cdots,\ 40,\ j=0,\ 1,\ 2,\ \cdots,\ 40)$ が①をみたす調和関数 $z(x,\ y)$ の離散的な表示になっているんだね。

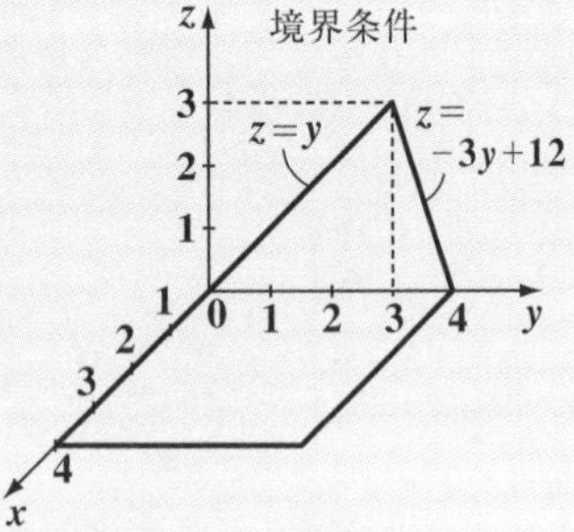

解答＆解説

①をラプラス方程式を差分方程式で表すと，

$$\frac{z_{i+1,j}+z_{i-1,j}-2z_{i,j}}{(\Delta x)^2}+\frac{z_{i,j+1}+z_{i,j-1}-2z_{i,j}}{(\Delta y)^2}=0$$

この両辺に $(\Delta x)^2\left(=(\Delta y)^2\right)(>0)$ をかけてまとめると，

$z_{i+1,j}+z_{i-1,j}-2z_{i,j}+z_{i,j+1}+z_{i,j-1}-2z_{i,j}=0$ より，一般式：

$z_{i,j}=\dfrac{1}{4}(z_{i+1,j}+z_{i-1,j}+z_{i,j+1}+z_{i,j-1})$ ……② が導ける。この②を利用して，

①のラプラス方程式の解を数値解析プログラムを使って求める。

領域：$0\leqq x\leqq 4$，$0\leqq y\leqq 4$ であり，$\Delta x=\Delta y=10^{-1}$ より，$\dfrac{4}{\Delta x}=\dfrac{4}{\Delta y}=40$ となる。

これから，この領域内の点の z 座標を配列 $z(40,\ 40)$ を用いて，$z_{i,j}(i=0,\ 1,\ \cdots,\ 40,\ j=0,\ 1,\ \cdots,\ 40)$ で表すことにする。

境界条件で，$z(0,\ y)=\begin{cases} y & (0<y\leqq 3) \\ -3y+12 & (3<y<4) \end{cases}$ ……③ が与えられているので，

$z_{0,j}=\dfrac{j}{10}\quad(j=0,\ 1,\ \cdots,\ 30)$，$z_{0,j}=-3\cdot\dfrac{j}{10}+12\quad(j=31,\ 32,\ \cdots,\ 40)$

とおき，その他のものは，初めは $z_{i,j}=0\ (i=0,\ 1,\ \cdots,\ 40,\ j=0,\ 1,\ \cdots,\ 40)$

とおく。

（これは，③以外の3辺の境界条件をみたすと共に境界内部の点の $z_{i,j}$ をまず0とおいている。）

・まず，境界内部の点 $z_{i,j}(i=1,\ 2,\ \cdots,\ 39,\ j=1,\ 2,\ \cdots,\ 39)$ を②の一般式を使って，その値を更新すると，当然 $z_{i,j}$ は $z_{i,j}=0$ から変化する。

・次に，2回目として，$z_{i,j}(i=1,\ 2,\ \cdots,\ 39,\ j=1,\ 2,\ \cdots,\ 39)$ を②の一般式使って，その値を更新すると，$z_{i,j}$ の値はまた変化する。……

以下同様に，この操作を繰り返して，$z_{i,j}$ の値がほとんど変化しなくなるまで，この操作を続ける。

このほとんど変化しなくなる状態の判定条件として，すべての $z_{i,j}$ を調べると時間がかかるので，ここでは最も変動が大きいと予想される点の z 座標として $z_{1,30}$ をとり，前回の値と比較して，この変化分 $|\Delta z_{1,30}|\leqq 10^{-4}$ となったら，定常状態になって，調和関数 z になったものとして，この操作を終了し，複数の曲線によってこのグラフを描く。

（$z_{1,30}$：境界条件の山の点 [0, 3, 3] の1つ内側の点の z 座標のこと）

それでは，今回のラプラス方程式を解く数値解析プログラムを下に示す。

```
10 REM -----------------------------------------------------
20 REM   演習 2 次元ラプラス方程式4-1
30 REM -----------------------------------------------------
40 XMAX=4
50 DELX=1
60 YMAX=4
70 DELY=1
80 ZMAX=4
90 DELZ=1
100 N=0
110 DIM Z(40,40)
```

120～310 行は，xyz 座標系を作るプログラムで，これは演習問題 **25** のものと同じである。

```
320 FOR I=0 TO 40
330 FOR J=0 TO 40
340 Z(I,J)=0
350 NEXT J:NEXT I
360 FOR J=0 TO 30:Z(0,J)=J/10:NEXT J
370 FOR J=31 TO 40:Z(0,J)=-3*J/10+12:NEXT J
380 DX=.1#:DY=.1#
390 ZI=Z(1,30)
400 FOR J=1 TO 39
410 FOR I=1 TO 39
420 Z(I,J)=(Z(I+1,J)+Z(I-1,J)+Z(I,J+1)+Z(I,J-1))/4
430 NEXT I:NEXT J
440 N=N+1
450 IF ABS(ZI-Z(1,30))<=.0001 THEN GOTO 470
460 GOTO 390
470 PRINT "N=";N
```

```
480 FOR I=0 TO 40 STEP 2
490 PSET (FNU(I*DX,0),FNV(I*DX,0))
500 FOR J=1 TO 40
510 LINE -(FNU(I*DX,J*DY),FNV(I*DX,Z(I,J)))
520 NEXT J:NEXT I
```

40～90 行で，$\mathbf{X}_{\max}=4$，$\Delta\overline{\mathbf{X}}=1$，$\mathbf{Y}_{\max}=4$，$\Delta\overline{\mathbf{Y}}=1$，$\mathbf{Z}_{\max}=4$，$\Delta\overline{\mathbf{Z}}=1$ を代入し，**100** 行で，$z_{i,j}$ が定常状態になるまでの計算回数 **N** の初期値として **N＝0** を代入した。

110 行で，配列 $z(40,\ 40)$ を定義し，$z_{i,j}=z(i,\ j)$ $(i=0,\ 1,\ 2,\ \cdots,\ 40,\ j=0,\ 1,\ 2,\ \cdots,\ 40)$ の形で，調和関数 $z(x,\ y)$ $(0\leqq x\leqq 4,\ 0\leqq y\leqq 4)$ を近似する。

120～310 行は，xyz 座標系を作るプログラムで，演習問題 **25** と同じものである。

320～350 行の **FOR～NEXT(I, J)** 文により，まず，$z_{i,j}=0$ $(i=0,\ 1,\ \cdots,\ 40,\ j=0,\ 1,\ \cdots,\ 40)$ を代入した。

360, 370 行で，**2** つの **FOR～NEXT(J)** 文により，境界条件：$z(0,\ y)=y$ $(0\leqq y\leqq 3)$ と $z(0,\ y)=-3y+12$ $(3<y\leqq 4)$ を $z_{i,j}$ の形で代入した。

380 行で，$\Delta x=\Delta y=10^{-1}$ を代入した。

390 行で，すべての $z_{i,j}$ $(i=1,\ 2,\ \cdots,\ 39,\ j=1,\ 2,\ \cdots,\ 39)$ が定常状態になったか，否かを判定する指標として，$z_{1,30}=z(1,\ 30)$ を利用し，これを **ZI** に代入して，**ZI＝Z(1, 30)** とした。

（**N＝0** のとき，これはまだ **0** だね。**N＝1, 2, 3,** …と計算していくにつれてこれは変化していく。）

400～430 行の **FOR～NEXT(J, I)** 文により，境界線より内側のすべての $z_{i,j}$ $(i=1,\ 2,\ \cdots,\ 39,\ j=1,\ 2,\ \cdots,\ 39)$ の値を一般式により更新した。

440 行で，**N** も **N＝N＋1** により更新する。

450 行の論理 **IF** 文で，**|ZI－Z(1, 30)|** が 10^{-4} 以下となるか，否かを調べ，

（**ZI**：更新前）（**Z(1, 30)**：更新後の **Z(1, 30)** の値）

- もし，これが 10^{-4} 以下であれば，**470** 行に飛んで，$z_{i,j}$ $(i=0,\ 1,\ \cdots,\ 40,\ j=0,\ 1,\ \cdots,\ 40)$ は既に調和関数 $z(x,\ y)$ になったものとして，そのグラフを描く操作に入る。
- もし，これが 10^{-4} より大きければ，**460** 行に行き，ここで **390** 行に飛んで，**ZI** を **ZI＝Z(1, 30)** により更新した後，同様の操作を繰り返し行う。

$z_{i,j}$ が調和関数になったと判断されると，**470** 行で，まず，繰り返し計算の回数 **N** を表示する。

480～**520** 行の **FOR**～**NEXT (I)** 文により，**I**＝**0**, **2**, **4**, …, **40** と変化させて，**21** 本の曲線を描き，これで，調和関数 $z_{i,j}$ (＝$z(x, y)$) のグラフとして表示する。

490 行で，まず，点 **[I×DX, 0, 0]** を uv 座標に変換して表示する。

500～**520** 行の **FOR**～**NEXT (J)** 文により，点 **[I×DX, J×DY, Z(I, J)]** (**J**＝**1**, **2**, …, **40**) を uv 座標に変換して，順次連結して，曲線を描く。

それでは，このプログラムを実行した結果得られる **N** の値とそのときの調和関数 $z(x, y)$ のグラフの概形を右図に示す。

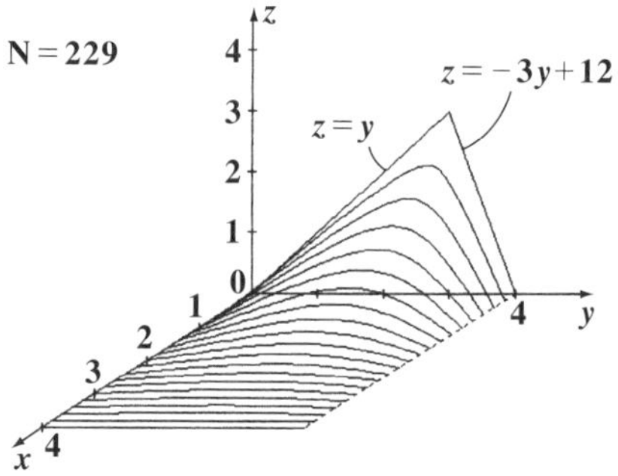

左上に **N**＝**229** と表示されているので，この調和関数 $z(x, y)$ が収束するまで，**229** 回の繰り返し計算が行われたことが分かる。その結果，右図のような滑らかで美しい調和関数の曲面が求められた。

実は，今回のラプラス方程式の解については，「**演習 フーリエ解析キャンパス・ゼミ**」でも掲載し，フーリエ級数を使って解析的に解いた結果のグラフも示している。今回の結果と非常に良い一致を示していることを，読者の皆さんも各自確認されるといいと思う。

演習問題 31　● 2次元ラプラス方程式(Ⅱ) ●

関数 $z(x, y)$ $(x, y$：位置$)$ について，次の2次元ラプラス方程式が与えられている。

$$\frac{\partial^2 z}{\partial x^2}+\frac{\partial^2 z}{\partial y^2}=0 \quad \cdots\cdots ① \quad (0<x<4,\ 0<y<4)$$

境界条件：$z(x, 0)=z(x, 4)=z(4, y)=0$,

$$z(0, y)=\begin{cases} 2y-2 & (1<y\leqq 2) \\ -2y+6 & (2<y\leqq 3) \\ 0 & (0<y\leqq 1,\ 3<y<4) \end{cases}$$

①を差分方程式(一般式)で表し，$\Delta x=\Delta y=0.1$ として，数値解析により，この調和関数 $z(x, y)$ のグラフの概形を xyz 座標空間上に描け。

ヒント！ 境界条件で，$z(0, y)$ の関数が異なるだけで，他は演習問題30(P144)と同じ設定条件の問題だね。配列 $z(40, 40)$ を定義して，関数 $z(x, y)$ を $z_{i,j}$ $(i=0, 1, \cdots, 40,\ j=0, 1, \cdots, 40)$ で表し，$z(0, y)$ すなわち $z_{0,j}$ $(j=1, 2, \cdots, 39)$ 以外はまずすべて $z_{i,j}=0$ $(i=1, 2, \cdots, 40,\ j=0, 1, \cdots, 40)$ とする。そして，①の一般式により，境界線の内部のすべての点の $z_{i,j}$ $(i=1, 2, \cdots, 39,\ j=1, 2, \cdots, 39)$ の更新を繰り返し行い，変動が大きいと考えられる $z(1, 20)$ の変化分が 10^{-4} 以下に入ったら，$z_{i,j}$ は調和関数になったものと判断して，そのグラフを描こう。

解答＆解説

①の解である調和関数 $z(x, y)$ のグラフを，一般式：$z_{i,j}=\frac{1}{4}(z_{i+1,j}+z_{i-1,j}+z_{i,j+1}+z_{i,j-1})$ を使って求めるプログラムを以下に示す。

```
10 REM -----------------------------------------
20 REM   演習 2次元ラプラス方程式4-2
30 REM -----------------------------------------
40 XMAX=4
50 DELX=1
60 YMAX=4
70 DELY=1
80 ZMAX=4
90 DELZ=1
```

```
100 N=0
110 DIM Z(40,40)
```

120～**310** 行は，xyz 座標系を作るプログラムで，これは演習問題 **25** のものと同じである。

```
320 FOR I=0 TO 40
330 FOR J=0 TO 40
340 Z(I,J)=0
350 NEXT J:NEXT I
360 FOR J=10 TO 20:Z(0,J)=2*J/10-2:NEXT J
370 FOR J=21 TO 30:Z(0,J)=-2*J/10+6:NEXT J
380 DX=.1#:DY=.1#
390 ZI=Z(1,20)
400 FOR J=1 TO 39
410 FOR I=1 TO 39
420 Z(I,J)=(Z(I+1,J)+Z(I-1,J)+Z(I,J+1)+Z(I,J-1))/4
430 NEXT I:NEXT J
440 N=N+1
450 IF ABS(ZI-Z(1,20))<=.0001 THEN GOTO 470
460 GOTO 390
470 PRINT "N=";N
480 FOR I=0 TO 40 STEP 2
490 PSET (FNU(I*DX,0),FNV(I*DX,0))
500 FOR J=1 TO 40
510 LINE -(FNU(I*DX,J*DY),FNV(I*DX,Z(I,J)))
520 NEXT J:NEXT I
```

40～**110** 行 で，$\mathbf{X}_{\max}=\mathbf{4}$，$\Delta\overline{\mathbf{X}}=\mathbf{1}$，$\mathbf{Y}_{\max}=\mathbf{4}$，$\Delta\overline{\mathbf{Y}}=\mathbf{1}$，$\mathbf{Z}_{\max}=\mathbf{4}$，$\Delta\overline{\mathbf{Z}}=\mathbf{1}$，計算回数の初期値 $\mathbf{N=0}$ を代入し，配列 $z(\mathbf{40},\ \mathbf{40})$ を定義した。

120～**310** 行は，xyz 座標系を作るプログラムで，この解説は省略する。

320～**350** 行の **FOR**～**NEXT** (**I**, **J**) 文により，まず，$z_{i,j}=\mathbf{0}$ ($i=\mathbf{0}, \mathbf{1}, \cdots, \mathbf{40}$, $j=\mathbf{0}, \mathbf{1}, \cdots, \mathbf{40}$) とする。次に，**360**，**370** 行の **2** つの **FOR**～**NEXT** (**J**) 文により，境界条件：$z(\mathbf{0},\ y)=\mathbf{2}y-\mathbf{2}\ (\mathbf{1}<y\leqq\mathbf{2})$ と $z(\mathbf{0},\ y)=-\mathbf{2}y+\mathbf{6}\ (\mathbf{2}<y\leqq\mathbf{3})$ を $z_{i,j}$ の形式にして代入した。

380 行で，$\Delta x=\Delta y=0.1$ を代入し，**390** 行で，収束の判定指標となる $z(1, 20)$ を **ZI=Z(1, 20)** として代入した。

400～430 行の **FOR～NEXT(J, I)** 文により，境界線の内側のすべての点の $z_{i,j}$ $(i=1, 2, \cdots, 39, j=1, 2, \cdots, 39)$ を一般式：

$z_{i,j}=\dfrac{1}{4}(z_{i+1,j}+z_{i-1,j}+z_{i,j+1}+z_{i,j-1})$ を用いて更新する。

440 行で，**N** も **N=N+1** により更新した。

450 行で，$|\mathrm{ZI}-\mathrm{Z}(1, 20)| \leqq 10^{-4}$ をみたすまで，この更新の計算を繰り返し，この条件をみたしたならば，**470** 行に飛んで，ここで繰り返し計算の回数 **N** を表示して，**480～520** 行の **FOR～NEXT(I, J)** 文により，そのときの調和関数 $z_{i,j}$ のグラフの概形を **21** 本の曲線により描く。

それでは，このプログラムを実行した結果得られる **N** の値と，そのときの調和関数 $z(x, y)$ のグラフの概形を右図に示す。

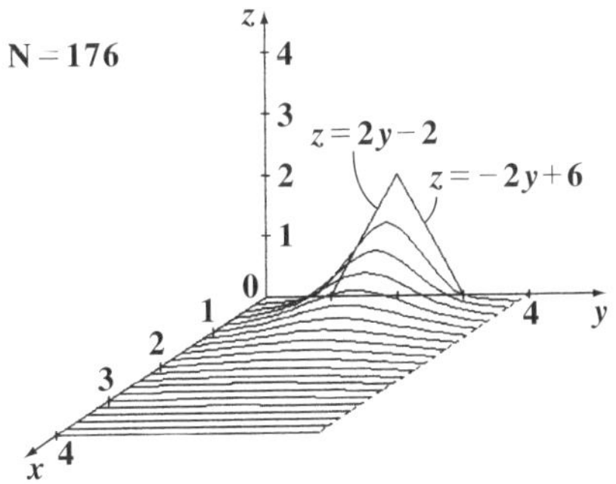

左上に，**N=176** と表示されているので，この調和関数 $z(x, y)$ に収束するまで，**176** 回の繰り返し計算が行われたことが分かる。その結果，右図のような滑らかで美しい調和関数の曲面が求められた。

今回のラプラス方程式の解も，「**演習 フーリエ解析キャンパス・ゼミ**」で取り扱った問題と同じものである。この「**演習 フーリエ解析キャンパス・ゼミ**」では，フーリエ級数を使って解析的に解いているけれど，求められた結果は今回求めたものと非常に良く一致している。各自，確認されるといい。

講義 Lecture 4 1次元・2次元波動方程式 ● methods & formulae

§1. 1次元波動方程式

変位 $y(x,\ t)$ (x：位置，t：時刻) についての1次元波動方程式は，

$\dfrac{\partial^2 y}{\partial t^2} = a^2 \dfrac{\partial^2 y}{\partial x^2}$ ……① である。

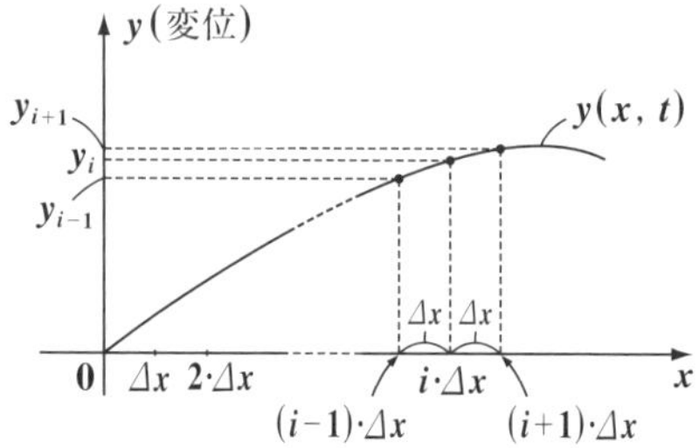

右図のように，弦の長さ L を N 等分して，微小な長さ $\Delta x \left(=\dfrac{L}{N}\right)$ に分割し，$(i-1)\cdot\Delta x$，$i\cdot\Delta x$，$(i+1)\cdot\Delta x$ における変位を順に，y_{i-1}，y_i，y_{i+1} とおく。このとき，①の差分方程式は，

$$\frac{1}{(\Delta t)^2}\{\underbrace{y_i(t+\Delta t)}_{\text{未来}}+\underbrace{y_i(t-\Delta t)}_{\text{過去}}-2\underbrace{y_i(t)}_{\text{現在}}\} = \frac{a^2}{(\Delta x)^2}(\underbrace{y_{i+1}+y_{i-1}-2y_i}_{\text{現在}})$$ となる。

両辺に $(\Delta t)^2$ をかけて，新たに定数 $m=\dfrac{a^2(\Delta t)^2}{(\Delta x)^2}$ とおくと，求める一般式は，

$$\underbrace{y_i(t+\Delta t)}_{\text{未来}} = 2(1-m)\cdot \underbrace{y_i + m(y_{i+1}+y_{i-1})}_{\text{現在}} - \underbrace{y_i(t-\Delta t)}_{\text{過去}} \quad \cdots\cdots ②$$ となる。

ここで，たとえば，$0 \leqq x \leqq 1$ で定義された弦を100等分するとき，配列 $\mathrm{Y}(100,\ 2)$ を定義して，$\underbrace{\mathrm{Y}(i,\ 0)}_{\text{過去}}$，$\underbrace{\mathrm{Y}(i,\ 1)}_{\text{現在}}$，$\underbrace{\mathrm{Y}(i,\ 2)}_{\text{未来}}$ $(i=0,\ 1,\ 2,\ \cdots,\ 100)$ とすると，②の一般式を **BASIC** プログラムで表せば，

```
Y(I, 2)=2*(1-M)*Y(I, 1)+M*(Y(I+1, 1)+Y(I-1, 1))-Y(I, 0)
```

となる。

後は，端点の条件が，

(i) 固定端のときは，$\mathrm{Y}(0,\ 2)=0$，$\mathrm{Y}(100,\ 2)=0$ となり，

(ii) 自由端のときは，$\mathrm{Y}(0,\ 2)=\mathrm{Y}(1,\ 2)$，$\mathrm{Y}(100,\ 2)=\mathrm{Y}(99,\ 2)$ となる。

§2. 2次元波動方程式

変位 $z(x,\ y,\ t)$ ($x,\ y$：位置，t：時刻) についての2次元波動方程式は，

$$\frac{\partial^2 z}{\partial t^2} = a^2\left(\frac{\partial^2 z}{\partial x^2} + \frac{\partial^2 z}{\partial y^2}\right) \quad \cdots\cdots ③$$

(a^2：定数) である。この差分方程式を求めると，

$$(③の左辺) = \frac{1}{(\Delta t)^2}\{z_{i,j}(t+\Delta t) + z_{i,j}(t-\Delta t) - 2z_{i,j}(t)\} \quad \cdots\cdots ④$$

$$(③の右辺) = a^2\left(\frac{\partial^2 z}{\partial x^2} + \frac{\partial^2 z}{\partial y^2}\right)$$

$$= a^2\left(\frac{z_{i+1,j} + z_{i-1,j} - 2z_{i,j}}{(\Delta x)^2} + \frac{z_{i,j+1} + z_{i,j-1} - 2z_{i,j}}{\underbrace{(\Delta y)^2}_{(\Delta x)^2}}\right)$$

（$\Delta x = \Delta y$ とする。）

$$= \frac{a^2}{(\Delta x)^2}(z_{i+1,j} + z_{i-1,j} + z_{i,j+1} + z_{i,j-1} - 4z_{i,j}) \quad \cdots\cdots ⑤$$

④，⑤を③に代入して，両辺に $(\Delta t)^2$ をかけると，

$$\underbrace{z_{i,j}(t+\Delta t)}_{未来} + \underbrace{z_{i,j}(t-\Delta t)}_{過去} - \underbrace{2z_{i,j}(t)}_{現在} = \underbrace{\frac{a^2(\Delta t)^2}{(\Delta x)^2}}_{m(定数)とおく。}\underbrace{(z_{i+1,j} + z_{i-1,j} + z_{i,j+1} + z_{i,j-1} - 4z_{i,j})}_{これらの時刻はすべて t で，現在}$$

となり，$\dfrac{a^2(\Delta t)^2}{(\Delta x)^2} = m$ (定数) とおくと，③の差分方程式は

$$\underbrace{z_{i,j}(t+\Delta t)}_{未来} = \underbrace{2(1-2m)z_{i,j} + m(z_{i+1,j} + z_{i-1,j} + z_{i,j+1} + z_{i,j-1})}_{現在} - \underbrace{z_{i,j}(t-\Delta t)}_{過去}$$

となり，これをプログラム上では，$z_{i,j}$ の値を更新する一般式として利用する。具体的に，たとえば，$0 \leqq x \leqq \mathrm{X_{max}}$，$0 \leqq y \leqq \mathrm{Y_{max}}$ で定義される波動面をそれぞれ40等分して，$\Delta x = \dfrac{\mathrm{X_{max}}}{40}$ と $\Delta y = \dfrac{\mathrm{Y_{max}}}{40}$ を2辺にもつ微小な切片に分割して数値解析する場合，変位 $z_{i,j}$ を表す配列としては，$\mathrm{Z}(40,\ 40,\ 2)$ を定義すればいい。$\mathrm{Z}(i,\ j,\ k)$ で，$i,\ j$ は $i=0,\ 1,\ 2,\ \cdots,\ 40$，$j=0,\ 1,\ 2,\ \cdots,\ 40$ により位置を表し，$k=0,\ 1,\ 2$ は，$k=0$ で過去を，$k=1$ で現在を，そして，$k=2$ で未来を表すものとする。後は，境界条件として，(i) 固定端，または (ii) 自由端を指定すれば，数値解析により，①の解を求めてグラフで表すことができる。

演習問題 32 ● 1次元波動方程式（固定端）(Ⅰ) ●

変位 $y(x, t)$ (x：位置，t：時刻）について，次の 1 次元波動方程式が与えられている。

$$\frac{\partial^2 y}{\partial t^2} = \frac{\partial^2 y}{\partial x^2} \cdots\cdots ① \quad (0 < x < 4, \ t > 0) \quad \leftarrow (a^2 = 1 \text{の場合})$$

初期条件：$y(x, 0) = \begin{cases} \frac{1}{27}x & (0 \leqq x \leqq 3) \\ -\frac{1}{9}x + \frac{4}{9} & (3 < x \leqq 4) \end{cases} \cdots\cdots ②$

$$\frac{\partial y(x, 0)}{\partial t} = 0 \cdots\cdots ③$$

境界条件：$y(0, t) = y(4, t) = 0 \cdots\cdots ④ \leftarrow$ (固定端)

①を差分方程式（一般式）で表し，$\Delta x = 10^{-2}$，$\Delta t = 10^{-3}$ として，数値解析により，時刻 $t = 0$，$\frac{2}{3}$，$\frac{4}{3}$，2，$\frac{8}{3}$，$\frac{10}{3}$，4（秒）における変位 $y(x, t)$ のグラフを xy 座標平面上に描け。

ヒント！ ①は，定数 $a^2 = 1$ の場合の 1 次元波動方程式だね。②の初期条件より，時刻 $t = 0$ のとき，弦の変位は右図のようになる。そして，$t = 0$ のこの状態から，③により，弦は静かに振動を開始することになる。なぜなら，③により，$t = 0$ のとき $\frac{\partial y}{\partial t} = 0$ だから，変位 y が急激に変化することはないからなんだね。

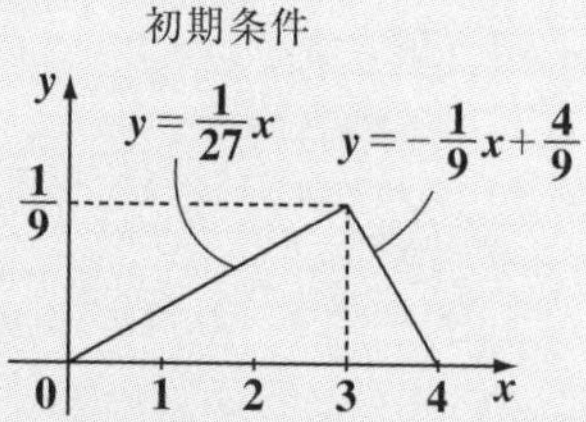

また，④の境界条件から，$x = 0$ と 4 の端点において，時刻 t に関わらず，変位 y は常に $y = 0$ となるので，これは固定端の問題だ。次に，弦の範囲は $0 \leqq x \leqq 4$ で，微小な $\Delta x = 10^{-2}$ より，微小な要素の個数は $\frac{4}{\Delta x} = \frac{4}{10^{-2}} = 400$ であり，変位 y_i ($i = 0, 1, 2, \cdots, 400$) を更新する際，一般式から時刻 $t + \Delta t$（未来），t（現在），$t - \Delta t$（過去）の 3 つが必要となるので，この問題で用いる配列は $\mathrm{Y}(400, 2)$ となるんだね。

解答＆解説

①の $\mathbf{1}$ 次元波動方程式の差分方程式は，

$$\frac{y_i(t+\Delta t)+y_i(t-\Delta t)-2y_i(t)}{(\Delta t)^2}=\frac{1}{(\Delta x)^2}(y_{i+1}+y_{i-1}-2y_i)$$ より，

$$y_i(t+\Delta t)=2(1-m)y_i+m(y_{i+1}+y_{i-1})-y_i(t-\Delta t)\ \cdots\cdots⑤$$ となる。

$\left(\text{ただし，}m=\dfrac{(\Delta t)^2}{(\Delta x)^2}\right)$ ⑤を，$y_i(i=1,\ 2,\ \cdots,\ 399)$ を更新する一般式として用いる。では，今回の問題を数値解析で解くためのプログラムを下に示す。

```
10 REM -------------------------------------------------------
20 REM   演習 1次元波動方程式(固定端) 1-1
30 REM -------------------------------------------------------
40 DIM Y(400,2)
50 CLS 3
60 XMAX=5
70 XMIN=-.5#
80 DELX=1
90 YMAX=2/9
100 YMIN=-2/9
110 DELY=1/18
120 DEF FNU(X)=INT(640*(X-XMIN)/(XMAX-XMIN))
130 DEF FNV(Y)=INT(400*(YMAX-Y)/(YMAX-YMIN))
140 LINE (FNU(0),0)-(FNU(0),400)
150 LINE (0,FNV(0))-(640,FNV(0))
160 DELU=640*DELX/(XMAX-XMIN)
170 DELV=400*DELY/(YMAX-YMIN)
180 N=INT(XMAX/DELX):M=INT(-XMIN/DELX)
190 FOR I=-M TO N
200 LINE (FNU(0)+INT(I*DELU),FNV(0)-3)-(FNU(0)+INT
(I*DELU),FNV(0)+3)
210 NEXT I
```

```
220 N=INT(YMAX/DELY):M=INT(-YMIN/DELY)
230 FOR I=-M TO N
240 LINE (FNU(0)-3,FNV(0)-INT(I*DELV))-(FNU(0)+3,FNV
(0)-INT(I*DELV))
250 NEXT I
260 T=0:DT=.001:A=1:DX=.01:M=A*(DT)^2/(DX)^2
270 FOR I=0 TO 300
280 Y(I,0)=I/2700:NEXT I
290 FOR I=301 TO 400
300 Y(I,0)=-I/900+4/9:NEXT I
310 PSET (FNU(0),FNV(Y(0,0)))
320 FOR I=1 TO 400
330 LINE -(FNU(I*DX),FNV(Y(I,0)))
340 NEXT I
350 FOR I=0 TO 400
360 Y(I,1)=Y(I,0):NEXT I
370 N=4000
380 FOR J=1 TO N
390 FOR I=1 TO 399
400 Y(I,2)=2*(1-M)*Y(I,1)+M*(Y(I+1,1)+Y(I-1,1))-Y(I,0)
410 NEXT I
420 T=T+DT
430 FOR K=1 TO 6
440 IF J=INT(K*2000/3) THEN GOTO 500
450 NEXT K
460 FOR I=1 TO 399
470 Y(I,0)=Y(I,1):Y(I,1)=Y(I,2):NEXT I
480 NEXT J
490 STOP:END
500 PSET (FNU(0),FNV(Y(0,2)))
```

```
510 FOR I=1 TO 400
520 LINE -(FNU(I*DX),FNV(Y(I,2)))
530 NEXT I:GOTO 480
```

40行で，配列**Y(400, 2)**を定義した。$y_{i,j}=\mathbf{Y}(i, j)$について，$i=\mathbf{0, 1, 2}, \cdots$, **400**で各位置を表し，$j=\mathbf{0}$で過去，$j=\mathbf{1}$で現在，$j=\mathbf{2}$で未来を表す。

60～110行で，$\mathbf{X}_{\max}=\mathbf{5}$，$\mathbf{X}_{\min}=-\mathbf{0.5}$，$\Delta\overline{\mathbf{X}}=\mathbf{1}$，$\mathbf{Y}_{\max}=\dfrac{\mathbf{2}}{\mathbf{9}}$，$\mathbf{Y}_{\min}=-\dfrac{\mathbf{2}}{\mathbf{9}}$，$\Delta\overline{\mathbf{Y}}=\dfrac{\mathbf{1}}{\mathbf{18}}$を代入した。

120～250行は，xy座標系を作るプログラムで，演習例題**4(P22, 23)**の**110～240**行のプログラムと同じである。

260行で，初めの時刻$t=\mathbf{0}$，微小時間$\Delta t=\mathbf{DT}=\mathbf{0.001}$，定数$a^2=\mathbf{A}=\mathbf{1}$，微小な$\Delta x=\mathbf{DX}=\mathbf{0.01}$，定数$m=\mathbf{M}=\dfrac{\mathbf{A}\cdot(\Delta t)^2}{(\Delta x)^2}=\dfrac{\mathbf{1}\cdot(\mathbf{10}^{-3})^2}{(\mathbf{10}^{-2})^2}=\mathbf{10}^{-2}$を代入した。

270～300行の**2**つの**FOR～NEXT(I)**文で，時刻$t=\mathbf{0}$における初期条件の変位$y=\dfrac{\mathbf{1}}{\mathbf{27}}x\ (\mathbf{0}\leqq x\leqq\mathbf{3})$，$y=-\dfrac{\mathbf{1}}{\mathbf{9}}x+\dfrac{\mathbf{4}}{\mathbf{9}}\ (\mathbf{3}<x\leqq\mathbf{4})$を，$\mathbf{Y}(i, \mathbf{0})$の形で代入し，**310～340**行で，このグラフをxy座標上に表示した。

350，**360**行の**FOR～NEXT(I)**文で，$\mathbf{Y}(i, \mathbf{1})=\mathbf{Y}(i, \mathbf{0})\ (i=\mathbf{0, 1, 2}, \cdots, \mathbf{400})$として，$t=\mathbf{0}$のときのもう**1**つの初期条件$\dfrac{\partial y(x, \mathbf{0})}{\partial t}=\mathbf{0}$を表した。すなわち，$t=\mathbf{0}\ (j=\mathbf{0}$：過去)と$t=\Delta t\ (j=\mathbf{1}$：現在)のときの変位を一致させることにより，弦は$t=\mathbf{0}$のときから静かに振動を開始することになる。

370行で，その後の**FOR～NEXT(J)**文によるループ計算の繰り返しの回数**N**の値を，$\mathbf{0}\leqq t\leqq\mathbf{4}$より，$\mathbf{N}=\dfrac{\mathbf{4}}{\Delta t}=\dfrac{\mathbf{4}}{\mathbf{10}^{-3}}=\mathbf{4000}$として代入した。これで，$t=\mathbf{4}$(秒)となるまで，変位$y_{i,2}=\mathbf{Y}(i, \mathbf{2})$を計算する。

380～480行の**FOR～NEXT(J)**文により，$\mathbf{J}=\mathbf{1, 2, 3}, \cdots, \mathbf{4000}$となるまでループ計算を行う。

390～410行の**FOR～NEXT(I)**文により，$y_{i,2}=\mathbf{Y}(i, \mathbf{2})\ (i=\mathbf{1, 2, 3}, \cdots, \mathbf{399})$の値を**4000**回更新する。

420 行で，時刻 t も $t=t+\Delta t$ により更新する。

440，**450** 行の **FOR～NEXT(K)** 文により，$\mathbf{J}=\frac{2000}{3}, \frac{4000}{3}, \cdots, \frac{12000}{3}$，すなわち，これに対応する時刻 $t=\frac{2}{3}, \frac{4}{3}, \cdots, 4$ (秒) のときのみ，このループ計算から飛び出して，**500** 行に行き，**500～530** 行で，そのときの変位 $y_{i,2}=\mathbf{Y}(i, 2)$ のグラフを xy 座標平面上に描く。その後，**530** 行により，**480** 行に戻り，ループ計算に復帰する。

460，**470** 行の **FOR～NEXT(I)** 文により，**Y(I, 0)＝Y(I, 1)** により，$\mathbf{Y}(i, 0)$ を更新し，**Y(I, 1)＝Y(I, 2)** により，$\mathbf{Y}(i, 1)$ を更新して，その後，**390** 行に戻って，これらの値を用いて，次の $\mathbf{Y}(i, 2)$ を更新する。

このプログラムを実行した結果得られる，時刻 $t=0, \frac{2}{3}, \frac{4}{3}, \cdots, 4$ (秒) における変位 y のグラフを右図に示す。

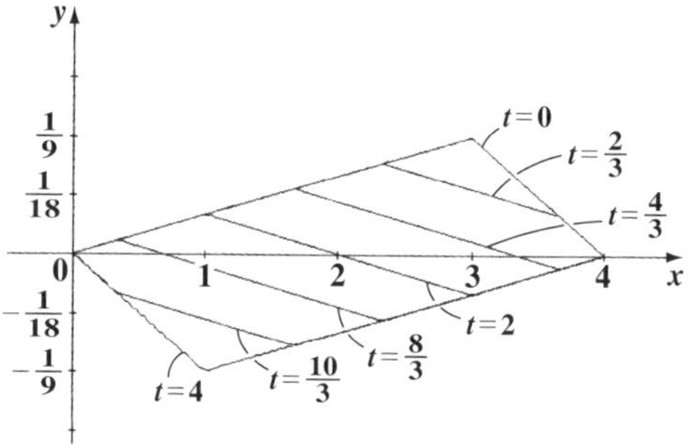

実は，これと同じ問題を「**演習 フーリエ解析キャンパス・ゼミ**」でもフーリエ級数を使って解いている。その結果も右図に示す。この図では，見やすいように，弦を多少ずらして示しているが，数値解析の結果が，これと非常によく一致していることが分かる。

フーリエ解析による解

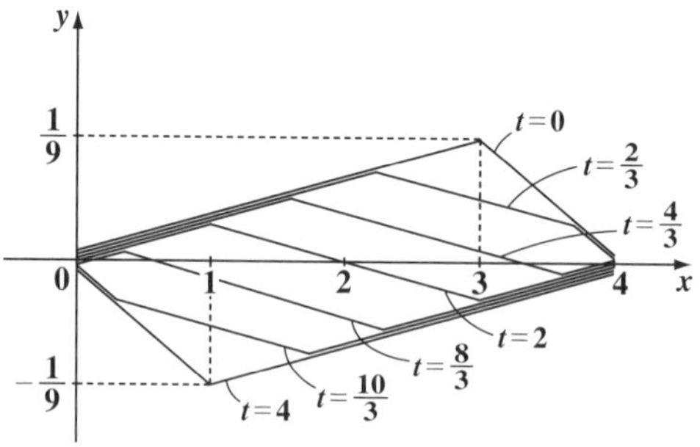

演習問題 33　● 1次元波動方程式(固定端)(Ⅱ) ●

変位 $y(x,\ t)$ (x：位置，t：時刻) について，次の 1 次元波動方程式が与えられている。

$$\frac{\partial^2 y}{\partial t^2} = \frac{\partial^2 y}{\partial x^2} \quad \cdots\cdots ① \quad (0 < x < 4,\ t > 0)$$ ← $a^2=1$ の場合

初期条件：
$$y(x,\ 0) = \begin{cases} \dfrac{1}{8}x & (0 \leqq x \leqq 1) \\ -\dfrac{1}{8}x + \dfrac{1}{4} & (1 < x \leqq 3) \\ \dfrac{1}{8}x - \dfrac{1}{2} & (3 < x \leqq 4) \end{cases} \quad \cdots\cdots ②$$

$$\frac{\partial y(x,\ 0)}{\partial t} = 0 \quad \cdots\cdots ③$$

境界条件：$y(0,\ t) = y(4,\ t) = 0$ ……④ ← 固定端

①を差分方程式(一般式)で表し，$\Delta x = 0.01$，$\Delta t = 0.001$ として，数値解析により，時刻 $t = 0$，0.5，1，1.5，2 (秒) における変位 $y(x,\ t)$ のグラフを xy 座標平面上に描け。

ヒント！ ①は，定数 $a^2 = 1$ の場合の 1 次元波動方程式であり，②の初期条件より，時刻 $t = 0$ における弦の変位 y は右図のようになる。そして，もう 1 つの初期条件：$t = 0$ のとき $\dfrac{\partial y}{\partial t} = 0$ より，この状態から，弦は静かに振動を開始することになるんだね。また，④の境界条件より，両端点 $x = 0$ と 4 において，$y = 0$ なので，前問と同様に今回も固定端の問題になっている。x の範囲は $0 \leqq x \leqq 4$ で，$\Delta x = 10^{-2}$ より，$\dfrac{4}{\Delta x} = 400$ となる。これから，今回利用する変位 y を表す配列は，$Y(400,\ 2)$ となるのも大丈夫だね。

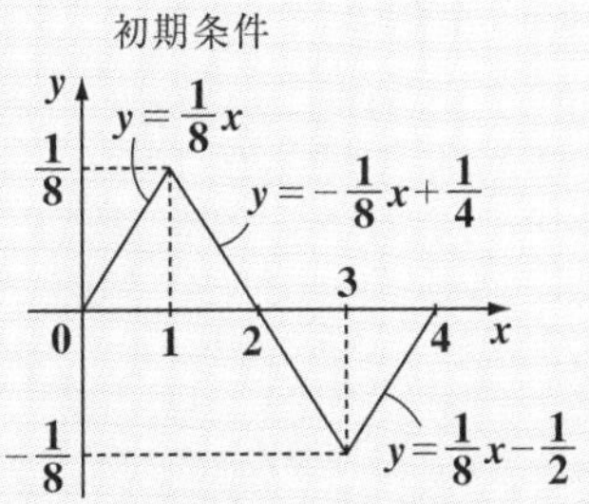

解答&解説

①の**1**次元波動方程式を差分方程式(一般式)で表すと，

$$\underbrace{y_i(t+\Delta t)}_{\text{未来}} = 2(1-m)\underbrace{y_i + m(y_{i+1}+y_{i-1})}_{\text{現在}} - \underbrace{y_i(t-\Delta t)}_{\text{過去}} \quad \text{となる。} \quad \left(m = \frac{(\Delta t)^2}{(\Delta x)^2}\right)$$

これを利用して，今回の問題を解くための数値解析プログラムを下に示す。

```
10 REM ------------------------------------------------
20 REM  演習 1次元波動方程式(固定端) 1-2
30 REM ------------------------------------------------
40 DIM Y(400,2)
50 CLS 3
60 XMAX=5
70 XMIN=-.5#
80 DELX=1
90 YMAX=1/4
100 YMIN=-1/4
110 DELY=1/16
```

120～**250**行は，xy座標系を作るプログラムで，これは演習問題**32**(**P155**, **156**)のものと同じである。

```
260 T=0:DT=.001:A=1:DX=.01:M=A*(DT)^2/(DX)^2
270 FOR I=0 TO 100
280 Y(I,0)=I/800:NEXT I
290 FOR I=101 TO 300
300 Y(I,0)=-I/800+1/4:NEXT I
310 FOR I=301 TO 400
320 Y(I,0)=I/800-1/2:NEXT I
330 PSET (FNU(0),FNV(Y(0,0)))
340 FOR I=1 TO 400
350 LINE -(FNU(I*DX),FNV(Y(I,0)))
360 NEXT I
```

```
370 FOR I=0 TO 400
380 Y(I,1)=Y(I,0):NEXT I
390 N=2000
400 FOR J=1 TO N
410 FOR I=1 TO 399
420 Y(I,2)=2*(1-M)*Y(I,1)+M*(Y(I+1,1)+Y(I-1,1))-Y(I,0)
430 NEXT I
440 T=T+DT
450 FOR K=1 TO 4
460 IF J=500*K THEN GOTO 520
470 NEXT K
480 FOR I=1 TO 399
490 Y(I,0)=Y(I,1):Y(I,1)=Y(I,2):NEXT I
500 NEXT J
510 STOP:END
520 PSET (FNU(0),FNV(Y(0,2)))
530 FOR I=1 TO 400
540 LINE -(FNU(I*DX),FNV(Y(I,2)))
550 NEXT I:GOTO 500
```

40 行で，配列 **Y(400, 2)** を定義した。$y_{i,j}=\mathbf{Y}(i,\ j)$ について，$i=0, 1, 2, \cdots, 400$ は位置を表し，$j=0, 1, 2$ で，それぞれ過去 $(t-\Delta t)$，現在 (t)，未来 $(t+\Delta t)$ を表す。

60～110 行で，$\mathbf{X}_{\max}=5$，$\mathbf{X}_{\min}=-0.5$，$\Delta\overline{\mathbf{X}}=1$，$\mathbf{Y}_{\max}=\frac{1}{4}$，$\mathbf{Y}_{\min}=-\frac{1}{4}$，$\Delta\overline{\mathbf{Y}}=\frac{1}{16}$ を代入した。

120～250 行は，前問と同様に xy 座標系を作るプログラムである。

260 行で，初めの時刻 $t=0$，微小時間 $\Delta t=\mathbf{DT}=0.001$，定数 $a^2=\mathbf{A}=1$，微小な $\Delta x=\mathbf{DX}=0.01$，$\mathbf{M}=\frac{\mathbf{A}\cdot(\Delta t)^2}{(\Delta x)^2}=0.01$ を代入して，

270～320 行の **3** つの **FOR～NEXT(I)** 文で，$t=0$ のときの初期条件：$y=\frac{1}{8}x\ (0\leqq x\leqq 1)$，$y=-\frac{1}{8}x+\frac{1}{4}\ (1<x\leqq 3)$，$y=\frac{1}{8}x-\frac{1}{2}\ (3<x\leqq 4)$ を $y_{i,0}=\mathbf{Y}(i,\ 0)$ の形で代入し，**330～360** 行で，このグラフを xy 座標平面上に表示した。

370, 380 行の FOR～NEXT(I) 文により，$Y(i, 1) = Y(i, 0)$ ($i = 0, 1, 2, \cdots,$
現在($t = \Delta t$)　過去($t = 0$)

400) として，③の初期条件 $\dfrac{\partial y(x, 0)}{\partial t} = 0$，すなわち，$t = 0$ から静かに振動を開始するようにした。

390 行で，次の大きな FOR～NEXT(J) 文によるループ計算の繰り返し回数 N に $N = 2000$ を代入した。これは，$0 \leqq t \leqq 2$ と $\Delta t = 10^{-3}$ から $\dfrac{2}{\Delta t} = \dfrac{2}{10^{-3}} = 2000$ から導かれた値である。

400～500 行の大きな FOR～NEXT(J) 文により，$J = 1, 2, 3, \cdots, 2000$ となるまでループ計算を繰り返し行う。この中には，3 つの FOR～NEXT 文が含まれている。

まず，410～430 行の FOR～NEXT(I) 文により，$y_{i,2} = Y(i, 2)$ ($i = 1, 2, 3, \cdots, 399$) の値を $y_{i,1} = Y(i, 1)$ と $y_{i,0} = Y(i, 0)$ の入った一般式により計算して更新する。

440 行で，時刻 t も $t = t + \Delta t$ により更新する。

450～470 行の FOR～NEXT(K) 文により，$J = 500, 1000, 1500, 2000$ のときのみ，すなわちこれに対応する時刻が $t = 0.5, 1, 1.5, 2$ (秒) のときのみ，このループ計算から，460 行の GOTO 文により，飛び出して，520 行以下のプログラムの実行に入り，ここで，各時刻における更新された変位 $y_{i,2} = Y(i, 2)$ ($i = 0, 1, 2, \cdots, 400$) のグラフを xy 座標上に描く。具体的には，520 行で，点 $[0, Y(0, 2)]$ を uv 座標に変換して，まずこれを表示し，次に，530～550 行の FOR～NEXT(I) 文で，点 $[i \times DX, Y(i, 2)]$ ($i = 1, 2, \cdots, 400$) を uv 座標に変換して，順次これらを連結して，$y_{i,2} = Y(i, 2)$ を表す曲線 (折れ線) を描く。このグラフを描き終わって，550 行の GOTO 文により，500 行に戻って，大きな FOR～NEXT(J) 文のループ計算の中に再び復帰する。

480，490 行の FOR～NEXT(I) 文により，$Y(i, 0) = Y(i, 1)$ として，$Y(i, 0)$ を更新し，$Y(i, 1) = Y(i, 2)$ として，$Y(i, 1)$ ($i = 1, 2, \cdots, 399$) を更新する。そして，この大きな FOR～NEXT(J) 文のループ計算の初めの 410 行に戻って，次の $Y(i, 2)$ を更新する。そして，以下同様の操作を繰り返す。

この大きな **FOR～NEXT(J)** 文によるループ計算がすべて終了した後は，**510** 行の **STOP** 文と **END** 文により，このプログラムの実行を停止・終了する。

それではこのプログラムを実行した結果得られる，時刻 $t=0,\ 0.5,\ 1,\ 1.5,\ 2$ (秒) における弦の変位 y のグラフを右図に示す。

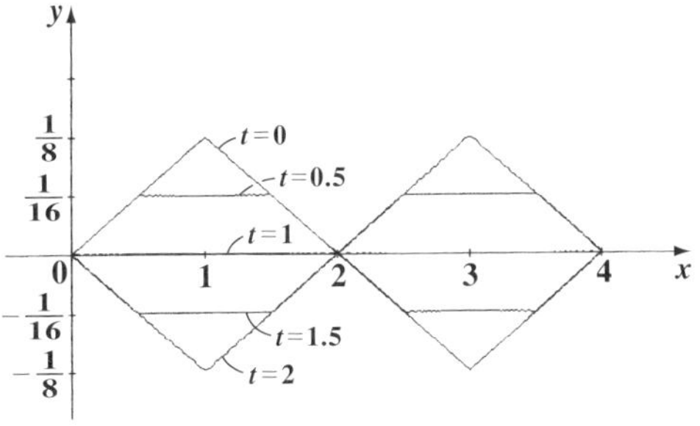

実は今回も，これと同じ問題を「**演習 フーリエ解析キャンパス・ゼミ**」の中で，フーリエ級数を使って解いている。その結果のグラフも右図に示す。このグラフは見やすいように，弦を多少ずらして示している部分もあるが，数値解析で求めたグラフと，ほぼ完璧に一致していることが分かると思う。

フーリエ解析による解

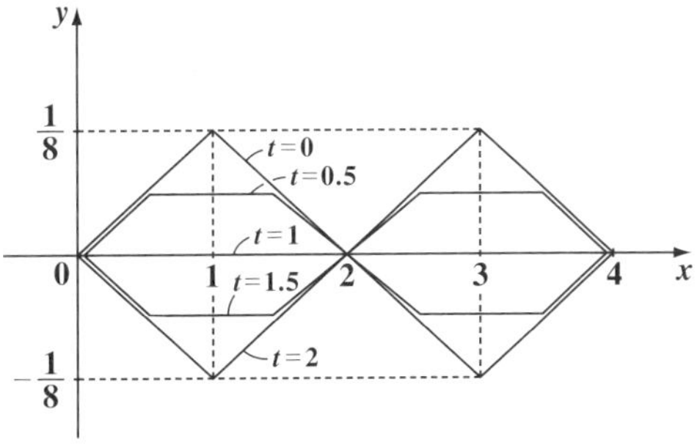

このように，まったく異なるアプローチで解いても，その解き方が正しければ，同じ結果が得られるところが，数学の面白いところなんだね。

演習問題 34　●1次元波動方程式(自由端)(Ⅲ)●

変位 $y(x, t)$ (x：位置，t：時刻) について，次の1次元波動方程式が与えられている。

$$\frac{\partial^2 y}{\partial t^2} = \frac{\partial^2 y}{\partial x^2} \quad \cdots\cdots ① \quad (0 < x < 2,\ t > 0) \quad \leftarrow (a^2 = 1 \text{の場合})$$

初期条件：$y(x, 0) = -\frac{1}{20}x^3 + \frac{3}{20}x^2 - \frac{1}{10}$ ……② $(0 \leqq x \leqq 2)$

$$\frac{\partial y(x, 0)}{\partial t} = 0 \quad \cdots\cdots ③$$

境界条件：$\frac{\partial y(0, t)}{\partial x} = \frac{\partial y(2, t)}{\partial x} = 0$ ……④

①を差分方程式(一般式)で表し，$\Delta x = 0.01$，$\Delta t = 0.001$ として，数値解析により，時刻 $t = 0, 0.25, 0.5, 0.75, 1, 1.25, 1.5, 1.75, 2$ (秒) における変位 $y(x, t)$ のグラフを xy 座標平面上に描け。

ヒント！ 今回も，定数 $a^2 = 1$ の1次元波動方程式の問題だけれど，境界条件が $x = 0$ と 2 の端点で $\frac{\partial y}{\partial x} = 0$，すなわち両端点における弦の傾きが 0，つまり両端点で弦は y 軸方向に対して垂直とならなければならない。この場合，両端点で，y の値は自由に変化し得るので，これを自由端の条件という。したがって，②の初期条件も，この自由端の条件をみたしていることを示そう。②を，$y(x, 0) = f(x) = -\frac{1}{20}x^3 + \frac{3}{20}x^2 - \frac{1}{10}$ とおくと，これを x で微分して，

$f'(x) = -\frac{3}{20}x^2 + \frac{3}{10}x = -\frac{3}{20}x(x-2)$

$f'(x) = 0$ のとき，$x = 0$ または 2 となる。つまり，

$x = 0$ で，極小値 $f(0) = -\frac{1}{10}$ をもち，

$x = 2$ で，極大値 $f(2) = -\frac{8}{20} + \frac{12}{20} - \frac{1}{10} = \frac{1}{10}$

をもつ。$y(x, 0) = f(x)$ $(0 \leqq x \leqq 2)$ のグラフは右図のようになり，自由端の境界条件をみたしていることが分かる。

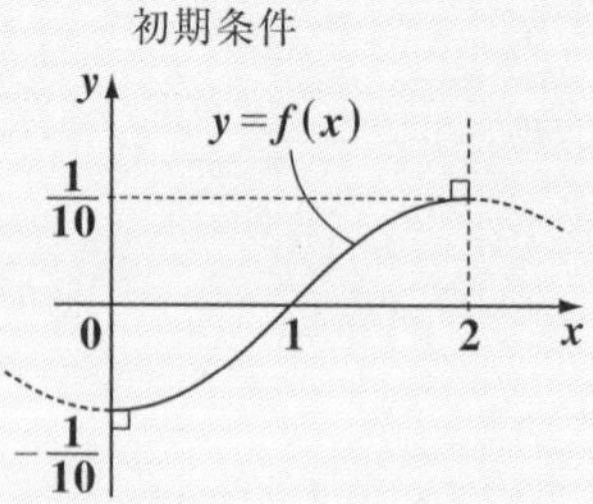

次に，$0 \leqq x \leqq 2$ で，$\Delta x = 10^{-2}$ より，$\frac{2}{\Delta x} = \frac{2}{10^{-2}} = 200$ から，今回は配列 Y(200, 2) を定義して使うことになるんだね。

解答＆解説

①の **1** 次元波動方程式を差分方程式（一般式）で表すと，

$y_{i,2}=2(1-m)y_{i,1}+m(y_{i+1,1}+y_{i-1,1})-y_{i,0}$ $\left(m=\dfrac{a^2\cdot(\Delta t)^2}{(\Delta x)^2}\right)$ となる。これを利用して，今回の波動方程式を解くための数値解析プログラムを下に示す。

```
10 REM ------------------------------------------------
20 REM   演習 1次元波動方程式(自由端) 2-1
30 REM ------------------------------------------------
40 DIM Y(200,2)
50 CLS 3
60 XMAX=2.8#
70 XMIN=-.5#
80 DELX=.5#
90 YMAX=1/5
100 YMIN=-1/5
110 DELY=1/20
```

120～**250** 行は，xy 座標系を作るプログラムで，これは演習問題 **32**（**P155**，**156**）のものと同じである。

```
260 T=0:DT=.001:A=1:DX=.01:M=A*(DT)^2/(DX)^2
270 FOR I=0 TO 200
280 Y(I,0)=-I^3/20000000+3*I^2/200000-1/10:NEXT I
290 PSET (FNU(0),FNV(Y(0,0)))
300 FOR I=1 TO 200
310 LINE -(FNU(I*DX),FNV(Y(I,0)))
320 NEXT I
330 FOR I=0 TO 200
340 Y(I,1)=Y(I,0):NEXT I
```

```
350 N=2000
360 FOR J=1 TO N
370 FOR I=1 TO 199
380 Y(I,2)=2*(1-M)*Y(I,1)+M*(Y(I+1,1)+Y(I-1,1))-Y(I,0)
390 NEXT I
400 Y(0,2)=Y(1,2):Y(200,2)=Y(199,2):T=T+DT
410 FOR K=1 TO 8
420 IF J=250*K THEN GOTO 480
430 NEXT K
440 FOR I=0 TO 200
450 Y(I,0)=Y(I,1):Y(I,1)=Y(I,2):NEXT I
460 NEXT J
470 STOP:END
480 PSET (FNU(0),FNV(Y(0,2)))
490 FOR I=1 TO 200
500 LINE -(FNU(I*DX),FNV(Y(I,2)))
510 NEXT I:GOTO 460
```

40 行で，配列 **Y(200，2)** を定義した。$y_{i,j}=\mathbf{Y}(i,\ j)$ について，$i=\mathbf{0},\ \mathbf{1},\ \mathbf{2},\ \cdots,\ \mathbf{200}$ で位置を表し，$j=\mathbf{0}$ は過去 $(t-\Delta t)$ を，$j=\mathbf{1}$ は現在 (t) を，$j=\mathbf{2}$ は未来 $(t+\Delta t)$ を表す。

60～110 行で，$\mathbf{X}_{\max}=\mathbf{2.8}$，$\mathbf{X}_{\min}=-\mathbf{0.5}$，$\Delta\overline{\mathbf{X}}=\mathbf{0.5}$，$\mathbf{Y}_{\max}=\mathbf{0.2}$，$\mathbf{Y}_{\min}=-\mathbf{0.2}$，$\Delta\overline{\mathbf{Y}}=\mathbf{0.05}$ を代入した。

120～250 行は，前問と同様に xy 座標系を作成するプログラムである。

260 行で，初めの時刻 $t=\mathbf{0}$，微小時間 $\Delta t=\mathbf{DT}=\mathbf{0.001}$，定数 $a^2=\mathbf{A}=\mathbf{1}$，微小な $\Delta x=\mathbf{DX}=\mathbf{0.01}$，定数 $\mathbf{M}=\dfrac{\mathbf{A}\cdot(\Delta t)^2}{(\Delta x)^2}=\dfrac{\mathbf{1}\cdot(\mathbf{10}^{-3})^2}{(\mathbf{10}^{-2})^2}=\mathbf{10}^{-2}=\mathbf{0.01}$ を代入した。

270，**280** 行の **FOR～NEXT(I)** 文により，$t=\mathbf{0}$ のときの初期条件：$y(x,\ \mathbf{0})=-\dfrac{1}{20}x^3+\dfrac{3}{20}x^2-\dfrac{1}{10}$ を，$y_{i,0}=-\dfrac{1}{20}\cdot\left(\dfrac{i}{100}\right)^3+\dfrac{3}{20}\cdot\left(\dfrac{i}{100}\right)^2-\dfrac{1}{10}$ の形にして，

$y_{i,0}=\mathrm{Y}(i,\ 0)$に代入して，**290〜320**行で，このグラフをxy平面上に表示した。

330，340行の**FOR〜NEXT(I)**文により，$\underbrace{\mathrm{Y}(i,\ 1)}_{\text{現在}}=\underbrace{\mathrm{Y}(i,\ 0)}_{\text{過去}}$ $(i=0,\ 1,\ 2,\ \cdots,\ 200)$として，③の初期条件：$\dfrac{\partial y(x,\ 0)}{\partial t}=0$，すなわち，$t=0$から静かに振動を開始する条件をみたすようにした。

350行で，次の大きな**FOR〜NEXT(J)**文のループ計算の繰り返し回数**N**を$\mathrm{N}=\dfrac{2}{\Delta t}=\dfrac{2}{10^{-3}}=2000$として代入した。

360〜460行の大きな**FOR〜NEXT(J)**文により，$\mathrm{J}=1,\ 2,\ 3,\ \cdots,\ 2000$となるまでループ計算を繰り返す。この中に，**3**つの**FOR〜NEXT**文が存在する。

まず，**370〜390**行の**FOR〜NEXT(I)**文では，**380**行の一般式により，$y_{i,2}=\mathrm{Y}(i,\ 2)$ $(i=1,\ 2,\ \cdots,\ 199)$の値を$\mathrm{Y}(i,\ 0)$と$\mathrm{Y}(i,\ 1)$を用いて更新する。

400行で，$\mathrm{Y}(0,\ 2)=\mathrm{Y}(1,\ 2)$，$\mathrm{Y}(200,\ 2)=\mathrm{Y}(199,\ 2)$として，自由端の条件をみたすように，端点の変位$\mathrm{Y}(0,\ 2)$と$\mathrm{Y}(200,\ 2)$を更新した。これによって，両端点の境界条件：$\dfrac{\partial y(0,\ t)}{\partial x}=\dfrac{\partial y(2,\ t)}{\partial x}=0$ ……④ が満たされたことになる。この後，時刻tも$t=t+\Delta t$により更新した。

410〜430行の**FOR〜NEXT(K)**文により，論理**IF**文を用いて，$\mathrm{J}=250,\ 500,\ 750,\ \cdots,\ 2000$のときのみ，すなわちこれに対応する時刻が$t=0.25,\ 0.5,\ 0.75,\ \cdots,\ 2$（秒）のときだけ，このループ計算から飛び出して，**480**行以下のプログラム処理を行って，それぞれのときの変位$y_{i,2}=\mathrm{Y}(i,\ 2)$ $(i=0,\ 1,\ 2,\ \cdots,\ 200)$のグラフを$xy$座標平面上に描く。具体的に示すと，**480**行でまず，点$[0,\ \mathrm{Y}(0,\ 2)]$をuv座標に変換して，これを表示する。次に，**490〜510**行の**FOR〜NEXT(I)**文により，点$[i\times\mathrm{DX},\ \mathrm{Y}(i,\ 2)]$ $(i=1,\ 2,\ 3,\ \cdots,\ 200)$を$uv$座標に変換し，これらの点を順次連結していくことにより，各時刻における弦の変位$y_{i,2}$，すなわち$y(x,\ t)$をxy平面上に描くことができる。

グラフを描き終わったならば，**510**行の**GOTO**文により，**460**行に飛んで，再び大きな**FOR〜NEXT(J)**文のループ計算に復帰する。

440，**450** 行の **FOR**～**NEXT(I)** 文により，**Y(*i*, 0)**＝**Y(*i*, 1)** として，**Y(*i*, 0)** を更新し，また，**Y(*i*, 1)**＝**Y(*i*, 2)** (*i*＝**0, 1, 2, …, 200**) として，**Y(*i*, 1)** を更新する。そして，この大きな **FOR**～**NEXT(J)** 文の初めの **370** 行に戻って，次の **Y(*i*, 2)** を更新し，同様の計算を **J**＝**N** (＝**2000**) となるまで繰り返す。

この大きな **FOR**～**NEXT(J)** 文によるループ計算が終了すると，**470** 行の **STOP** 文と **END** 文により，このプログラムの実行を停止･終了する。

それではこのプログラムを実行した結果得られる，時刻 $t=0$，**0.25**，**0.5**，…，**2** (秒) のときの弦の変位 $y(x,\ t)$ $(0 \leqq x \leqq 2)$ のグラフを右図に示す。

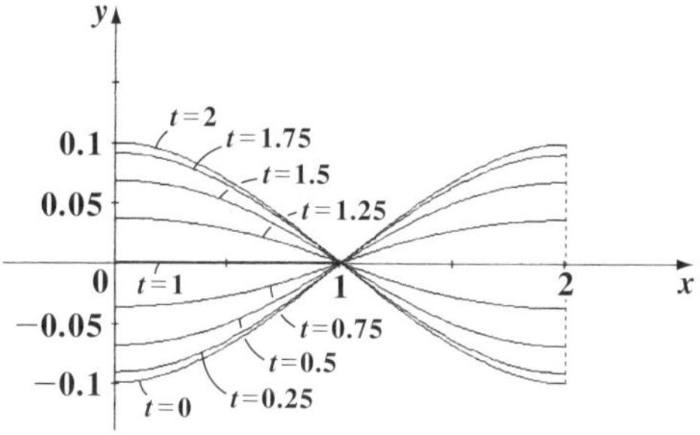

今回の境界条件は，自由端の条件なので，両端点 $x=0$ と **2** において y の値そのものは変動するけれど，この曲線の端点における接線は，x 軸と平行 (または，y 軸と垂直) になっていることが分かる。

演習問題 35　● 2次元波動方程式(固定端)(Ⅰ) ●

変位 $z(x, y, t)$ (x, y：位置，t：時刻) について，次の 2 次元波動方程式が与えられている。

$$\frac{\partial^2 z}{\partial t^2} = 4\left(\frac{\partial^2 z}{\partial x^2} + \frac{\partial^2 z}{\partial y^2}\right) \cdots\cdots ① \quad (0 < x < 4,\ 0 < y < 4,\ t > 0)$$ ← $a^2 = 4$ の場合

初期条件：$z(x, y, 0) = \dfrac{1}{128}(4x - x^2)(4y - y^2)$ ……………………②

$$\frac{\partial z(x, y, 0)}{\partial t} = 0 \quad \cdots\cdots ③$$

境界条件：$z(0, y, t) = z(4, y, t) = z(x, 0, t) = z(x, 4, t) = 0$ …④ ← 固定端

①を差分方程式 (一般式) で表し，$\Delta x = \Delta y = 0.1$，$\Delta t = 0.01$ として，数値解析により，時刻 $t = 0$，0.5，1，1.5，2，2.5，3，3.5 (秒) における変位 $z(x, y, t)$ のグラフを xyz 座標空間上に描け。

ヒント！ これは，$0 \leqq x \leqq 4$，$0 \leqq y \leqq 4$ で定義された 2 次元の膜の振動問題と考えよう。④の境界条件で，正方形の境界線での変位はすべて 0 となっているので，これは固定端で，かつ定数 $a^2 = 4$ の 2 次元波動方程式の問題なんだね。②の初期条件の式 $z(x, y, 0)$ が，この④の 4 つの境界条件をすべてみたしていることも確認しておこう。今回の問題は，$0 \leqq x \leqq 4$，$0 \leqq y \leqq 4$ で，$\Delta x = \Delta y = 0.1$ より，$\dfrac{4}{\Delta x} = \dfrac{4}{0.1} = 40$，$\dfrac{4}{\Delta y} = \dfrac{4}{0.1} = 40$ となるので，離散的に変位を表す配列として，Z(40, 40, 2) を利用しよう。
(2 について：0(過去)，1(現在)，2(未来)とする。)

解答＆解説

①を差分方程式で表す。

$$(\text{①の左辺}) = \frac{1}{(\Delta t)^2}\{z_{i,j}(t + \Delta t) + z_{i,j}(t - \Delta t) - 2z_{i,j}(t)\}$$

$$(\text{①の右辺}) = \underset{a^2}{4}\left(\frac{z_{i+1,j} + z_{i-1,j} - 2z_{i,j}}{(\Delta x)^2} + \frac{z_{i,j+1} + z_{i,j-1} - 2z_{i,j}}{(\Delta y)^2}\right) \text{ であり，}$$

($(\Delta y)^2$ について：$(\Delta x)^2$)

$(\Delta y)^2=(\Delta x)^2$ より，$m=\dfrac{a^2(\Delta t)^2}{(\Delta x)^2}$ とおくと，①は，

$$z_{i,j}(t+\Delta t)+z_{i,j}(t-\Delta t)-2z_{i,j}(t)$$
$$=m(z_{i+1,j}+z_{i-1,j}+z_{i,j+1}+z_{i,j-1}-4z_{i,j})$$ となるので，

$$\underbrace{z_{i,j}(t+\Delta t)}_{\text{未来 } z(i,\,j,\,2)}=2(1-2m)z_{i,j}+m(z_{i+1,j}+z_{i-1,j}+z_{i,j+1}+z_{i,j-1})-\underbrace{z_{i,j}(t-\Delta t)}_{\text{過去 } z(i,\,j,\,0)}$$

（$z_{i,j}$, $z_{i+1,j}$, $z_{i-1,j}$, $z_{i,j+1}$, $z_{i,j-1}$：現在）

となる。これを，変位 $z(i,\,j,\,2)$ $(i=1,\,2,\,\cdots,\,39,\ j=1,\,2,\,\cdots,\,39)$ を更新するための一般式として利用する。

それでは，今回の **2** 次元波動方程式を数値解析により解くためのプログラムを下に示そう。

```
10 REM -----------------------------------------
20 REM   演習 2次元波動方程式(固定端) 3-1
30 REM -----------------------------------------
40 XMAX=4
50 DELX=1
60 YMAX=4
70 DELY=1
80 ZMAX=1/4
90 DELZ=1/16
100 TMAX=0
110 DIM Z(40,40,2)
120 CLS 3
130 DEF FNU(X,Y)=320-160*X/XMAX+200*Y/YMAX
140 DEF FNV(X,Z)=210+100*X/XMAX-180*Z/ZMAX
150 LINE (320,210)-(320,0)
160 LINE (320,210)-(128,330)
170 LINE (320,210)-(570,210)
180 LINE (160,310)-(360,310),,,2
190 LINE (520,210)-(360,310),,,2
200 N=INT(XMAX/DELX)
```

```
210 FOR I=1 TO N
220 LINE (FNU(I*DELX,0),FNV(I*DELX,0)-3)-(FNU(I*DELX,
0),FNV(I*DELX,0)+3)
230 NEXT I
240 N=INT(YMAX/DELY)
250 FOR I=1 TO N
260 LINE (FNU(0,I*DELY),FNV(0,0)-3)-(FNU(0,I*DELY),
FNV(0,0)+3)
270 NEXT I
280 N=INT(ZMAX/DELZ)
290 FOR I=1 TO N
300 LINE (FNU(0,0)-3,FNV(0,I*DELZ))-(FNU(0,0)+3,FNV
(0,I*DELZ))
310 NEXT I
320 FOR J=0 TO 40
330 FOR I=0 TO 40
340 Z(I,J,0)=(4*I/10-I^2/100)*(4*J/10-J^2/100)/128
350 NEXT I:NEXT J
360 FOR I=0 TO 40:FOR J=0 TO 40
370 Z(I,J,1)=Z(I,J,0):NEXT J:NEXT I
380 T=0:DT=.01:DX=.1#:DY=.1#:A=4:M=A*(DT)^2/(DX)^2
390 N1=TMAX*100
400 FOR I0=1 TO N1
410 FOR I=1 TO 39
420 FOR J=1 TO 39
430 Z(I,J,2)=2*(1-2*M)*Z(I,J,1)+M*(Z(I+1,J,1)+Z(I-1,
J,1)+Z(I,J+1,1)+Z(I,J-1,1))-Z(I,J,0)
440 NEXT J:NEXT I
450 FOR I=1 TO 39:FOR J=1 TO 39
460 Z(I,J,0)=Z(I,J,1):Z(I,J,1)=Z(I,J,2)
470 NEXT J:NEXT I
480 T=T+DT
490 NEXT I0
500 PRINT "t=";TMAX
```

```
510 FOR I=0 TO 40 STEP 2
520 PSET (FNU(I*DX,0),FNV(I*DX,0))
530 FOR J=1 TO 40
540 LINE -(FNU(I*DX,J*DY),FNV(I*DX,Z(I,J,1)))
550 NEXT J:NEXT I
```

40～90行で，$\mathbf{X_{max}=4}$，$\mathbf{\Delta\overline{X}=1}$，$\mathbf{Y_{max}=4}$，$\mathbf{\Delta\overline{Y}=1}$，$\mathbf{Z_{max}=\frac{1}{4}}$，$\mathbf{\Delta\overline{Z}=\frac{1}{16}}$を代入した。

100行で，$\mathbf{T_{max}=0}$を代入した。このときは，この後の**400～490**行の**FOR～NEXT(I0)**文は無視されて，変位zの初期条件が描かれることになる。題意より，$t=\mathbf{0.5}$，**1**，**1.5**，…，**3.5**(秒)における変位zのグラフを表示させるために，この後この**100**行の$\mathbf{T_{max}}$にこれらの値を代入して，プログラムを実行すればよい。

110行で，配列$z(\mathbf{40},\mathbf{40},\mathbf{2})$を定義した。これから，$z(i,j,k)$について，$i=\mathbf{0}$，**1**，**2**，…，**40**で，$x$軸方向の位置を，$j=\mathbf{0}$，**1**，**2**，…，**40**で，$y$軸方向の位置を表し，$k=\mathbf{0}$，**1**，**2**で順に過去$(t-\Delta t)$，現在$(t)$，未来$(t+\Delta t)$を表現する。

120～310行は，xyz座標系を作成するプログラムで，これは演習問題**23**(**P107**，**108**)の**100～290**行のプログラムと同じものである。

320～350行の**FOR～NEXT(J，I)**文により，$t=\mathbf{0}$のときの初期変位$z=\frac{\mathbf{1}}{\mathbf{128}}(\mathbf{4}x-x^2)(\mathbf{4}y-y^2)$を，$z(i,j,\mathbf{0})=\frac{\mathbf{1}}{\mathbf{128}}\left\{\mathbf{4}\cdot\frac{i}{\mathbf{10}}-\left(\frac{i}{\mathbf{10}}\right)^2\right\}\cdot\left\{\mathbf{4}\cdot\frac{j}{\mathbf{10}}-\left(\frac{j}{\mathbf{10}}\right)^2\right\}$ $(i=\mathbf{0},\ \mathbf{1},\ \cdots,\ \mathbf{40},\ j=\mathbf{0},\ \mathbf{1},\ \cdots,\ \mathbf{40})$として，離散的に表して代入した。

360，**370**行の**FOR～NEXT(I，J)**文により，$z(i,j,\underbrace{\mathbf{1}}_{\text{現在}})=z(i,j,\underbrace{\mathbf{0}}_{\text{過去}})$として，

$t=\mathbf{0}$における初期条件：$\frac{\partial z(x,\ y,\ \mathbf{0})}{\partial t}=\mathbf{0}$ ……③ を満たすようにした。これにより，初期の状態から振動膜は静かに振動を開始することになる。

380行で，初めの時刻$t=\mathbf{0}$，微小時間$\Delta t=\mathbf{DT}=\mathbf{0.01}$，微小な$\Delta x=\mathbf{DX}=\mathbf{0.1}$，微小な$\Delta y=\mathbf{DY}=\mathbf{0.1}$，定数$a^2=\mathbf{A}=\mathbf{4}$，定数$\mathbf{M}=\frac{\mathbf{A}\cdot(\Delta t)^2}{(\Delta x)^2}=\frac{\mathbf{4}\cdot(\mathbf{10}^{-2})^2}{(\mathbf{10}^{-1})^2}=\frac{\mathbf{1}}{\mathbf{25}}$を代入した。

390 行で，その後の大きな **FOR～NEXT(I0)** 文のループ計算の繰り返し回数 **N1** を $\mathbf{N1}=\dfrac{\mathbf{T}_{\max}}{\Delta t}=\dfrac{\mathbf{T}_{\max}}{10^{-2}}=100\mathbf{T}_{\max}$ として代入した。

400～490 行の大きな **FOR～NEXT(I0)** 文により，**I0＝1，2，…，N1** までループ計算を行う。この中には，**2** つの **FOR～NEXT(I，J)** 文が含まれる。まず，**410～440** 行の **FOR～NEXT(I，J)** 文により，$z(i,\ j,\ 0)$ と $z(i,\ j,\ 1)$ の入った一般式により，$z(i,\ j,\ 2)$ $(i=1,\ 2,\ \cdots,\ 39,\ j=1,\ 2,\ \cdots,\ 39)$ の値を更新する。ここで，境界線上のすべての $z(i,\ j,\ 2)$ は **0** のままで保存され，固定端の境界条件は常に満たされている。

次に，**450～470** 行の **FOR～NEXT(I，J)** 文により，$z(i,\ j,\ 0)=z(i,\ j,\ 1)$ によって，$z(i,\ j,\ 0)$ を更新し，$z(i,\ j,\ 1)=z(i,\ j,\ 2)$ $(i=1,\ 2,\ \cdots,\ 39,\ j=1,\ 2,\ \cdots,\ 39)$ により，$z(i,\ j,\ 1)$ の値も更新する。そして，**480** 行で，時刻 t も $t=t+\Delta t$ により更新する。

この後，**410** 行に戻って，次の $z(i,\ j,\ 2)$ を更新し，同様の計算を **I0＝N1**，つまり，$t=\mathbf{T}_{\max}$ となるまで繰り返しループ計算を行う。

500 行で，$\mathbf{T}_{\max}$ の値を $t=\mathbf{T}_{\max}$ の形で表示する。

510～550 行の **FOR～NEXT(I，J)** 文により，**I＝0，2，4，…，40** と動かして，**21** 本の曲線を引くことにより，$t=\mathbf{T}_{\max}$ における **2** 次元膜の変位 $z(i,\ j,\ 1)$ $(i=0,\ 1,\ \cdots,\ 40,\ j=0,\ 1,\ \cdots,\ 40)$ のグラフの概形を表示する。

具体的には，まず **520** 行で，点 **[I×DX，0，0]** を uv 座標に変換して表示する。次に，**530～550** 行の **FOR～NEXT(J)** 文により，点 **[I×DX，J×DY，Z(I，J，1)] (J＝1，2，…，40)** を uv 座標に変換したものを順次連結して，

> **460** 行で，**Z(I，J，1)＝Z(I，J，2)** としているので，これで良い。これだと，$\mathbf{T}_{\max}=\mathbf{0}$ のときも，**Z(I，J，1)＝Z(I，J，0)** として，**Z** の初期分布を表せる。

$z(x,\ y,\ t)$ を表す曲線を **1** 本引く。同様に **I＝0，2，4，…，40** と変化させることにより，**21** 本の曲線を引いて，**2** 次元膜の変位 $z(x,\ y,\ t)$ の概形を表すことにする。

それでは，**100** 行の $\mathbf{T}_{\max}$ の値を，**0，0.5，1，1.5，2，2.5，3，3.5** と変えて代入して，このプログラムを実行することにより，これらの各時刻における変位 $z(x,\ y,\ t)$ のグラフの概形を順に示そう。これにより，$0\leqq x\leqq 4$，$0\leqq y\leqq 4$ で定義された，すべての境界線上で固定端の条件の下で振動する **2** 次元振動膜の経時変化の様子を調べることができる。

(i) $t = \mathbf{0}$ (秒) のとき (z の初期条件)

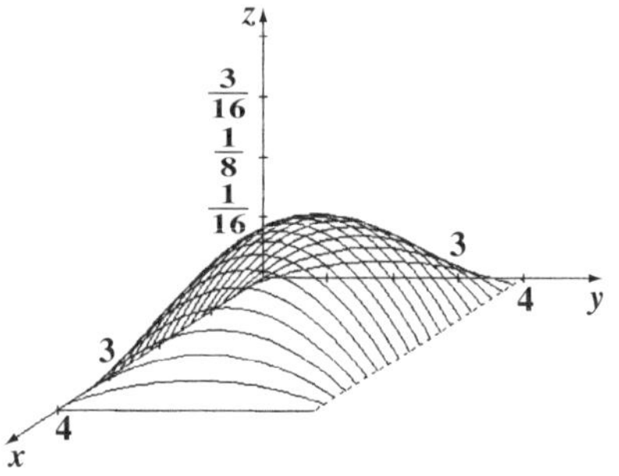

(ii) $t = \mathbf{0.5}$ (秒) のとき

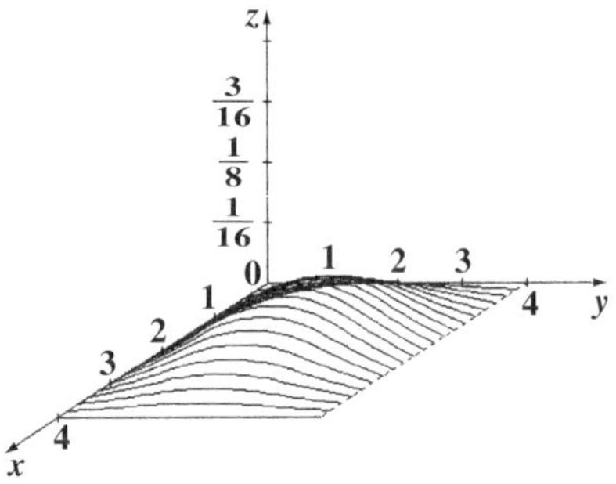

(iii) $t = \mathbf{1}$ (秒) のとき

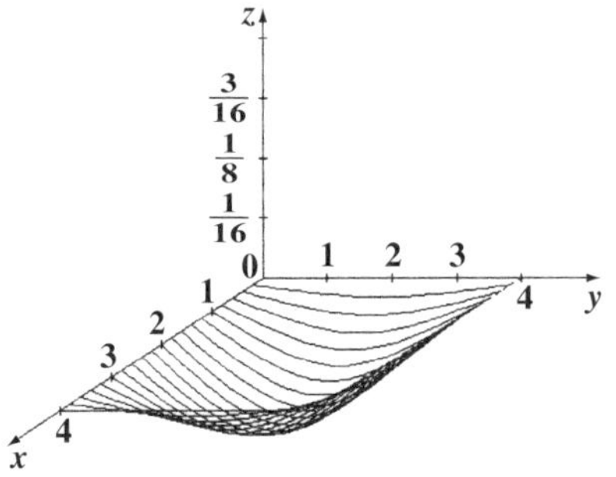

(iv) $t = \mathbf{1.5}$ (秒) のとき

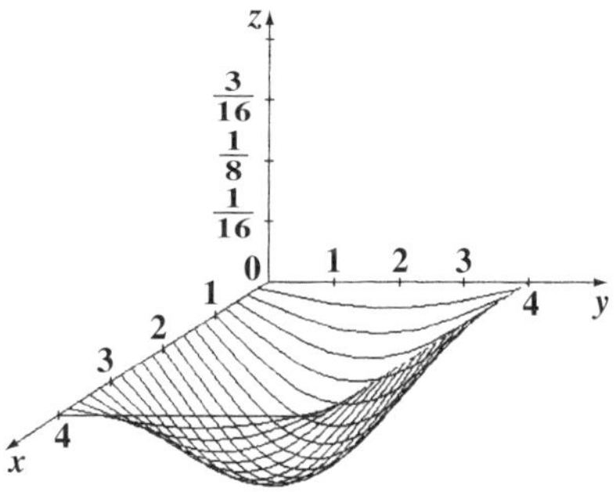

(v) $t = \mathbf{2}$ (秒) のとき

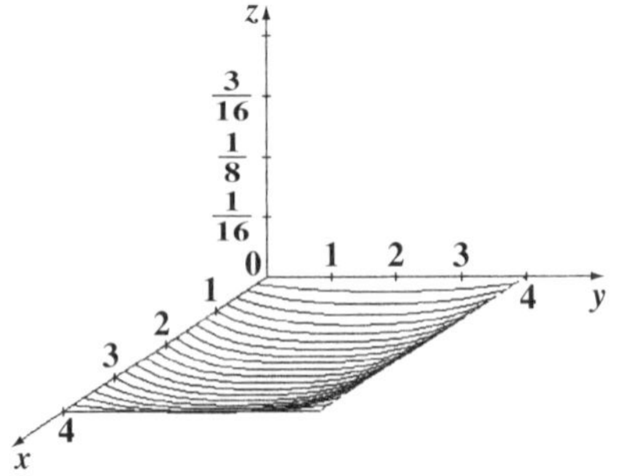

(vi) $t = \mathbf{2.5}$ (秒) のとき

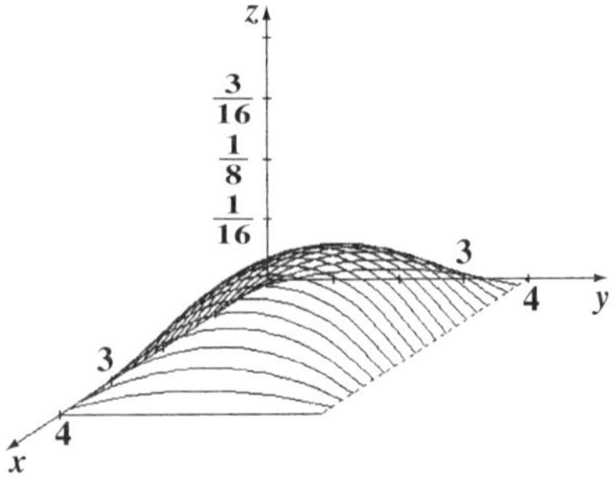

(vii) $t = 3$(秒)のとき

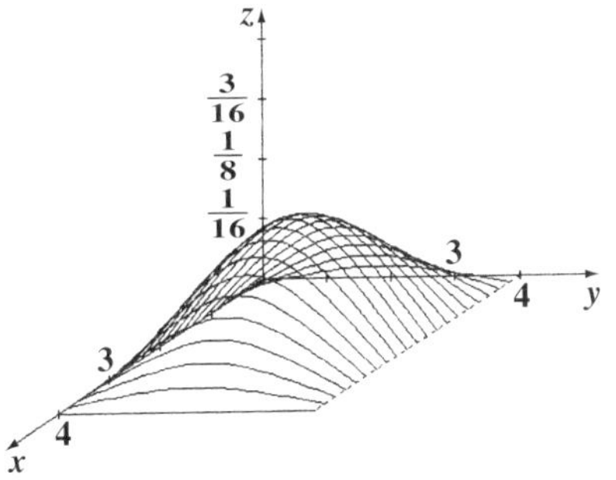

(viii) $t = 3.5$(秒)のとき

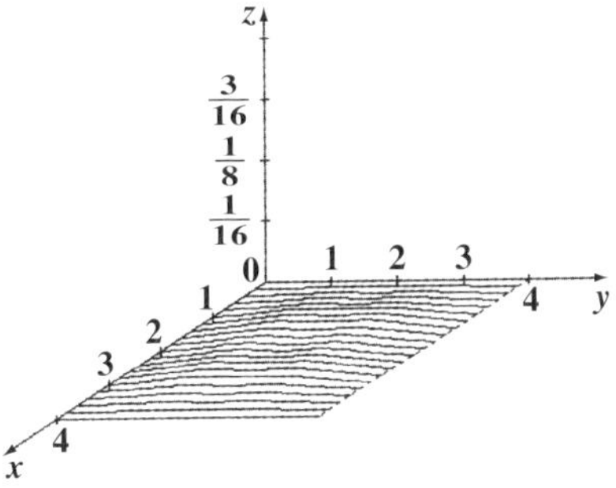

このように，2次元波動方程式の解のグラフを時系列に並べることにより，その振動の様子が一目瞭然になる。これらのグラフから，今回の2次元膜の振動の周期が大体3秒位であることも分かるんだね。

演習問題 36　● 2次元波動方程式(自由端)(Ⅱ) ●

変位 $z(x, y, t)$ (x, y：位置，t：時刻)について，次の2次元波動方程式が与えられている。

$$\frac{\partial^2 z}{\partial t^2} = 2\left(\frac{\partial^2 z}{\partial x^2} + \frac{\partial^2 z}{\partial y^2}\right) \cdots\cdots ① \quad (0 < x < 4,\ 0 < y < 4,\ t > 0)$$ ← $a^2=2$ の場合

初期条件：$z(x, y, 0) = \frac{1}{80}\left(1-\cos\frac{\pi x}{2}\right)\left(1-\cos\frac{\pi y}{2}\right) \cdots\cdots ②$

$$\frac{\partial z(x, y, 0)}{\partial t} = 0 \cdots\cdots ③$$

境界条件：$\frac{\partial z(0, y, t)}{\partial x} = \frac{\partial z(4, y, t)}{\partial x} = 0 \cdots\cdots ④$

$$\frac{\partial z(x, 0, t)}{\partial y} = \frac{\partial z(x, 4, t)}{\partial y} = 0 \cdots\cdots ⑤$$ ← 自由端

①を差分方程式(一般式)で表し，$\Delta x = \Delta y = 0.1$，$\Delta t = 0.01$ として，数値解析により，時刻 $t = 0$, 0.25, 0.5, 0.75, 1, 1.25, 1.5, 1.75, 2, 2.25, 2.5, 2.75 (秒)における変位 $z(x, y, t)$ のグラフを xyz 座標空間上に描け。

ヒント！ ②の初期条件が，④，⑤の境界条件をみたすことを示そう。

(i) ②の x による偏微分を求めると，

$$\frac{\partial z(x, y, 0)}{\partial x} = \frac{1}{80}\left(1-\cos\frac{\pi x}{2}\right)'\cdot\left(1-\cos\frac{\pi y}{2}\right) = \frac{\pi}{160}\sin\frac{\pi x}{2}\cdot\left(1-\cos\frac{\pi y}{2}\right)$$ より，

$\frac{\partial z(0, y, 0)}{\partial x} = 0$，$\frac{\partial z(4, y, 0)}{\partial x} = 0$ となって，④をみたす。

(ii) ②の y による偏微分を求めると，

$$\frac{\partial z(x, y, 0)}{\partial y} = \frac{1}{80}\left(1-\cos\frac{\pi x}{2}\right)\cdot\left(1-\cos\frac{\pi y}{2}\right)' = \frac{\pi}{160}\left(1-\cos\frac{\pi x}{2}\right)\cdot\sin\frac{\pi y}{2}$$ より，

$\frac{\partial z(x, 0, 0)}{\partial y} = 0$，$\frac{\partial z(x, 4, 0)}{\partial y} = 0$ となって，⑤をみたす。

以上(i)，(ii)より，$t = 0$ の時点で，自由端の境界条件④と⑤をみたすことが分かった。この自由端の境界条件は，$t > 0$ のときも，当然成り立つ。

解答＆解説

$0 \leqq x \leqq 4$，$0 \leqq y \leqq 4$，かつ $\Delta x = \Delta y = 0.1$ より，$\dfrac{4}{\Delta x} = \dfrac{4}{0.1} = 40$，$\dfrac{4}{\Delta y} = \dfrac{4}{0.1} = 40$ から，今回は配列 $z(40,\ 40,\ 2)$ を定義し，$z(i,\ j,\ k)$ について，$i = 0,\ 1,\ 2,\ \cdots,\ 40$ で，x 方向の位置を表し，$j = 0,\ 1,\ 2,\ \cdots,\ 40$ で，y 方向の位置を表し，$k = 0,\ 1,\ 2$ で，過去 $(t - \Delta t)$，現在 (t)，未来 $(t + \Delta t)$ を表す。

①の 2 次元波動方程式の差分方程式（一般式）は前問と同様に，

$$\underbrace{z_{i,j}(t+\Delta t)}_{\text{未来 } z(i,\ j,\ 2)} = 2(1-2m)\underbrace{z_{i,j}}_{\text{現在}} + m(\underbrace{z_{i+1,j}}_{\text{現在}} + \underbrace{z_{i-1,j}}_{\text{現在}} + \underbrace{z_{i,j+1}}_{\text{現在}} + \underbrace{z_{i,j-1}}_{\text{現在}}) - \underbrace{z_{i,j}(t-\Delta t)}_{\text{過去 } z(i,\ j,\ 0)} \quad (m:\text{定数})$$

である。この一般式を用いて，$z(i,\ j,\ 2)$ を更新する。

さらに，今回は，正方形の境界線上のすべての点で自由端の境界条件になっているので，この境界線上の各点の変位は，それより 1 つだけ内側の点の変位と等しくなる。これで，④，⑤の境界線における変位 z の偏微分係数が $\dfrac{\partial z}{\partial x} = 0$，$\dfrac{\partial z}{\partial y} = 0$ となる条件を，離散的に表すことができる。

それでは，今回の自由端の 2 次元波動方程式を解くための数値解析プログラムを下に示す。

```
10 REM ------------------------------------------------
20 REM   演習 2次元波動方程式(自由端) 3-2
30 REM ------------------------------------------------
40 XMAX=4
50 DELX=1
60 YMAX=4
70 DELY=1
80 ZMAX=1/10
90 DELZ=1/40
100 TMAX=0
110 DIM Z(40,40,2)
```

120～310 行は，xyz 座標系を作るためのプログラムで，これは演習問題 35 (P170，171) の 120～310 行のプログラムと同じである。

```
320 PI=3.14159#
330 FOR J=0 TO 40
340 FOR I=0 TO 40
350 Z(I,J,0)=(1-COS(PI*I/20))*(1-COS(PI*J/20))/80
360 NEXT I:NEXT J
370 FOR I=0 TO 40:FOR J=0 TO 40
380 Z(I,J,1)=Z(I,J,0):NEXT J:NEXT I
390 T=0:DT=.01:DX=.1#:DY=.1#:A=2:M=A*(DT)^2/(DX)^2
400 N1=TMAX*100
410 FOR I0=1 TO N1
420 FOR I=1 TO 39
430 FOR J=1 TO 39
440 Z(I,J,2)=2*(1-2*M)*Z(I,J,1)+M*(Z(I+1,J,1)+Z(I-1,
J,1)+Z(I,J+1,1)+Z(I,J-1,1))-Z(I,J,0)
450 NEXT J:NEXT I
460 FOR I=1 TO 39
470 Z(0,I,2)=Z(1,I,2):Z(40,I,2)=Z(39,I,2)
480 Z(I,0,2)=Z(I,1,2):Z(I,40,2)=Z(I,39,2)
490 NEXT I
500 Z(0,0,2)=Z(1,1,2):Z(0,40,2)=Z(1,39,2)
510 Z(40,0,2)=Z(39,1,2):Z(40,40,2)=Z(39,39,2)
520 FOR I=0 TO 40:FOR J=0 TO 40
530 Z(I,J,0)=Z(I,J,1):Z(I,J,1)=Z(I,J,2)
540 NEXT J:NEXT I
550 T=T+DT
560 NEXT I0
570 PRINT "t=";TMAX
580 FOR I=0 TO 40 STEP 2
590 PSET (FNU(I*DX,0),FNV(I*DX,Z(I,0,1)))
```

```
600 FOR J=1 TO 40
610 LINE -(FNU(I*DX,J*DY),FNV(I*DX,Z(I,J,1)))
620 NEXT J:NEXT I
```

40〜90 行で，$X_{max}=4$，$\Delta\overline{X}=1$，$Y_{max}=4$，$\Delta\overline{Y}=1$，$Z_{max}=\frac{1}{10}$，$\Delta\overline{Z}=\frac{1}{40}$ を代入した。

100 行で，$T_{max}=0$ を代入した。このとき，**400** 行で **N1＝0** となるため，この後の **410〜560** 行の大きな **FOR〜NEXT (I0)** 文は **1** 度も実行されることなく，変位 z の初期条件のグラフがそのまま描かれることになる。今回は自由端の **2** 次元波動方程式の問題で，**2** 次元膜の振動が不規則で分かりづらいので，z のグラフを描く時間間隔を短くして，この後 T_{max} に $T_{max}=0.25,\ 0.5,\ 0.75,\ \cdots,\ 2.5,\ 2.75$ **(秒)** を代入して，プログラムを実行し，それぞれの時刻における変位 z のグラフを描かせることにした。

110 行で，配列 $z(40, 40, 2)$ を定義した。これから，$z(i, j, k)$ について，$i=0,\ 1,\ 2,\ \cdots,\ 40$ で，x 軸方向の位置を表し，$j=0,\ 1,\ 2,\ \cdots,\ 40$ で，y 軸方向の位置を表す。また，$k=0,\ 1,\ 2$ で，順に過去 $(t-\Delta t)$，現在 (t)，未来 $(t+\Delta t)$ を表すことにした。

120〜310 行は，xyz 座標系を作成するプログラムで，これは演習問題 **23** **(P107，108)** の **100〜290** 行のプログラムと同じものである。

320 行で，円周率 π を **PI＝3.14159** として代入した。

330〜360 行の **FOR〜NEXT (J, I)** 文により，$t=0$ のときの初期条件の②式：$z=\frac{1}{80}\left(1-\cos\frac{\pi x}{2}\right)\left(1-\cos\frac{\pi y}{2}\right)$ に $x=\frac{i}{10}$，$y=\frac{j}{10}$ を代入して，$z(i, j, 0)$ $(i=0,\ 1,\ 2,\ \cdots,\ 40,\ j=0,\ 1,\ 2,\ \cdots,\ 40)$ の形で代入した。

次に，**370，380** 行の **FOR〜NEXT (I, J)** 文により，$z(i, j, 1)=z(i, j, 0)$ $(i=0,\ 1,\ \cdots,\ 40,\ j=0,\ 1,\ \cdots,\ 40)$ として，もう **1** つの初期条件：$t=0$ のとき $\frac{\partial z}{\partial t}=0$ をみたすようにした。これにより，**2** 次元膜の振動は，$t=0$ のときから静かに開始されることになる。

390 行で，初めの時刻 $t=0$，微小時間 $\Delta t=\mathrm{DT}=0.01$，微小な $\Delta x=\mathrm{DX}=0.1$，微小な $\Delta y=\mathrm{DY}=0.1$，定数 $a^2=\mathrm{A}=2$，定数 $\mathrm{M}=\frac{\mathrm{A}\cdot(\Delta t)^2}{(\Delta x)^2}=\frac{2\cdot(10^{-2})^2}{(10^{-1})^2}=2\times10^{-2}=0.02$ を代入した。

400 行で，その後の大きな **FOR〜NEXT(I0)** 文のループ計算の繰り返し回数 **N1** を $\mathbf{N1}=\frac{\mathbf{T_{max}}}{\Delta t}=\frac{\mathbf{T_{max}}}{\mathbf{10^{-2}}}=\mathbf{100\cdot T_{max}}$ として代入した。

410〜560 行の大きな **FOR〜NEXT(I0)** 文により，**I0＝1，2，3，…，N1** となるまでループ計算を行う。この中にはさらに **3** つの **FOR〜NEXT** 文が含まれる。

まず，**420〜450** 行の **FOR〜NEXT(I，J)** 文により，**440** 行の一般式で，$z(i,\ j,\ 1)$ と $z(i,\ j,\ 0)$ を用いて，$z(i,\ j,\ 2)$ $(i=1,\ 2,\ \cdots,\ 39,\ j=1,\ 2,\ \cdots,\ 39)$ の値の更新を行う。ここで，更新される $z(i,\ j,\ 2)$ はすべて境界線の内側の変位であることに気を付けよう。

その後，**460〜490** 行の **FOR〜NEXT(I)** 文により，**4** 角（すみ）の点を除く，境界線上のすべての点の変位をそれより **1** 列だけ内側の点の変位と等しくなるようにした。

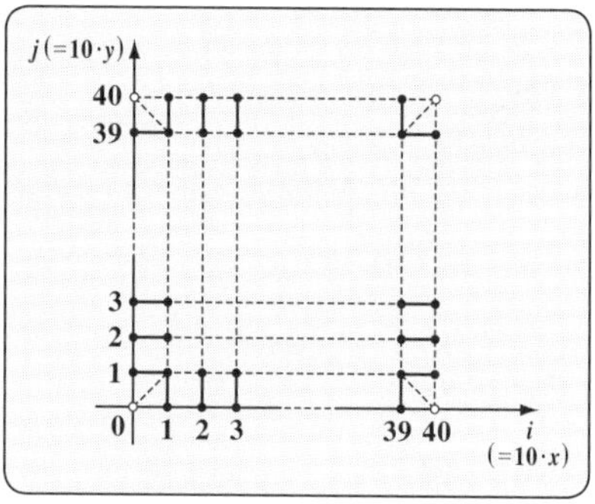

500，**510** 行で，右図に示すように，**4** 角（すみ）の点の変位も，それより **1** つ内側の点の変位と等しくなるようにした。図中で"●-●"などで表すことにより，変位を等しくしたことを示している。これで，境界条件として自由端の条件をみたすようにした。

520〜540 行の **FOR〜NEXT(I，J)** 文により，$z(i,j,\ 0)=z(i,j,\ 1)$ として，$z(i,j,\ 0)$ の値を更新し，$z(i,\ j,\ 1)=z(i,\ j,\ 2)$ $(i=0,\ 1,\ \cdots,\ 40,\ j=0,\ 1,\ \cdots,\ 40)$ として，$z(i,\ j,\ 1)$ の値を更新した。

さらに，**550** 行で，時刻 t も $t=t+\Delta t$ として更新した。

これで，大きな **FOR〜NEXT(I0)** 文により，一連の計算が終了し，この後，このループ計算の頭の **420** 行に戻って，次の $z(i,\ j,\ 2)$ $(i=1,\ 2,\ \cdots,\ 39,\ j=1,\ 2,\ \cdots,\ 39)$ の更新をして，同様の計算を **I0＝N1** となるまで，つまり時刻 t が $t=\mathbf{T_{max}}$ となるまで繰り返し，その結果，$t=\mathbf{T_{max}}$ における変位 $z(i,\ j,\ 2)$ $(i=0,\ 1,\ \cdots,\ 40,\ j=0,\ 1,\ \cdots,\ 40)$ を求める。

570 行で，T_{max} の値を $t=T_{max}$ の形で表示する。

580〜**620** 行の **FOR**〜**NEXT**(**I**, **J**)文により，**I**=**0**, **2**, **4**, …, **40** と変化させて，**21** 本の曲線を引くことにより，$t=T_{max}$ における **2** 次元振動膜の変位 $z(i, j, 1)$ ($i=0, 1, 2, \cdots, 40$, $j=0, 1, 2, \cdots, 40$) のグラフの概形を表示する。

$z(i, j, 2)$ ($T_{max}>0$ のとき)

具体的には，まず，ある **I** の値のとき，**590** 行で，点 [**I**×**DX**, **0**, **Z**(**I**, **0**, **1**)] を uv 座標に変換して表示する。

次に，**600**〜**620** 行の **FOR**〜**NEXT**(**J**)文により，点 [**I**×**DX**, **J**×**DY**, **Z**(**I**, **J**, **1**)] (**J**=**1**, **2**, **3**, …, **40**) を uv 座標に変換したものを順次連結して，変位 z を表す曲線を **1** 本引く。後は，**I**=**0**, **2**, **4**, …, **40** と動かして計算することにより，変位 z のグラフの概形を **21** 本の曲線で表示する。

それでは，**100** 行の T_{max} の値を，**0**, **0.25**, **0.5**, **0.75**, **1**, **1.25**, **1.5**, **1.75**, **2**, **2.25**, **2.5**, **2.75** (秒) と変えて代入し，このプログラムを実行することにより，これらの各時刻における変位 $z(x, y, t)$ のグラフの概形を順に示そう。これにより，$0 \leqq x \leqq 4$, $0 \leqq y \leqq 4$ で定義された，境界条件としてすべて自由端の **2** 次元振動膜の経時変化の様子を調べることにする。固定端のときよりも，動きが早く，ヒラヒラと振動しているように見えるが，自由端の条件として，境界線の付近では偏微分係数が **0**，すなわち xy 平面に平行な曲面になっていることも確認されるとよい。

(ⅰ) $t = \mathbf{0}$(秒) のとき (zの初期条件)

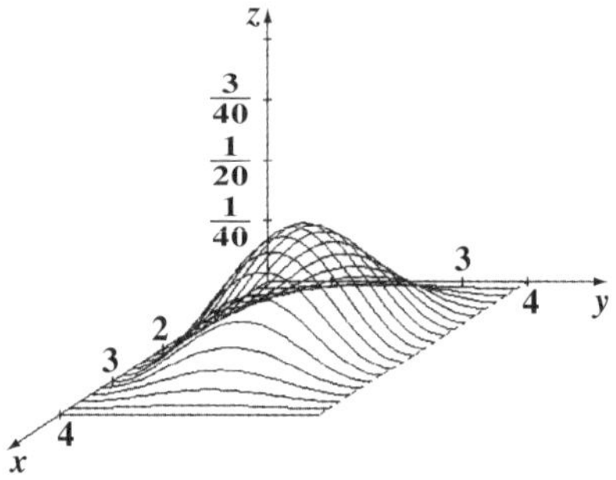

(ⅱ) $t = \mathbf{0.25}$(秒) のとき

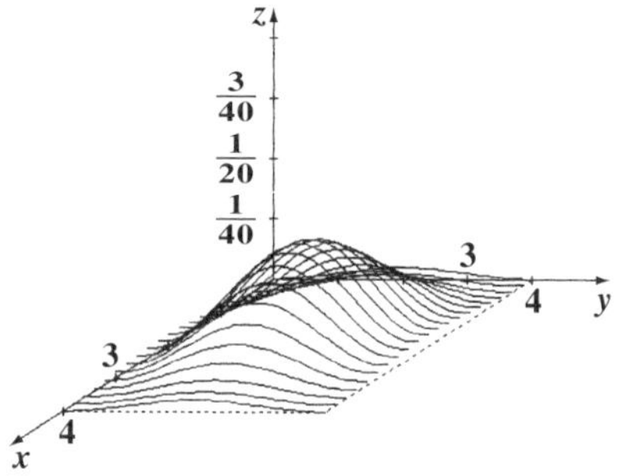

(ⅲ) $t = \mathbf{0.5}$(秒) のとき

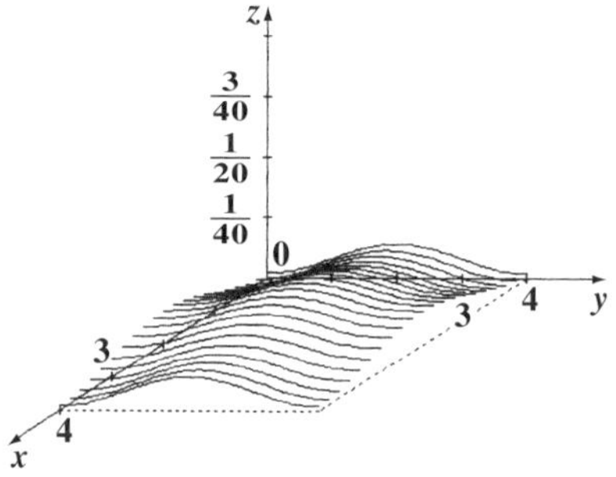

(ⅳ) $t = \mathbf{0.75}$(秒) のとき

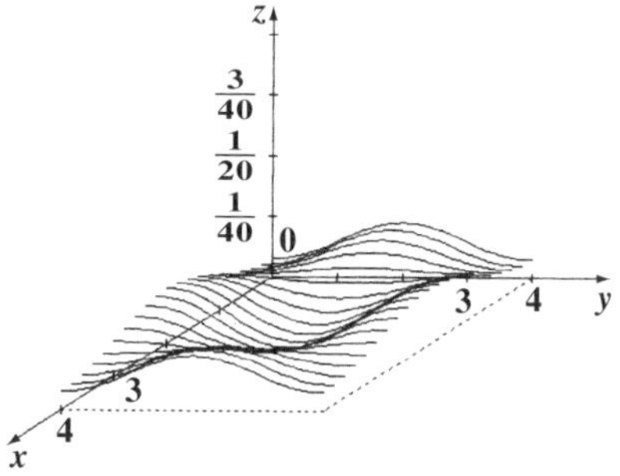

(ⅴ) $t = \mathbf{1}$(秒) のとき

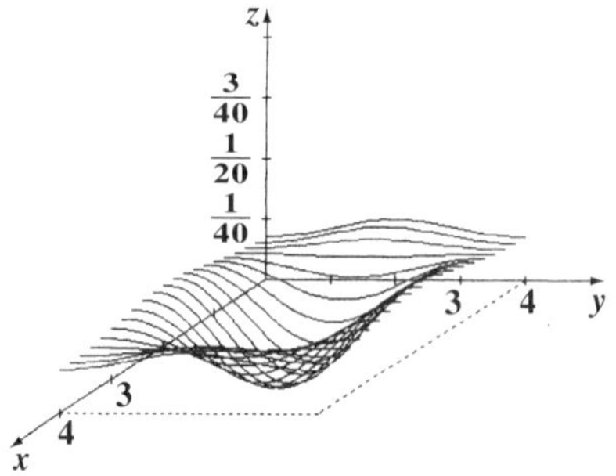

(ⅵ) $t = \mathbf{1.25}$(秒) のとき

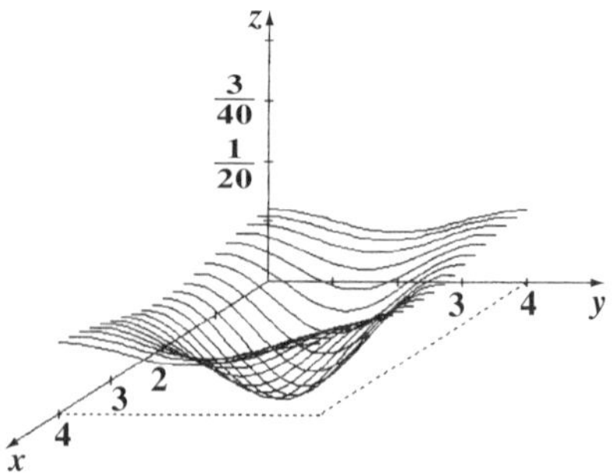

(vii) $t = \mathbf{1.5}$ (秒) のとき

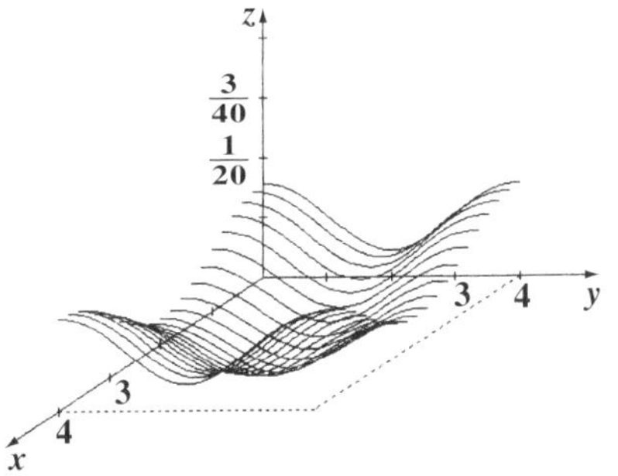

(viii) $t = \mathbf{1.75}$ (秒) のとき

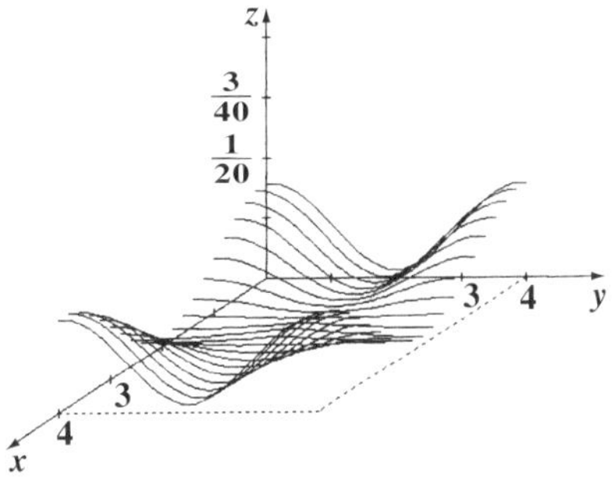

(ix) $t = \mathbf{2}$ (秒) のとき

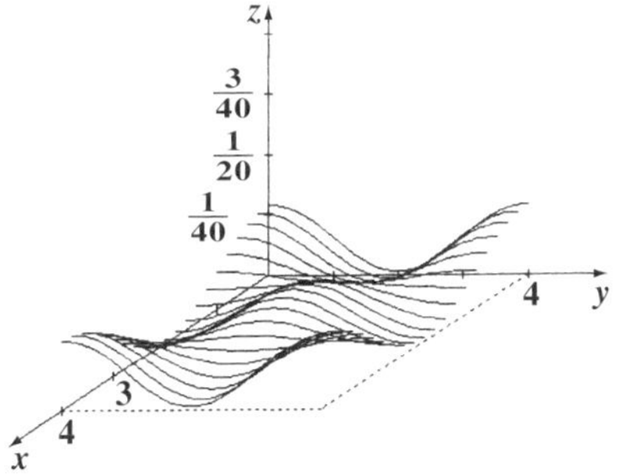

(x) $t = \mathbf{2.25}$ (秒) のとき

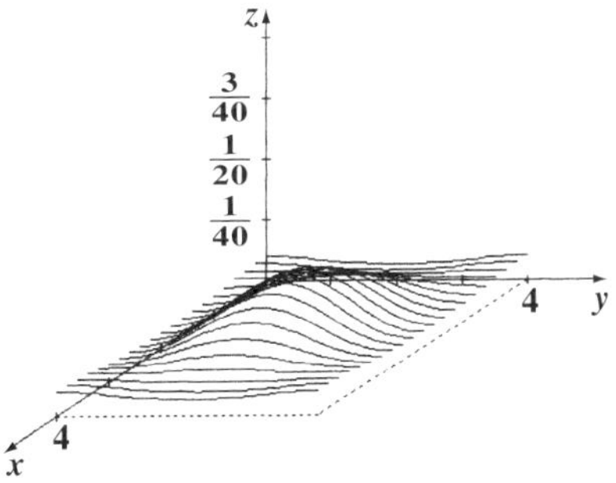

(xi) $t = \mathbf{2.5}$ (秒) のとき

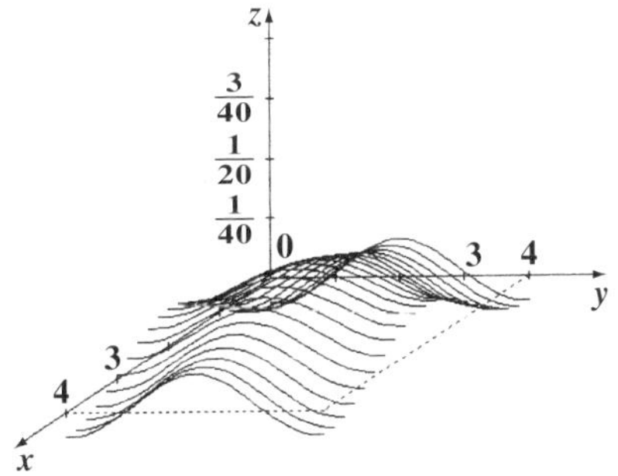

(xii) $t = \mathbf{2.75}$ (秒) のとき

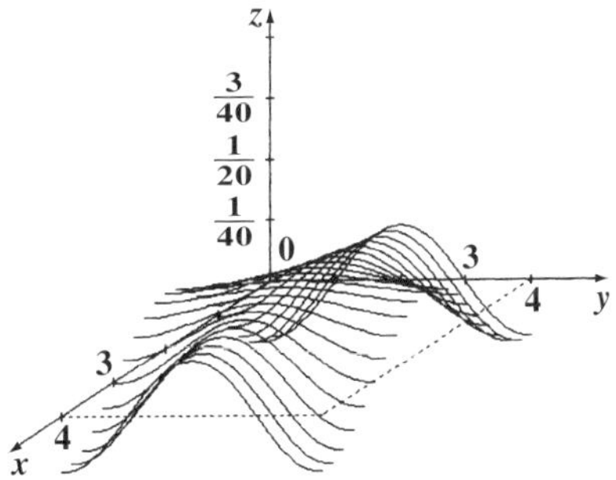

演習問題 37 ● 2次元波動方程式 (固定端) (Ⅲ) ●

変位 $z(x, y, t)$ (x, y：位置，t：時刻) について，次の 2 次元波動方程式が与えられている。

$$\frac{\partial^2 z}{\partial t^2} = \frac{\partial^2 z}{\partial x^2} + \frac{\partial^2 z}{\partial y^2} \cdots\cdots ① \quad \begin{pmatrix} \cdot\, 0 < x \leqq 1 \text{ のとき，} 0 < y < 4 \\ \cdot\, 1 < x < 5 \text{ のとき，} 0 < y < 5-x \end{pmatrix}$$

← $a^2=1$ の場合

初期条件：$z(x, y, 0) = \dfrac{1}{80}x \cdot y \cdot (5-x-y)(4-y) \cdots\cdots ②$

$$\frac{\partial z(x, y, 0)}{\partial t} = 0 \cdots\cdots ③$$

境界条件：$z(0, y, t) = 0 \quad (0 \leqq y \leqq 4 \text{ のとき}) \cdots\cdots ④$

$z(x, 0, t) = 0 \quad (0 \leqq x \leqq 5 \text{ のとき}) \cdots\cdots ⑤$

$z(x, 4, t) = 0 \quad (0 \leqq x \leqq 1 \text{ のとき}) \cdots\cdots ⑥$

$z(x, 5-x, t) = 0 \quad (1 \leqq x \leqq 5 \text{ のとき}) \cdots\cdots ⑦$

← 固定端

①を差分方程式 (一般式) で表し，$\Delta x = \Delta y = 0.1$，$\Delta t = 0.01$ として，数値解析により，$t = 0$，0.6，1.2，1.8，2.4，3，3.6，4.2 (秒) における変位 $z(x, y, t)$ のグラフの概形を xyz 座標空間上に描け。

ヒント！ 今回の 2 次元波動方程式の境界線を右図に示す。固定端の境界条件なので，$t=0$ のときの②の初期条件も，境界線では 0 とならなければいけない。②を

$z(x, y, 0) = f(x, y)$

$= \dfrac{1}{80}x \cdot y(5-x-y)(4-y) \cdots\cdots ②'$

とおいて確認すると，②′より，

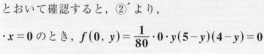

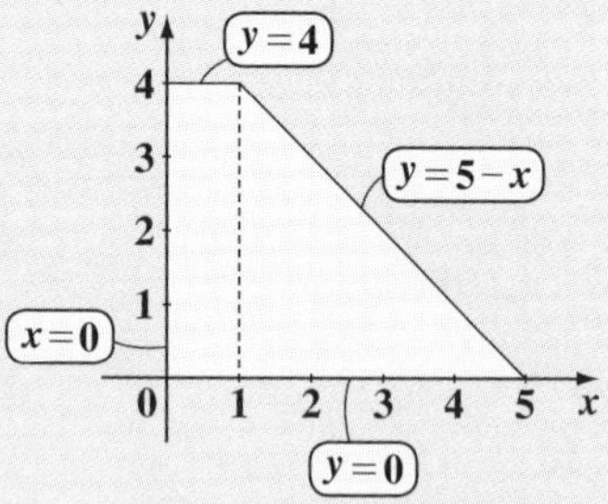

$\cdot\, x=0$ のとき，$f(0, y) = \dfrac{1}{80} \cdot 0 \cdot y(5-y)(4-y) = 0$

$\cdot\, y=0$ のとき，$f(x, 0) = \dfrac{1}{80}x \cdot 0 \cdot (5-x) \cdot 4 = 0$

・$y=4$ のとき，$f(x,\ 4)=\dfrac{1}{80}\cdot x\cdot 4\cdot(1-x)\cdot 0=0$

・$y=5-x$ のとき，$f(x,\ 5-x)=\dfrac{1}{80}x\cdot(5-x)\cdot 0\cdot(-1+x)=0$ となって，

境界条件をすべてみたすことが分かる。

解答＆解説

変位 z を調べる領域は，$0\leqq x\leqq 5$，$0\leqq y\leqq 4$ の 1 部であり，$\Delta x=0.1$，$\Delta y=0.1$ より，$\dfrac{5}{\Delta x}=\dfrac{5}{10^{-1}}=50$，$\dfrac{4}{\Delta y}=\dfrac{4}{10^{-1}}=40$ より，変位を表す配列として，$z(50,\ 40,\ 2)$ を定義すればいいんだね。

①の 2 次元波動方程式については，定数 $m=\dfrac{a^2\cdot(\Delta t)^2}{(\Delta x)^2}$ を用いて，差分方程式 (一般式) で表すと，

$$\underbrace{z_{i,j}(t+\Delta t)}_{\text{未来}\,z(i,\,j,\,2)}=2(1-2m)\underbrace{z_{i,j}}_{\text{現在}\,z(i,\,j,\,1)}+m(\underbrace{z_{i+1,j}+z_{i-1,j}+z_{i,j+1}+z_{i,j-1}}_{\text{現在}})-\underbrace{z_{i,j}(t-\Delta t)}_{\text{過去}\,z(i,\,j,\,0)}$$

となる。これを用いて $z(i,\ j,\ 2)$ を更新する。

今回の波動方程式の境界条件は固定端の条件なので，$t\geqq 0$ において境界線上の変位 z は常に 0 に保たれることに注意する。

それでは，この固定端の 2 次元波動方程式を解くための数値解析プログラムを以下に示す。

```
10 REM ------------------------------------------------------------
20 REM  演習 2次元波動方程式(固定端) 4-1
30 REM ------------------------------------------------------------
40 XMAX=5
50 DELX=1
60 YMAX=4
70 DELY=1
80 ZMAX=2/5
90 DELZ=1/10
100 TMAX=0
110 DIM Z(50,40,2)
```

120～**310** 行は，xyz 座標系を作るためのプログラムで，これは演習問題 **35** (**P170**，**171**) の **120**～**310** 行のプログラムとほぼ同じである。

```
320 FOR J=0 TO 40
330 FOR I=0 TO 50-J
340 Z(I,J,0)=((5-J/10)*I/10-I^2/100)*(4*J/10-J^2/100)
/80
350 NEXT I:NEXT J
360 FOR J=0 TO 40
370 FOR I=0 TO 50-J
380 Z(I,J,1)=Z(I,J,0)
390 NEXT I:NEXT J
400 DX=.1#:DY=.1#:T=0:DT=.01:A=1:M=A*(DT)^2/(DX)^2
410 N1=TMAX*100
420 FOR I0=1 TO N1
430 FOR J=1 TO 39
440 FOR I=1 TO 49-J
450 Z(I,J,2)=2*(1-2*M)*Z(I,J,1)+M*(Z(I+1,J,1)+Z(I-1,
J,1)+Z(I,J+1,1)+Z(I,J-1,1))-Z(I,J,0)
460 NEXT I:NEXT J
470 FOR J=1 TO 39:FOR I=1 TO 49-J
480 Z(I,J,0)=Z(I,J,1):Z(I,J,1)=Z(I,J,2)
490 NEXT I:NEXT J
500 T=T+DT
510 NEXT I0
520 PRINT "t=";TMAX
530 FOR I=0 TO 8 STEP 2
540 PSET (FNU(I*DX,0),FNV(I*DX,0))
550 FOR J=1 TO 40
560 LINE -(FNU(I*DX,J*DY),FNV(I*DX,Z(I,J,1)))
570 NEXT J:NEXT I
```

```
580 FOR I=10 TO 50 STEP 2
590 PSET (FNU(I*DX,0),FNV(I*DX,0))
600 FOR J=1 TO 50-I
610 LINE -(FNU(I*DX,J*DY),FNV(I*DX,Z(I,J,1)))
620 NEXT J:NEXT I
```

40～90 行で，$X_{max}=5$，$\Delta\overline{X}=1$，$Y_{max}=4$，$\Delta\overline{Y}=1$，$Z_{max}=\frac{2}{5}$，$\Delta\overline{Z}=\frac{1}{10}$ を代入した。

100 行で，$T_{max}=0$ を代入した。このとき，**410** 行で，$N1=100\cdot T_{max}=0$ となるため，この後の **420～510** 行の大きな **FOR～NEXT(I0)** 文によるループ計算は **1** 度も行われることなく，初期条件の $z(i, j, 1)$ のグラフが，**530** 行以降の処理によって描かれることになる。

この後，題意より，T_{max} に **0.6**，**1.2**，**1.8**，**2.4**，**3**，**3.6**，**4.2** (秒)を代入して，このプログラムを実行すると，**420～510** 行の **FOR～NEXT(I0)** のループ計算も行われて，各時刻における変位 z のグラフを描くことができる。

110 行で，配列 $z(50, 40, 2)$ を定義した。$z(i, j, k)$ について，i は，$X=\frac{i}{10}$ $(i=0, 1, 2, \cdots, 50)$ で x 軸方向の位置を表し，j は，$Y=\frac{j}{10}$ $(j=0, 1, 2, \cdots, 40)$ で y 軸方向の位置を表す。今回の領域は，x 軸と y 軸，つまり i 軸と j 軸のたて軸，横軸を入れ替えて考えると，

$j=0, 1, 2, \cdots, 40$ のとき，

$i=0, 1, 2, \cdots, \underline{50-j}$ と表すことができる。

($j=0$ のとき 50，$j=1$ のとき 49，…，$j=40$ のとき 10 となる。)

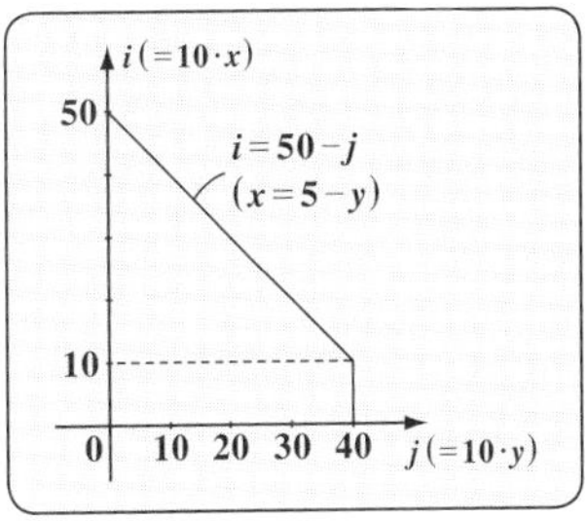

$z(i, j, k)$ の k は，$k=0, 1, 2$ の値を取り，順に過去，現在，未来を表す。

120～310 行は，xyz 座標系を作成するプログラムで，これは演習問題 **23** (**P107**，**108**) の **100～290** 行のものと，境界の点線を引くところ以外，ほぼ同じである。

320～350 行の **FOR～NEXT(J, I)** 文により，初期条件の変位 z の x と y の式 $z=\frac{1}{80}xy(5-x-y)\cdot(4-y)=\frac{1}{80}\{(5-y)x-x^2\}(4y-y^2)$ を，$z(i, j, 0)$ として，$x=\frac{i}{10}$ と $y=\frac{j}{10}$ $(j=0, 1, 2, \cdots, 40$ のとき，$i=0, 1, 2, \cdots, 50-j)$ を代入して示した。

360～390 行の **FOR～NEXT(J, I)** 文により，$z(i, j, \underset{現在}{\mathbf{1}}) = z(i, j, \underset{過去}{\mathbf{0}})$ (j = **0**, **1**, **2**, …, **40** のとき，i = **0**, **1**, **2**, …, **50** − j) として，時刻 t = **0**(過去) と $t = \Delta t$ (現在) のときのすべての変位を等しくした。これは，もう **1** つの③の初期条件：t = **0** のとき $\frac{\partial z}{\partial t}$ = **0** をみたすための処理で，これにより，**2** 次元振動膜は，時刻 t = **0** から静かに振動を開始することになる。

400 行で，Δx = **DX** = **0.1**，Δy = **DY** = **0.1**，初めの時刻 t = **0**，微小時間 Δt = **DT** = **0.01**，定数 a^2 = **A** = **1**，定数 $\mathbf{M} = \frac{\mathbf{A}\cdot(\Delta t)^2}{(\Delta x)^2} = \frac{1\cdot(10^{-2})^2}{(10^{-1})^2} = 10^{-2}$ を代入した。

410 行で，その後の大きな **FOR～NEXT(I0)** 文によるループ計算の繰り返し回数 **N1** を，$\mathbf{N1} = \frac{\mathbf{T}_{\max}}{\Delta t} = \frac{\mathbf{T}_{\max}}{10^{-2}} = 100\cdot\mathbf{T}_{\max}$ として代入した。

420～510 行の大きな **FOR～NEXT(I0)** 文により，**I0** = **1**, **2**, **3**, …, **N1** となるまでループ計算を行う。この中には **2** つの **FOR～NEXT(J, I)** 文が存在する。

まず，**430～460** 行の **FOR～NEXT(J, I)** 文により，**450** 行の一般式を用いて，境界線の内側のすべての点の変位 $z(i, j, 2)$ を更新する。

このとき，右図より，

・j = **1** のとき，

　i = **1**, **2**, …, **48**

・j = **2** のとき，

　i = **1**, **2**, …, **47**

………………………

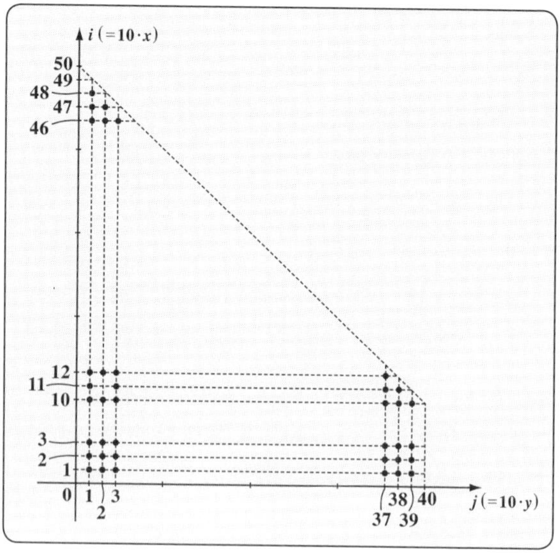

・j = **39** のとき，i = **1**, **2**, …, **10** となるので，

$z(i, j, 2)$ は，j = **1**, **2**, **3**, …, **39** のとき，i = **1**, **2**, **3**, …, **49** − j として，

（・j = **1** のとき **48**，・j = **2** のとき **47**，…，・j = **39** のとき **10**）

すなわち，**FOR J=1 TO 39：FOR I=1 TO 49−J** として，更新のための計算を行った。

470～490 行の **FOR～NEXT(J, I)** 文も同様にして，$z(i, j, 0)=z(i, j, 1)$ により，$z(i, j, 0)$ を更新し，$z(i, j, 1)=z(i, j, 2)$ より，$z(i, j, 1)$ を更新した。($j=1, 2, \cdots, 39$ のとき，$i=1, 2, \cdots, 49-j$)

これで，境界線の内側の点の変位 $z(i, j, 2)$，$z(i, j, 1)$，$z(i, j, 0)$ ($j=1, 2, \cdots, 39$ のとき，$i=1, 2, \cdots, 49-j$) はすべて更新しているが，境界線上の点の変位は一切更新していない。つまり，$t=0$ の初期条件で与えられたように，境界線上の点の変位は，常に **0** のままである。これによって，固定端の境界条件が常に満たされていることになる。

500 行で，時刻 t も $t=t+\Delta t$ により更新する。

これで，大きな **FOR～NEXT(I0)** 文による一連の計算が終了し，この後また，このループ計算の頭の **430** 行に戻り，次の $z(i, j, 2)$ の更新を行う。

このループ計算は **I0=N1**，すなわち $t=\mathrm{T_{max}}$ となるまで繰り返し行い，$t=\mathrm{T_{max}}$ のときの変位 $z(i, j, 1)$ ($=z(i, j, 2)$) が求められる。

520 行で，$\mathrm{T_{max}}$ の値を $t=\mathrm{T_{max}}$ の形で表示する。

530～570 行の **FOR～NEXT(I, J)** 文により，**I=0, 2, 4, 6, 8** と変化させて，変位 $z(i, j, 1)$ を表す **5** 本の曲線を描く。

580～620 行の **FOR～NEXT(I, J)** 文により，**I=10, 12, …, 50** と変化させて，変位 $z(i, j, 1)$ を表す **21** 本の曲線を描く。

それでは，$\mathrm{T_{max}}=0$，**0.6**，**1.2**，**1.8**，**2.4**，**3**，**3.6**，**4.2** (秒) を代入して，このプログラムを実行した結果得られる変位 $z(x, y, t)$ のグラフを示す。

(i) $t=0$ (秒) のとき (z の初期条件)

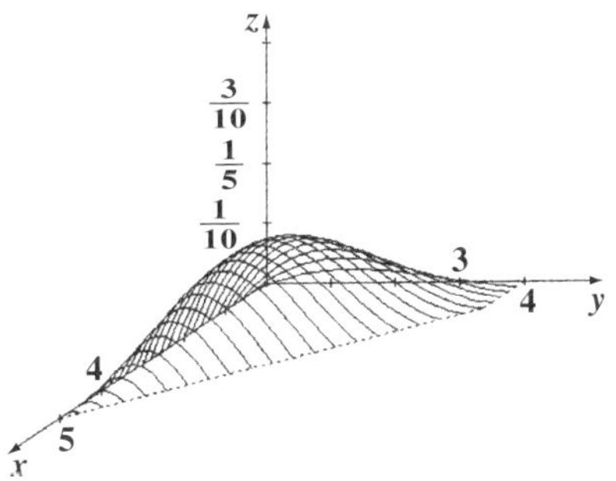

(ii) $t=0.6$ (秒) のとき

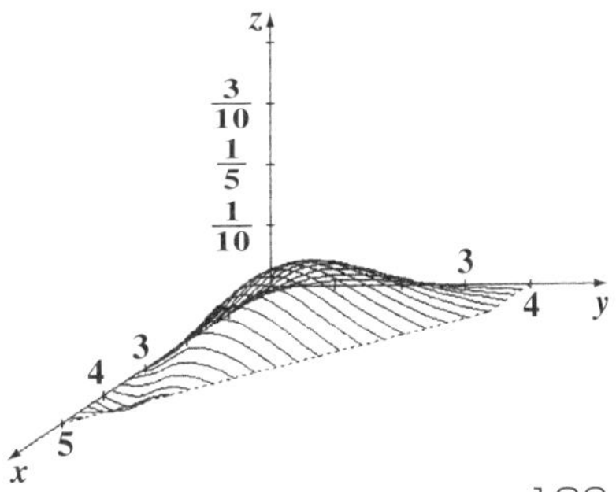

(iii) $t = \mathbf{1.2}$ (秒) のとき

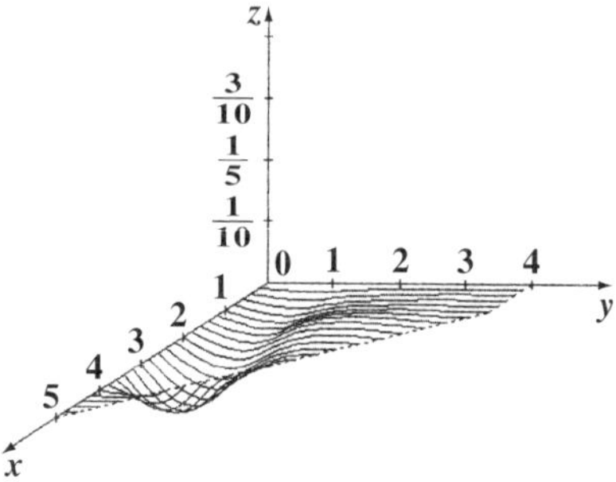

(iv) $t = \mathbf{1.8}$ (秒) のとき

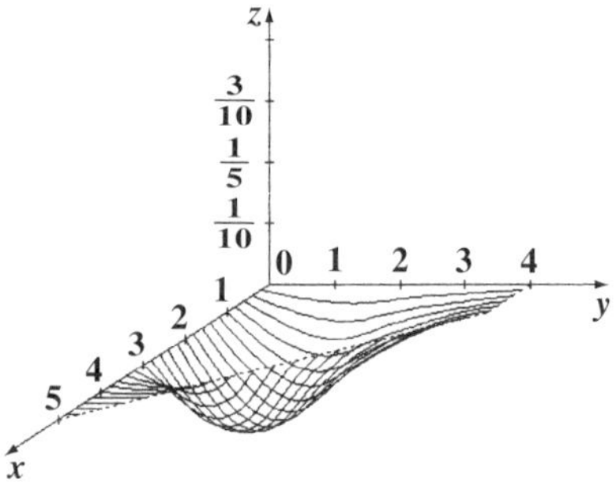

(v) $t = \mathbf{2.4}$ (秒) のとき

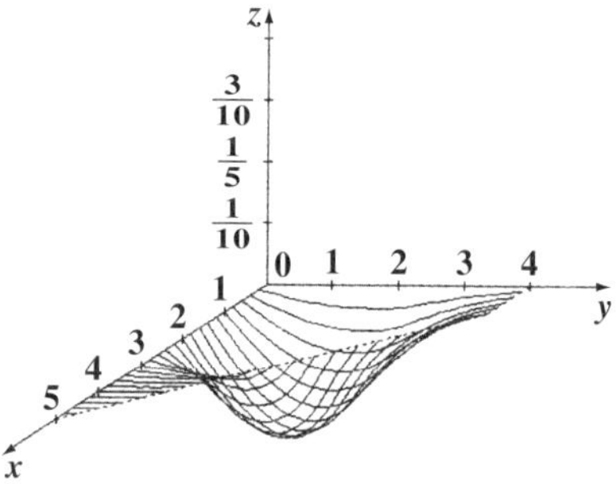

(vi) $t = \mathbf{3}$ (秒) のとき

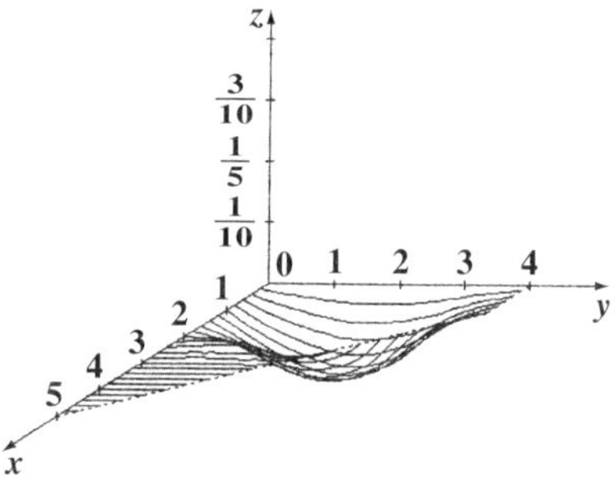

(vii) $t = \mathbf{3.6}$ (秒) のとき

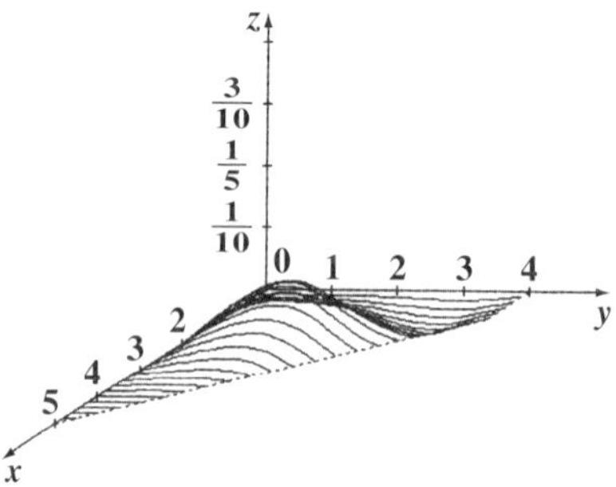

(viii) $t = \mathbf{4.2}$ (秒) のとき

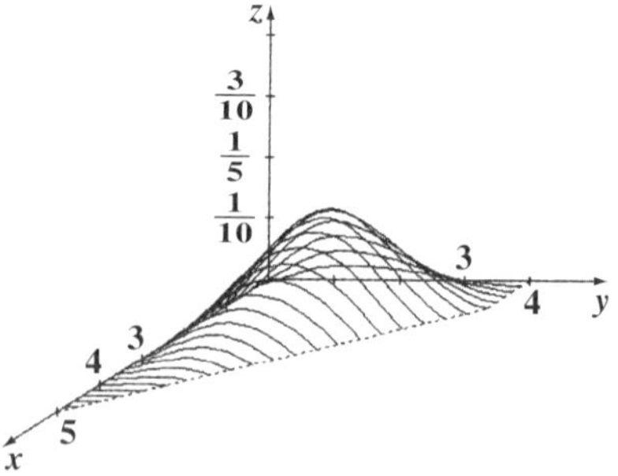

このように，不規則な形状の境界線の問題でも，数値解析を用いれば，**2**次元の膜の振動の様子を，近似解ではあるが，調べることができる。

演習問題 38　● 2次元波動方程式（固定端）(Ⅳ) ●

変位 $z(x, y, t)$ (x, y：位置, t：時刻) について，次の 2 次元波動方程式が与えられている。

$$\frac{\partial^2 z}{\partial t^2} = \frac{\partial^2 z}{\partial x^2} + \frac{\partial^2 z}{\partial y^2} \quad \cdots\cdots ① \quad \left(\begin{array}{l} \cdot 0 < x \leqq 3 \text{ のとき, } 0 < y < 4 \\ \cdot 3 < x < 5 \text{ のとき, } 2 < y < 4 \end{array} \right)$$

初期条件：
$$z(x, y, 0) = \begin{cases} \frac{1}{80} xy(3-x)(4-y) & (0 \leqq x \leqq 3, \ 0 \leqq y \leqq 4) \\ 0 & (3 \leqq x \leqq 5, \ 2 \leqq y \leqq 4) \end{cases} \cdots ②$$

$$\frac{\partial z(x, y, 0)}{\partial t} = 0 \quad \cdots\cdots ③$$

境界条件：$z(0, y, t) = 0 \ (0 \leqq y \leqq 4)$, $z(x, 0, t) = 0 \ (0 \leqq x \leqq 3)$,
$z(3, y, t) = 0 \ (0 \leqq y \leqq 2)$, $z(x, 2, t) = 0 \ (3 \leqq x \leqq 5)$,
$z(5, y, t) = 0 \ (2 \leqq y \leqq 4)$, $z(x, 4, t) = 0 \ (0 \leqq x \leqq 5)$

①を差分方程式（一般式）で表し，$\Delta x = \Delta y = 0.1$, $\Delta t = 0.01$ として，数値解析により，$t = 0, 0.8, 1.6, 2.4, 3.2, 4, 4.8, 5.6$（秒）における変位 $z(x, y, t)$ のグラフの概形を xyz 座標空間上に描け。

ヒント！ 今回の 2 次元波動問題の境界線も，下の図(i)に示すように不規則な形状で，固定端の境界条件より，境界線上の点の変位はすべて 0 としている。また，②の初期条件の $t=0$ における変位のグラフも図(ii)で示しておこう。

図(i) 境界線上の z はすべて 0

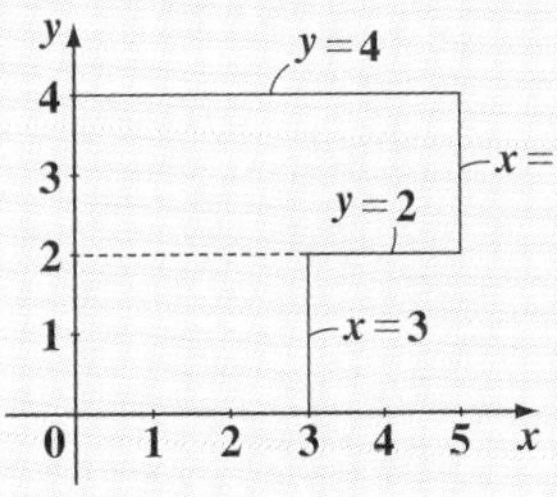

図(ii) $t=0$ における z のグラフ（初期条件②）

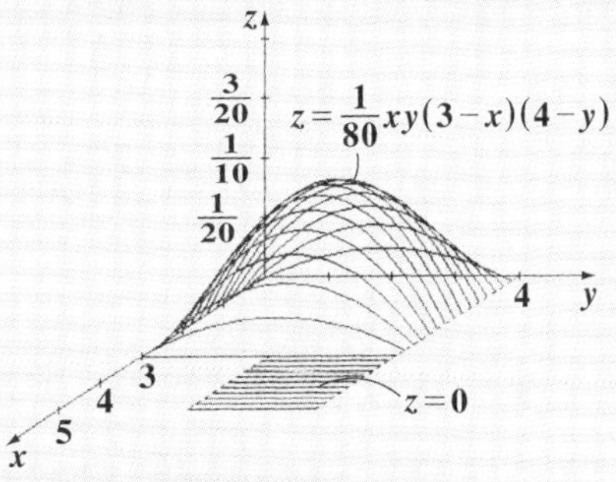

解答＆解説

2 次元振動膜の領域は，$0 \leqq x \leqq 5$，$0 \leqq y \leqq 4$ の 1 部であり，$\Delta x = \Delta y = 0.1$ より，$\frac{5}{\Delta x} = \frac{5}{0.1} = 50$，$\frac{4}{\Delta y} = \frac{4}{0.1} = 40$ から，変位 z を表す配列として，$z(50, 40, 2)$ を用いる。また，①の 2 次元波動方程式を差分方程式(一般式)で表すと，

$$\underbrace{z_{i,j}(t+\Delta t)}_{\text{未来 } z(i,\,j,\,2)} = 2(1-2m)\underbrace{z_{i,j}}_{\text{現在 } z(i,\,j,\,1)} + m(\underbrace{z_{i+1,j} + z_{i-1,j} + z_{i,j+1} + z_{i,j-1}}_{\text{現在}}) - \underbrace{z_{i,j}(t-\Delta t)}_{\text{過去 } z(i,\,j,\,0)}$$

となる。

それでは，今回の固定端の境界条件における 2 次元波動方程式を解くための数値解析プログラムを以下に示す。

```
10 REM ------------------------------------------------
20 REM   演習 2次元波動方程式(固定端) 5-1
30 REM ------------------------------------------------
40 XMAX=5
50 DELX=1
60 YMAX=4
70 DELY=1
80 ZMAX=1/5
90 DELZ=1/20
100 TMAX=0
110 DIM Z(50,40,2)
```

120～330 行は，xyz 座標系を作るためのプログラムで，これは演習問題 35 (P170，171) の 120～310 行のプログラムとほぼ同じである。

```
340 FOR I=0 TO 30
350 FOR J=0 TO 40
360 Z(I,J,0)=(3*I/10-I^2/100)*(4*J/10-J^2/100)/80
370 NEXT J:NEXT I
380 FOR I=31 TO 50
390 FOR J=20 TO 40
400 Z(I,J,0)=0:NEXT J:NEXT I
```

```
410 FOR I=0 TO 30
420 FOR J=0 TO 40
430 Z(I,J,1)=Z(I,J,0):NEXT J:NEXT I
440 FOR I=31 TO 50
450 FOR J=20 TO 40
460 Z(I,J,1)=Z(I,J,0):NEXT J:NEXT I
470 DX=.1#:DY=.1#:T=0:DT=.01:A=1:M=A*(DT)^2/(DX)^2
480 N1=TMAX*100
490 FOR I0=1 TO N1
500 FOR I=1 TO 29
510 FOR J=1 TO 39
520 Z(I,J,2)=2*(1-2*M)*Z(I,J,1)+M*(Z(I+1,J,1)+Z(I-1,
J,1)+Z(I,J+1,1)+Z(I,J-1,1))-Z(I,J,0)
530 NEXT J:NEXT I
540 FOR I=30 TO 49
550 FOR J=21 TO 39
560 Z(I,J,2)=2*(1-2*M)*Z(I,J,1)+M*(Z(I+1,J,1)+Z(I-1,
J,1)+Z(I,J+1,1)+Z(I,J-1,1))-Z(I,J,0)
570 NEXT J:NEXT I
580 FOR I=1 TO 29:FOR J=1 TO 39
590 Z(I,J,0)=Z(I,J,1):Z(I,J,1)=Z(I,J,2):NEXT J:NEXT I
600 FOR I=30 TO 49:FOR J=21 TO 39
610 Z(I,J,0)=Z(I,J,1):Z(I,J,1)=Z(I,J,2):NEXT J:NEXT I
620 T=T+DT
630 NEXT I0
640 PRINT "t=";TMAX
650 FOR I=0 TO 28 STEP 2
660 PSET (FNU(I*DX,0),FNV(I*DX,0))
670 FOR J=1 TO 40
680 LINE -(FNU(I*DX,J*DY),FNV(I*DX,Z(I,J,1)))
690 NEXT J:NEXT I
```

```
700 FOR I=30 TO 50 STEP 2
710 PSET (FNU(I*DX,2),FNV(I*DX,0))
720 FOR J=21 TO 40
730 LINE -(FNU(I*DX,J*DY),FNV(I*DX,Z(I,J,1)))
740 NEXT J:NEXT I
```

40～**90** 行で，$X_{max}=5$，$\Delta\overline{X}=1$，$Y_{max}=4$，$\Delta\overline{Y}=1$，$Z_{max}=\frac{1}{5}$，$\Delta\overline{Z}=\frac{1}{20}$ を代入した。

100 行で，$T_{max}=0$ を代入した。このときのみ，変位 z は初期条件のまま **650** 行以下の処理で，そのグラフが描かれる。その後，題意より，T_{max} に **0.8**，**1.6**，**2.4**，**3.2**，**4**，**4.8**，**5.6** (秒) を代入して，それぞれの時刻における変位 z を計算してそのグラフを描かせる。

110 行で，配列 $z(50,\ 40,\ 2)$ を定義した。$z(i,\ j,\ k)$ について，

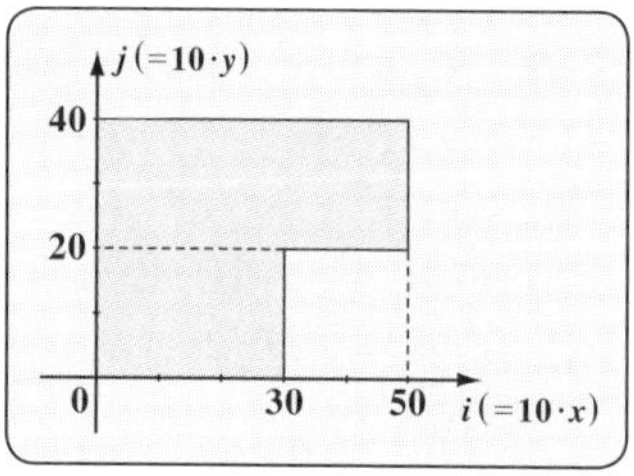

・$i=0,\ 1,\ 2,\ \cdots,\ 30$ のとき，

　$j=0,\ 1,\ 2,\ \cdots,\ 40$ であり，

・$i=31,\ 32,\ 33,\ \cdots,\ 50$ のとき，

　$j=20,\ 21,\ 22,\ \cdots,\ 40$

である。また，$k=0,\ 1,\ 2$ で，過去，現在，未来に対応させる。

120～**330** 行は，xyz 座標系を作るためのプログラムで，上図の xy 平面上での領域を表すために **2** 本の点線を引くプログラムが増えるだけで，これは演習問題 **35** (**P170**，**171**) の **120**～**310** 行のプログラムとほぼ同じである。

340～**370** 行の **FOR**～**NEXT** (**I**，**J**) 文により，$0\leqq x\leqq 3$，$0\leqq y\leqq 4$ における初期条件：$z(x,\ y,\ 0)=\frac{1}{80}xy(3-x)(4-y)=\frac{1}{80}(3x-x^2)(4y-y^2)$ の式を $z(i,j,\ 0)$ $(i=0,\ 1,\ \cdots,\ 30,\ j=0,\ 1,\ \cdots,\ 40)$ の形にして代入した。

380～**400** 行の **FOR**～**NEXT** (**I**，**J**) 文により，$3\leqq x\leqq 5$，$2\leqq y\leqq 4$ における初期条件：$z(x,\ y,\ 0)=0$ を $z(i,j,\ 0)=0$ $(i=31,\ 32,\ \cdots,\ 50,\ j=20,\ 21,\ \cdots,\ 40)$ として代入した。

410～**460** 行の **FOR**～**NEXT** (**I**，**J**) 文により，この領域内のすべての点に対して，$z(i,j,\ 1)=z(i,j,\ 0)$ とした。これは，もう **1** つの③の初期条件：$t=0$ のとき $\frac{\partial z}{\partial t}=0$ をみたすための処理で，これにより，この **2** 次元の振動膜は，

（$z(i,j,\ 1)$：現在 $(t=\Delta t)$，$z(i,j,\ 0)$：過去 $(t=0)$）

時刻 $t=0$ から静かに振動を開始することになる。

470 行で，$\Delta x=\mathbf{DX}=\mathbf{0.1}$，$\Delta y=\mathbf{DY}=\mathbf{0.1}$，初めの時刻 $t=0$，微小時間 $\Delta t=\mathbf{DT}=\mathbf{0.01}$，定数 $a^2=\mathbf{A}=\mathbf{1}$，定数 $\mathbf{M}=\dfrac{\mathbf{A}\cdot(\Delta t)^2}{(\Delta x)^2}=\dfrac{1\cdot(10^{-2})^2}{(10^{-1})^2}=10^{-2}=0.01$ を代入した。

480 行で，その後の大きな **FOR〜NEXT(I0)** 文によるループ計算の繰り返し回数 **N1** を，$\mathbf{N1}=\dfrac{T_{max}}{\Delta t}=100T_{max}$ として代入した。

490〜630 行の大きな **FOR〜NEXT(I0)** 文では，**I0＝1，2，3，…，N1** となるまでループ計算を繰り返す。この中には **4** つの **FOR〜NEXT(I，J)** 文が含まれる。

まず，境界線の内側のすべての点の変位 $z(i,\ j,\ 2)$ を更新する。この操作は，右図に示すように，**2** つに分けて行う。まず，**500〜530** 行の **FOR〜NEXT(I，J)** 文により，一般式を用いて，$z(i,\ j,\ 2)\ (i=1,\ 2,\ \cdots,\ 29,\ j=1,\ 2,\ \cdots,\ 39)$ の値を更新する。

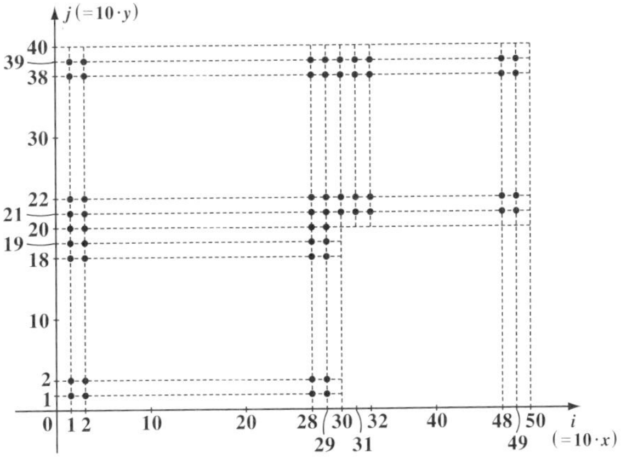

次に，**540〜570** 行の **FOR〜NEXT(I，J)** 文により，一般式を用いて，$z(i,\ j,\ 2)\ (i=30,\ 31,\ \cdots,\ 49,\ j=21,\ 22,\ \cdots,\ 39)$ の値を更新する。

同様に，今度は，**580〜610** 行の **2** つの **FOR〜NEXT(I，J)** 文により，

$$z(i,\ j,\ 0)=z(i,\ j,\ 1)\begin{pmatrix}\cdot\, i=1,\ 2,\ \cdots,\ 29 \text{ のとき，} j=1,\ 2,\ \cdots,\ 39\\ \cdot\, i=30,\ 31,\ \cdots,\ 49 \text{ のとき，} j=21,\ 22,\ \cdots,\ 39\end{pmatrix}\text{として，}$$

$z(i,\ j,\ 0)$ を更新し，次に，

$$z(i,\ j,\ 1)=z(i,\ j,\ 2)\begin{pmatrix}\cdot\, i=1,\ 2,\ \cdots,\ 29 \text{ のとき，} j=1,\ 2,\ \cdots,\ 39\\ \cdot\, i=30,\ 31,\ \cdots,\ 49 \text{ のとき，} j=21,\ 22,\ \cdots,\ 39\end{pmatrix}\text{として，}$$

$z(i,\ j,\ 1)$ の値を更新した。

ここで，変位 z を更新したのはすべて境界線の内側の点に対してだけであることに注意しよう。境界線上の点の変位 z は，時刻 t の変化に関係なく，初期条件で与えられた **0** のままで保存されている。これにより，固定端の境界条件がみたされている。

620 行で，時刻 t も $t=t+\Delta t$ により更新する。

この **FOR～NEXT(I0)** 文の一連の処理が終わると，また，このループ計算の頭の **500** 行に戻って，次の $z(i,\ j,\ 2)$ の更新を行い，以降同様の計算を **I0＝N1** となるまで，すなわち $t=T_{max}$ となるまで繰り返し，$t=T_{max}$ における変位 $z(i,\ j,\ 1)\ (=z(i,\ j,\ 2))$ を算出する。

640 行で，T_{max} の値を $t=T_{max}$ の形で表示する。

650～690 行の **FOR～NEXT(I, J)** 文により，**I＝0, 2, 4, …, 28** と変化させて，変位 $z(i,\ j,\ 1)$ を表す **15** 本の曲線を描く。

700～740 行の **FOR～NEXT(I, J)** 文により，**I＝30, 32, 34, …, 50** と変化させて，変位 $z(i,\ j,\ 1)$ を表す **11** 本の曲線を描く。

それでは，$T_{max}=0,\ 0.8,\ 1.6,\ 2.4,\ 3.2,\ 4,\ 4.8,\ 5.6$（秒）を代入して，このプログラムを実行した結果得られる変位 $z(x,\ y,\ t)$ のグラフの概形を以下に示す。

2 次元膜の突起部 $(3\leqq x\leqq 5,\ 2\leqq y\leqq 4)$ は，初期条件では，その変位 z を $z=0$ としていたが，この部分も，時刻 t の経過と共に振動し始めていく様子が分かって，とても興味深いと思う。

(i) $t=0$（秒）のとき（z の初期条件）

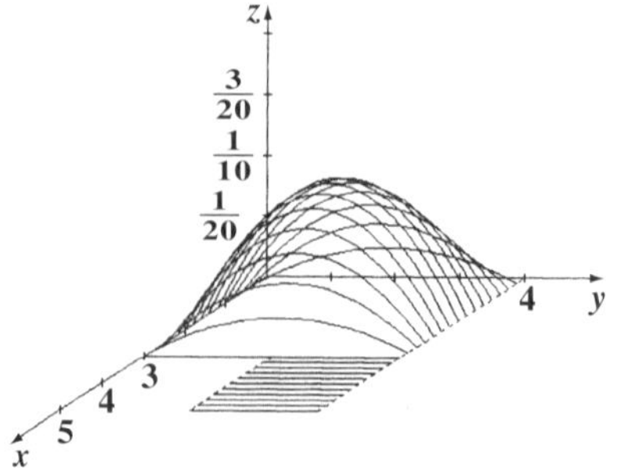

(ii) $t=0.8$（秒）のとき

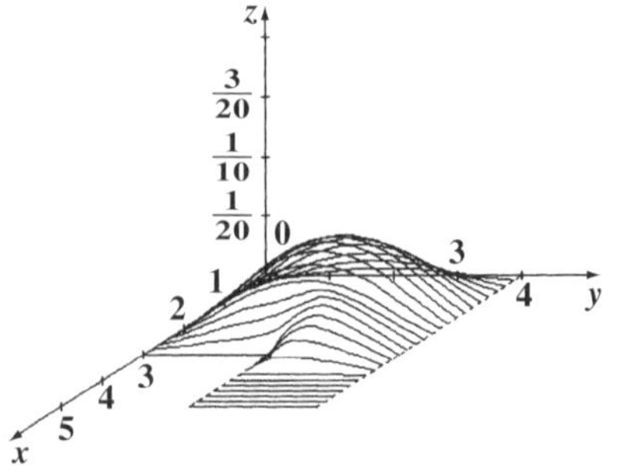

(iii) $t = \mathbf{1.6}$ (秒) のとき

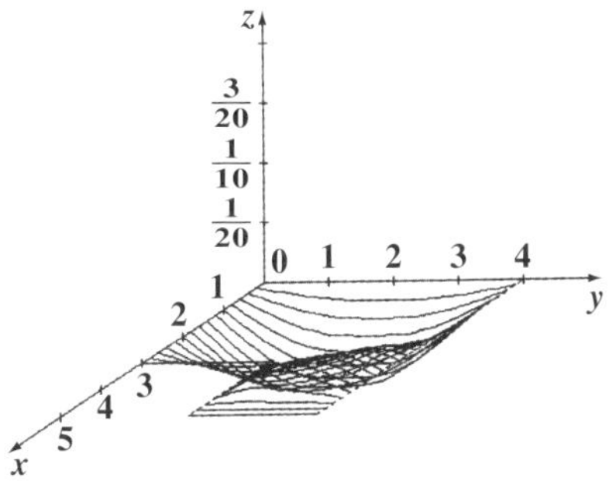

(iv) $t = \mathbf{2.4}$ (秒) のとき

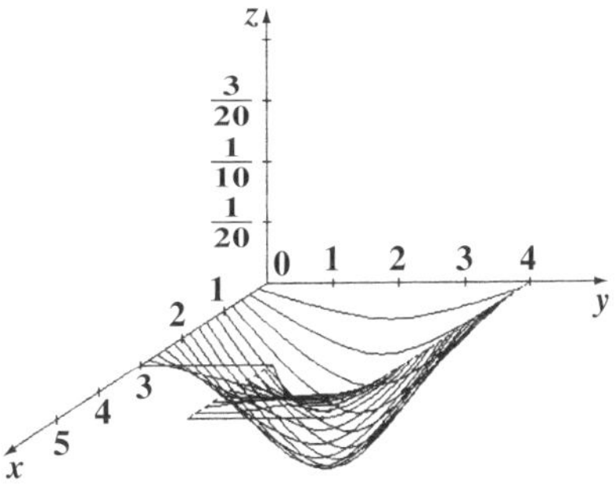

(v) $t = \mathbf{3.2}$ (秒) のとき

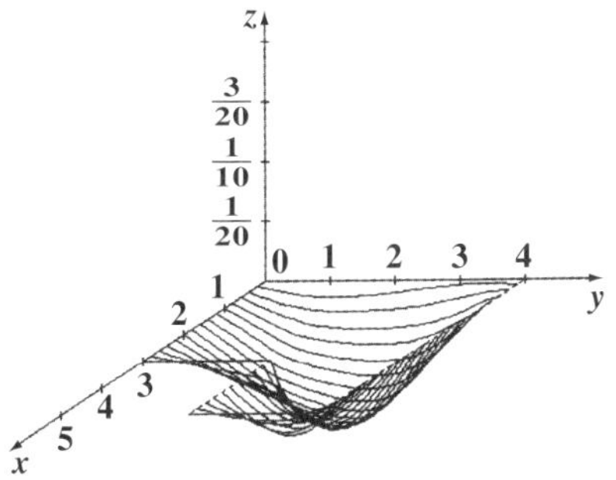

(vi) $t = \mathbf{4}$ (秒) のとき

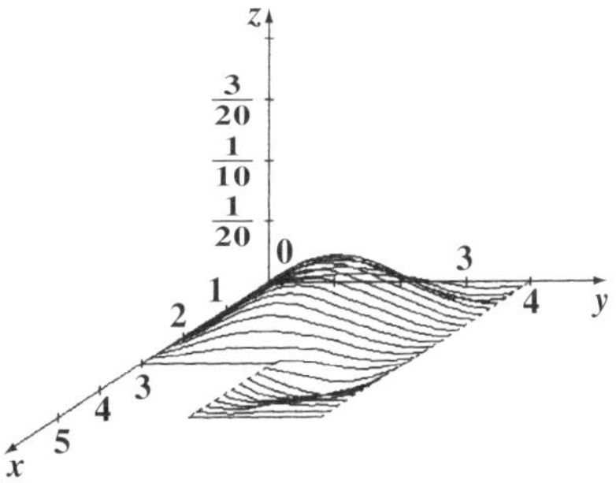

(vii) $t = \mathbf{4.8}$ (秒) のとき

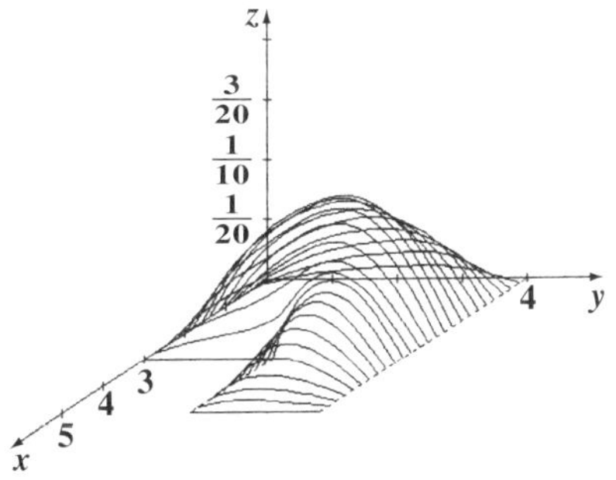

(viii) $t = \mathbf{5.6}$ (秒) のとき

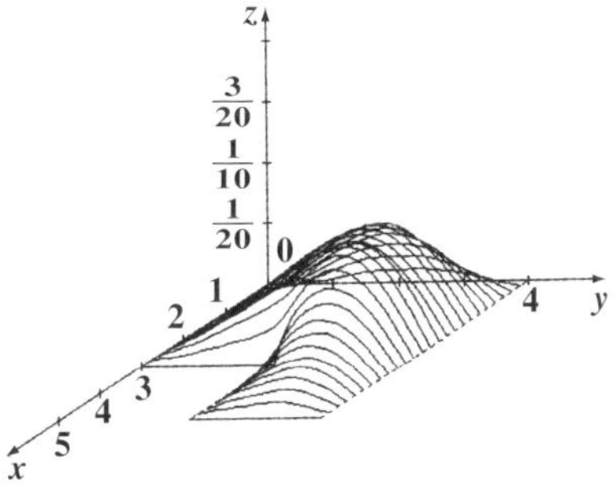

このように，不規則な形状の境界線の問題でも，数値解析を用いれば，その振動の様子を調べることができる。

◆ Term・Index ◆

な行

は行

ま行

や行

ら行

スバラシク実力がつくと評判の
演習 数値解析 キャンパス・ゼミ

マセマ

著　者　馬場 敬之
発行者　馬場 敬之
発行所　マセマ出版社
〒 332-0023 埼玉県川口市飯塚 3-7-21-502
TEL 048-253-1734　FAX 048-253-1729
Email：info@mathema.jp
https://www.mathema.jp

編　集　七里 啓之
校閲・校正　高杉 豊　秋野 麻里子
組版制作　間宮 栄二　町田 朱美
カバーデザイン　馬場 冬之
ロゴデザイン　馬場 利貞
印刷所　株式会社 シナノ

ISBN978-4-86615-196-0 C3041
落丁・乱丁本はお取りかえいたします。
本書の無断転載、複製、複写（コピー）、翻訳を禁じます。
KEISHI BABA 2021 Printed in Japan